普通高等院校数字素养与创新型复合人才培养
现代经济学专业课程“十四五”规划系列教材

编 委 会

普通高等院校数字素养与创新型复合人才培养
现代经济学专业课程“十四五”规划系列教材

数据要素市场：原理与实践

Data Element Market：Principles and Practices

主　编◎钱雪松
副主编◎杜　立

華中科技大學出版社
http://press.hust.edu.cn
中国·武汉

图书在版编目（CIP）数据

数据要素市场：原理与实践/钱雪松主编．—武汉：华中科技大学出版社，2024.2
ISBN 978-7-5772-0439-0

Ⅰ．① 数…　Ⅱ．① 钱…　Ⅲ．① 数据管理-研究　Ⅳ．① TP274

中国国家版本馆 CIP 数据核字（2024）第 049841 号

数据要素市场：原理与实践　　钱雪松　主编
Shuju Yaosu Shichang：Yuanli yu Shijian

策划编辑：周晓方　陈培斌　宋　焱
责任编辑：陈　孜　肖唐华
封面设计：原色设计
责任校对：张汇娟
责任监印：周治超
出版发行：华中科技大学出版社（中国·武汉）　电话：（027）81321913
　　　　　武汉市东湖新技术开发区华工科技园　邮编：430223
录　　排：华中科技大学出版社美编室
印　　刷：武汉科源印刷设计有限公司
开　　本：787mm×1092mm　1/16
印　　张：15.5
字　　数：358 千字
版　　次：2024 年 2 月第 1 版第 1 次印刷
定　　价：58.00 元

华中出版

本书若有印装质量问题，请向出版社营销中心调换
全国免费服务热线：400-6679-118　竭诚为您服务

内容简介

在数字经济时代，数据是新的生产要素，是基础性资源和战略性资源，也是重要生产力。如何推动数据要素市场化、更好发挥数据价值，对发展新质生产力，促进高质量发展具有重要意义。本教材将经济学理论与数据要素市场实践有机结合起来，运用经济学方法剖析数据要素的特点、确权和定价等学理问题，并结合国内外丰富的数字经济实践从公共数据、企业数据、个人数据等方面阐述数据要素的流通交易及应用，期望能够从理论和实践两个层面增进对数据要素的认识和理解，启发读者学习和深入思考数字经济现象和问题。

本教材内容共分为七个章节。基本构成如下：生产要素演化与数据要素产生；数据要素的分类与特征；数据要素的确权与定价；数据要素交易；公共数据的流通交易与应用；企业数据的流通交易与应用；个人数据的流通交易与应用。每章都有相关典型案例和专栏拓展内容，也设置了启发性的课后思考题，以帮助读者学习和理解。

本教材可作为数字经济专业教学用书，也可供对数据要素理论与实践感兴趣的读者使用。

总序

2016年5月17日，习近平总书记主持召开哲学社会科学工作座谈会，指出我国哲学社会科学学科体系、学术体系、话语体系建设水平总体不高。2022年4月25日，习近平总书记在中国人民大学考察时又强调指出，“加快构建中国特色哲学社会科学，归根结底是建构中国自主的知识体系”。党的二十大报告指出，新时代新征程中国共产党的使命任务就是“以中国式现代化全面推进中华民族伟大复兴”，教育、科技、人才是全面建设社会主义现代化国家的基础性、战略性支撑。实现高水平科技自立自强，归根结底要靠高水平创新型人才。根据党中央要求，育人的根本在于立德。为了落实立德树人的根本任务，必须深化教育领域综合改革，加强教材建设和管理。因此，坚持思政教材体系建设与哲学社会科学教材体系建设相统一，是推动和落实习近平新时代中国特色社会主义思想进教材、进课堂、进头脑的重要基础和前提。同时，如何在哲学社会科学教材建设中充分体现“中国特色”“中国理论”“中国实践”，是构建中国自主的知识体系和发展中国特色哲学社会科学的关键。

聚焦经济学科，在大数据、信息化和人工智能为代表的新科技革命背景下，经济业态、市场结构与交易模式发生了巨大变革，“数字经济”应运而生。华中科技大学经济学院结合创新型人才培养新趋势、新要求，贯彻坚守“一流教学，一流人才”的理念，制定了数字素养与创新型复合人才培养现代经济学专业课程“十四五”规划系列教材，不断推进教学改革和教材建设，着力培养具备良好政治思想素质和职业道德素养，掌握坚实的经济学理论知识，熟悉前沿经济运行规律与改革实践，既有本土意识又有国际视野的数字经济复合型人才，规划建设一流数字经济专业系列教材，构建起我们自己的中国化高水平经济学教材体系。

那么，如何做好数字素养与创新型复合人才培养现代经济学专业课程系列教材的编写工作呢？根据习近平总书记重要讲话精神，一是要着眼于中国特色数字经济理论体系构建目标，在指导思想、学科体系、学术体系、话语体系等方面充分体现中国特色和实践基础。张培刚先生开创的发展经济学根植于现代化伟大实践，是华中科技大学经济学院学科优势所在。我们秉承将经济学研究植根于中国建设与发展的伟大实践这一优良传统，在积极探索具有中国特色的数据治理体系的建设路径上下功夫。二是要体现数字技术与经济学教育的有机结合，加快推进数字经济的理论探讨与社会实践的深度融合。我们借助华中科技大学在经济学和工程科学上的厚实底蕴，充分利用大数据科学与技术、人工智能等在金融、产业、贸易、财政等领域的前沿研究与发展实践，在教材编写与课堂教学中突出经济学与新技术学科的交叉融合。

本系列教材的编写主要体现如下几点思路。其一，体现“立德树人”的根本宗旨，坚持贯彻“课程思政进教材、进课堂、进头脑”的理念。其二，集中反映数字经济前沿进展，汇聚创新的教学材料和方法，建立先进的课程体系和培养方案，培养具有创新能力的数字经济复合型人才。其三，推进教学内容与方式的改革，体现国际前沿的理论，包含中国现实问题和具备中国特色的研究元素，助力中国自主的经济学知识体系构建。其四，加强数字经济师资队伍建设，向教学一线集中一流师资，起到示范和带动作用，培育数字经济课程教学团队。

本系列教材编写主要遵循如下几点原则。一是出精品原则。确立以“质量为主”的理念，坚持科学性与思想性相结合，致力于培育国家级和省级精品教材，出版高质量、具有特色的系列教材，坚持贯彻科学的价值观和发展理念，以正确的观点、方法揭示事物的本质规律，建立科学的知识体系。二是重创新原则。吸收国内外最新理论研究与实践成果，特别是我国经济学领域的理论研究与实践的经验教训，力求在内容和方法上实现突破、形成特色。三是求实用原则。教材编写坚持理论联系实际，注重联系学生的生活经验及已有的知识、能力、志趣、品德的实际，联系理论知识在工作和社会生活中的实际，联系本学科最新学术成果的实际。通过理论知识的学习和专题研究，培养学生独立分析问题和解决问题的能力。编写的教材既要具有较高学术价值，又要具有推广和广泛应用的空间，能为更多高校采用。

本系列教材力争体现如下几点特色。一是精准思政。基于现代经济学专业核心课程系列教材“十三五”规划的经验，此次重点编写的数字经济系列教材，坚持以习近平新时代中国特色社会主义思想贯穿于教材建设的全过程。二是交叉创新。充分发挥学校交叉学科优势，让经济学“走出去”，为“技术”补充“内涵”，打破学科壁垒。结合学科最新进展，内容上力求突破与创新。三是本土特色。以中国改革发展为参照，将实践上升为理论创新，通过引入丰富的、具有中国元素的案例分析和专栏研讨，向世界介绍中国经验、讲述中国故事、贡献中国方案。四是国际前沿。将国际上先进的经济学理论和教学体系与国内有特色的经济实践充分结合，并集中体现在教材框架设计和内容写作中。五是应用导向。注重教学上的衔接与配套，与华中科技大学经济学院专业课程教学大纲及考核内容配套，成为学生学习经济学核心专业课程必备的教学参考书。

本系列教材已入选华中科技大学“十四五”本科规划教材。根据总体部署，围绕完善“经济学专业核心教材建设，突出数字经济前沿”的主线，本系列教材按照数字化和经济学基础两大板块进行谋划。数字化板块包括数字经济概论、数字经济发展与治理、数据要素市场：原理与实践、数字经济微观导论、数字金融、金融科技与应用、大数据与机器学习、数理宏观经济学导论：模型与计算等。经济学基础板块包括经济学思维与观察、行为金融学、经济思想史导论、中国经济、WTO规则与案例精讲、国际直接投资与跨国公司、国际金融学（第二版）等。当然，在实际执行中，我们可能会根据实际需要适当进行调整。

本系列教材建设是一项探索性的系统工程。无论是总体构架的设计、具体课程的挑选，还是内容取舍和体例安排，都需要不断总结并积累经验。衷心期待广大师生提出宝贵的意见和建议。

华中科技大学经济学院院长、张培刚发展研究院院长，教授

2023年12月

前言

在数字经济时代，数据是新的生产要素，是基础性资源和战略性资源，也是重要生产力。随着新一轮科技革命和产业变革深入发展，数据作为关键生产要素的价值日益凸显。推进数据要素市场化配置，发挥我国超大规模市场、海量数据资源、丰富应用场景等优势，推动数据要素与劳动力、资本等要素协同，赋能实体经济，发展新质生产力，对促进高质量发展具有重要意义。

为了让数据“供得出”“流得动”“用得好”，我国出台了一系列政策文件，支持和规范数据要素市场发展。2019 年 10 月，十九届四中全会首次将数据列为生产要素；2020 年 4 月，中共中央、国务院发布的《关于构建更加完善的要素市场化配置体制机制的意见》，强调从推进政府数据开放共享、提升社会数据资源价值、加强数据资源整合和安全保护等方面加快培育数字要素市场；2022 年 12 月，中共中央、国务院发布《关于构建数据基础制度更好发挥数据要素作用的意见》，从数据产权、数据要素流通和交易、收益分配、安全治理等方面提出二十条政策举措，构建了数据基础制度体系；2023 年 12 月，国家数据局会同有关部门制定了《“数据要素×”三年行动计划（2024—2026 年）》，以充分发挥数据要素乘数效应，赋能经济社会发展。

随着数据要素顶层设计文件相继出台，数据要素市场从无到有，蓬勃发展。本书将经济学理论与数据要素市场实践有机结合起来，一方面，运用经济学方法剖析数据要素的特点、确权和定价等学理问题；另一方面，结合国内外丰富的数字经济实践从公共数据、企业数据、个人数据等方面阐述数据要素的流通交易及应用，期望能够从理论和实践两个层面增进对数据要素的认识和理解。

本教材由华中科技大学经济学院钱雪松担任主编，华中科技大学经济学院杜立担任副主编，负责制定本教材写作大纲、各章的编写和全书统稿。本教材的编写分工具体如下：第一章，生产要素演化与数据要素产生（钱雪松、李江妤、杜立）；第二章，数据要素的分类与特征（钱雪松、罗江帆、郑德昌）；第三章，数据要素的确权与定价（钱雪松、詹巧旭、丁滋芳）；第四章，数据要素交易（杜立、孙梦茹）；第五章，公共数据的流通交易与应用（丁滋芳）；第六章，企业数据的流通交易与应用（郑德昌）；第七章，个人数据的流通交易与应用（屈伸）。

当前以数据为关键要素的数字经济发展方兴未艾，数字产业化和产业数字化深入推进，新产业、新业态、新模式不断涌现。本书的撰写是尝试性探索，不免存在疏漏和错误之处，欢迎各位读者和专家同仁不吝赐教，以便日后修订重印时改正。

钱雪松

华中科技大学经济学院副院长、教授

2023 年 12 月

目录

第一章

生产要素演化与数据要素产生

数据要素被称为数字经济时代的“石油”，正深刻地改变着现代生产生活方式和社会治理方式。随着数字化浪潮的推进，我国数据产量呈现快速增长的态势，与此同时，数据作为新型生产要素的价值也越发凸显。数据要素通过自身作用及与其他生产要素融合发生作用，渗透于生产、流通、消费、分配等社会生产过程，不仅在国内发挥出数据乘数效应，还通过跨境数据流通发挥出开放乘数作用，显著地催生了新质劳动资料、孕育了新质劳动对象、创造了新质劳动力，进而加快发展新质生产力。本章主要介绍生产要素的演化及数据要素的产生。第一节介绍生产要素的历史演进，厘清不同时代生产要素的发展及特点。第二节介绍数据要素的兴起与发展，梳理并展示国内外数据要素发展的进程及现状。第三节明确数据要素的定义，并从微观、中观、宏观三个层面阐释数据要素的价值创造机制。

第一节　生产要素的历史演进

生产要素是维系国民经济运行及市场主体生产经营过程中必须具备的基本社会资源，为经济发展系统提供基础与动力来源。从历史演变的规律看，生产要素的组合一直在发生变化，劳动的地位和价值也在不断发生改变。每种生产要素都参与财富价值的创造，但生产要素自身的变化以及生产要素所有权组合的演变影响价值创造中各要素所发挥的作用。

一、农业时代

在农业社会，劳动和土地维持着人类社会的生存与发展，共同开辟出基于农业的生产领域，组成了生产农产品所必需的基本条件。正如古典经济学家威廉·配第在其著作《赋税论》提出的，“劳动是财富之父，土地是财富之母”。他从劳动的一般性上说明了生产要素的组合主要表现为劳动者与生产资料或劳动工具与劳动对象的组合。

笔记

此后，法国古典政治经济学创始人布阿吉尔贝尔也认为："财富和随之而来的税收除土地和人类劳动之外，没有其他来源。"虽然他们都未曾提出生产要素的概念，但学界普遍将他们的观点称为"生产要素二元论"。这一理论将人类的生产实践进行高度抽象，找到了生产要素最本质的规定，体现了主体与客体、能动与被动之间的二元划分。但需要注意的是，这里的劳动并不是一种资源或商品，而是一种人类实践活动；此时土地的内涵也较为宽泛，是与自然相等同的概念。可见生产要素的范畴从来就没有局限于生产中所投入的经济资源。

二、工业时代

18世纪60年代，以"蒸汽机的改良"为标志，第一次工业革命在英国发生。随着第一次工业革命的到来，生产要素的组合也发生了变化，工业时代中机器的引入和自动化生产的出现，使得工厂中劳动力的作用变得越来越小，取而代之的是机器所带来的生产效率的提升以及资本和技术的作用逐渐变大。在工业时代，机器大工业不断排挤工场手工业以及家庭手工业，逐渐壮大的工业经济部门成为国民财富的主要生产部门，资本以机器设备等物质形态表现出来并在生产过程中的作用越来越显著。马克思认为，工厂是一个由无数机械和有自我意识的器官组成的庞大的自动机，这些不停从事生产活动的器官都受一个自行发动的动力支配。此时，机器与工人之间的主客体地位发生颠倒，机器体系成为工厂的主体，工人只处于辅助机器进行生产的地位，受到机器体系的支配。不仅如此，机器还使工人原有的生产技能归于无用，使工人的劳动变得毫无内容，也大大提高了工人的可替代性。在这一背景下，劳动力及其活劳动在生产过程中的重要作用被逐渐掩盖，作为先进生产力代表的机器则以资本的身份一跃成为最重要的生产要素之一。19世纪初，法国经济学家萨伊在其著作《政治经济学概论》中，将商品生产过程中的投入要素总结为劳动、资本和土地三类，即"所生产出来的价值，都是归因于劳动、资本和自然力这三者的作用和协力，其中以能耕种的土地为最重要因素，但不是唯一因素。除这些外，没有其他因素能生产价值或能扩大人类的财富"。

19世纪下半叶，以"电气化"为基本特征的第二次工业革命在德、美两国率先发生。与第一次工业革命时期技术主要来自工匠的实践经验所不同的是，第二次工业革命表现为科学革命与技术革命的紧密结合，并且技术革命越来越依赖科学革命。马克思在这一时期深刻认识到了科学的重要作用，认为"自然因素的应用——在一定程度上自然因素被列入资本的组成部分——是同科学作为生产过程的独立因素的发展相一致的。生产过程成了科学的应用，而科学反过来成了生产过程的因素即所谓职能"。恩格斯也指出："我们将来要掌握的不仅是政治机器，而且是整个社会生产，这需要丰富而踏实的知识，而不是响亮的词句。"这说明知识已经成为决定社会生产最关键的要素。与此同时，资本主义从自由竞争阶段逐步过渡到垄断阶段。金融业的迅速发展、股份有限公司制度的广泛流行，使得各种形式的垄断组织通过资本积聚与资本集中的加快而不断发展，加强对垄断组织的管理、监督和调节也显得愈发重要。在此背景下，知识、技术、组织、企业家才能等要素开始受到经济学家的广泛关注。

笔记

1890年，英国著名经济学家马歇尔的划时代著作《经济学原理》出版，该书在萨伊“三位一体的公式”基础上提出了生产要素四元论——土地、劳动、资本和企业家才能，即在生产中，地主提供土地，获得地租；工人提供劳动，获得工资；资本家提供资本，获得利息；企业家提供企业家才能，获得利润。

三、信息时代

二战以后，从美国开始，西方主要资本主义国家兴起了第三次产业革命。与前两次产业革命均属于“工业革命”不同，第三次产业革命的本质是一场“信息革命”，“信息化”是其本质特征。首先，以传感、通信、智能和控制技术为核心的信息通信技术的飞速发展和大规模应用，使得对信息的识别、收集、存储、传输、加工、显示和利用等过程变得更加便捷高效，从而推动了各国的生产方式日益“信息化”。其次，信息产业的迅速崛起，促使全球经济由物质经济向信息经济转变。“不仅信息产业在国民经济中占据着主导地位，信息资源也成了最重要的战略资源。”信息成为社会经济发展的生命线。最后，信息在生产过程中的重要性也日益凸显。在我国“马克思主义生产力经济学”的研究当中，许多学者对信息进行分析，他们认为“生产力诸因素的有机结合是靠信息实现的。信息是联络各因素的纽带，信息是生产力统一体中的神经系统”。

上述分析表明，信息被列入生产要素有历史必然性，但主流西方经济学教材却普遍将生产要素划分为：劳动、资本、土地与企业家才能四类。另外，从凡勃伦的《资本的性质》出版至今，经济学界对信息的研究已超百年，但西方学者仍未正式将信息列为独立的生产要素，对此可能有以下四个方面的原因。

第一，信息来源于物质，但本身不是物质，它依靠能量传输，但它本身不是能量，它是除物质和能量之外维持人类生产和生活的第三种重要资源。在生产中，信息的投入不易量化，成本难以计算，与产出之间难以找到恰当的函数关系表示。

第二，信息作为一种对客观事实的反映，需要借助载体才得以存在。但在信息以数据形式存在以前，在数据存在所依靠的信息通信技术发展成熟并广泛应用以前，信息并不能充分发挥作用。

第三，与传统生产要素不同，信息与产出之间并无明确的正相关关系，因为生产者的目标是利润最大化，而非产量最大化，充分的信息不仅能够帮助扩大产量，还能够指导减少产量来有效避免生产的相对过剩。

第四，经济学家对信息的考察并不是从资源投入视角切入的，而主要是分析在可能存在信息不对称的情况下，行为人考虑到利益相关者的行为决策后如何响应并作出自己的决策。因此信息所引发的并不是传统的投入-产出问题，而是带有不确定性的人与人之间的博弈问题。由此可见，将信息纳入生产要素需要解决一系列的理论与技术难题。

四、数字时代

进入21世纪后，伴随着电脑、手机、宽带的发展与普及，涌现出大数据、云计

笔记

算等一大批新应用、新技术，衍生出平台经济、共享经济等多种新经济形态，从而使信息经济发展成形态更高级的数字经济。随着信息技术、大数据、人工智能的发展，数据的重要性日益凸显，它优化了资源配置，提升了使用效率，改变了人们的生产、生活和消费方式，催生了很多新产业、新模式，对经济发展、社会生活和国家治理产生了越来越重要的影响。数字经济发展速度之快、辐射范围之广、影响程度之深前所未有，正在成为重组全球要素资源、重塑全球经济结构、改变全球竞争格局的关键力量。在数字技术快速迭代、全社会广泛应用数字化技术和产业背景下，数据作为数字化的知识和信息，全方位改变了人类生产、流通、分配、消费活动，以及经济运行机制、社会生活方式、国家治理模式。与农业革命、工业革命时期生产要素作用类似，数据逐渐开辟出不同于工业，甚至独立于现实世界的新生产领域。

具体来讲，一是在生产环节，数据有助于组织生产要素投入，借助工业互联网，可实现稀缺资源的合理配置，从而降低生产成本。此外，还可通过工业物联网实现机器间的数据共享、协同生产，提高生产效率。

二是在分配环节，数据有助于记录劳动投入与评估个人贡献度，从而更好地实现按劳分配，充分激发劳动者的劳动积极性。

三是在交换环节，数据有助于分析与预测市场形势，提高供求契合度，降低交易成本，缩短流通时间，加快社会再生产的循环过程。

四是在消费环节，数据有助于生产者更好地了解消费者的偏好，推动商品朝着消费者需要的方向不断优化升级，提高社会总效用水平。此外，数据中所包含的信息维度与多样性也在不断提高，能够为经济主体的决策提供更加充分的信息。可以说数据是数字时代的“石油”，其作为关键投入要素已成为所有科技创新和经济发展的重要驱动力。数据的生产和开发利用成为新经济发展的关键环节和重要支撑。因此数据在当代经济生活中的重要作用为数据成为现代生产要素奠定了现实基础。在此背景下，将数据纳入生产要素体系已势在必行。

从我国经济体制改革进程来看，数据成为生产要素同我国收入分配制度改革密切相关。我国社会主义初级阶段实行以公有制为主体、多种所有制经济共同发展的基本经济制度。与此对应的我国现阶段收入分配制度是按劳分配为主体、多种分配方式并存。随着我国经济社会的发展，各类生产要素在经济活动中的地位不断变化，党中央根据不同时期经济社会发展情况，分别将资本、技术、管理、知识和数据等纳入分配序列。特别是近年来，伴随着大数据和数字经济的蓬勃发展，数据在提升全要素生产率以及激发经济发展新动能方面价值凸显，将数据要素作为一种新型生产要素纳入分配体系以及国民经济价值创造体系已是时代发展的需要（见表 1-1）。2016 年，我国在《G20 数字经济发展与合作倡议》中首次定义了“数字经济”，并指出“数字化的知识和信息”是数字经济的关键生产要素。2017 年，习近平总书记在十九届中共中央政治局第二次集体学习时强调：“要构建以数据为关键要素的数字经济。”2019 年，党的十九届四中全会首次提出将数据作为生产要素参与分配，审议通过的《中共中央关于坚持和完善中国特色社会主义制度、推进国家治理体系和治理能力现代化若干重大问题的决定》提出了“健全劳动、资本、土地、知识、技术、管理、数据等生产要素由市场评价贡献、按贡献决定报酬的机制”，将数据列为国民经济的主要生产要素。

笔记

2020 年，中共中央、国务院发布《关于构建更加完善的要素市场化配置体制机制的意见》提出要“加快培育数据要素市场”，在世界上首次将数据视为新的生产要素，并构建了土地、劳动力、资本、技术和数据五大生产要素框架。2021 年 3 月，中央在“十四五”规划中明确强调，迎接数字时代，激活数据要素潜能，推进网络强国建设，加快建设数字经济、数字社会、数字政府，以数字化转型整体驱动生产方式、生活方式和治理方式变革。数据已成为日益重要的经济资源和生产资料，数据的生产、汇集、开发、利用，以及数据相关技术与产业创新已成为世界经济发展的重要驱动力。作为新的生产要素，数据正驱动着全球主要经济体生产方式和经济形态的变革，推动着社会变革和制度变迁。

表 1-1 我国要素市场改革的主要里程碑事件

年份（年）	会议	相关表述	主要事件
1992	党的十四大	以按劳分配为主体，其他分配方式为补充，兼顾效率与公平	允许多种分配方式并存
1993	党的十四届三中全会	允许属于个人的资本等生产要素参与收益分配	明确资本作为生产要素参与分配
1997	党的十五大	把按劳分配和按生产要素分配结合起来，允许和鼓励资本、技术等生产要素参与收益分配	增列技术为生产要素
2002	党的十六大	按劳分配为主体、多种分配方式并存，确立劳动、资本、技术和管理等生产要素按贡献参与分配的原则	增列管理为生产要素
2013	党的十八届三中全会	健全资本、知识、技术、管理等生产要素由市场决定报酬的机制	增列知识为生产要素
2019	党的十九届四中全会	健全劳动、资本、土地、知识、技术、管理、数据等生产要素由市场评价贡献、按贡献决定报酬的机制	增列数据为生产要素

1-1 各时期主要生产要素

第二节 数据要素的兴起与发展

一、数据要素的兴起

20 世纪 90 年代，商业化的互联网应用在美国逐渐发展起来。2000 年前后出现了第一次互联网创业大潮，著名的互联网企业雅虎、谷歌都是成立于 20 世纪 90 年代中

笔记

后期，我国的新浪、搜狐、百度、网易等互联网企业也都出现在同一时期，数字经济的概念最早就出现在这一时期。1996年，加拿大商业分析师唐·塔普斯科特在其专著《数字经济：网络智能时代的希望和危险》中首次提出数字经济（digital economy）的概念。1998年，美国商务部发布了研究报告《兴起的数字经济》，从数字革命对经济社会影响的角度，就数字经济发展前景及其面临的挑战进行了展望，并指出随着数字革命的推进，IT行业以及宏观经济的其他产业部门都将出现加速发展。

20世纪80年代，学界关于"信息技术对经济增长是否贡献巨大?"这一问题出现了一些争论，大致可以总结为以下三个层面。

（一）关于信息技术生产率悖论的讨论

1987年，美国经济学家罗伯特·索洛提出了著名的"生产率悖论"。他发现：美国在过去十年虽然计算机技术和信息技术（IT）方面的投资都有了显著提升，但是生产率增长却没有显著提高，甚至出现了负相关，也就是说信息技术投资与生产率的提高、企业绩效之间缺乏显著联系。此后十几年，学者们对医疗、金融、汽车等行业以及欧洲、美国等区域和国家的实证研究进一步印证了这一观点。

（二）关于信息有效论的讨论

20世纪90年代中后期，欧美国家的经济一改20世纪70年代以来的颓废，开始出现复苏，进入产出、劳动生产率和全要素生产率持续加速增长的新经济时期。1996—2000年劳动生产率的年平均增长率达到2.8%。学者们普遍认为信息技术引领了当时的"生产率复苏"，是区域高技术产业和生产性服务业聚集效应形成的重要因素，以及经济加速的关键驱动力。这一时期虽然部分学者仍认为信息技术"生产率悖论"存在，但这时的主流观点则认为"生产率悖论"已经过时，新经济与信息技术密切相关，甚至索洛本人后来也认可了这个观点。此后，陆续有学者通过案例分析和实证研究不断佐证这一结论。

Brynjolfsson和Hitt（2000）通过对企业的分析发现，计算机对经济增长的贡献已经远远超出其资本存量或投资所占份额，而且这种影响在未来将进一步增强。其研究指出企业组织资产投资与信息技术投资之间存在互补作用，信息技术投资的增加导致组织资产投资的增加，进而提升企业价值。信息技术的价值更多地体现在创造新业务流程、新应用程序和新组织结构的创新性上，随着创新的不断发展，信息技术对经济的贡献将越来越大。Stiroh（2002）检验了20世纪90年代美国包括信息技术设备制造、密集使用信息技术、与信息技术革命相关性较弱的61个行业生产率增长的变化及其与信息技术资本积累的关系，研究结果显示：美国90年代末的生产率复苏是一个普遍的现象，有近2/3的行业都表现出生产率加速增长态势；信息技术密集型行业比其他行业的生产率水平更高；信息技术产业对其他产业生产率增长带动作用明显。

（三）关于数据价值论的讨论

2000年3月，以科技股为主的纳斯达克指数创下5048点的历史新高，但不到一年就跌破了2000点，2001年4月跌至1638点的最低点，大量网络公司破产，互联

笔记

网行业和美国乃至全球经济受到重创。互联网泡沫破灭后，许多学者开始反思信息技术对经济增长的影响。有学者发现美国信息技术密集型制造业生产率的提高是因为更多地应用了先进的制造设备，而同期劳动生产率增长仅仅是机器设备使用替代了大量劳动，这种替代幅度远大于产出增长率。因此，在当时情况下无法论断“生产率悖论”是否已经消失，1995—2004 年十年间信息技术驱动生产率加速可能只是一次偶然的偏差，而 2004 年以来的生产率增长放缓正是修正了这个偏差。面对“信息技术不再重要”观点的质疑声，Accenture 咨询公司的 Harris Brooks 在研究报告《为什么 IT 仍然举足轻重》中指出，信息技术至少从获得竞争优势、开发基于信息技术的新产品和服务、创造间接价值三个方面帮助企业创造财富。也就是说，与一般意义上的信息数据技术建设相比，信息数据技术能力才是真正推进信息数据与技术、人才、管理等要素深度融合，提升企业全要素生产率，推动经济高质量发展和产业转型升级的重要引擎。

2008 年全球金融危机之后，智能科技、云计算、大数据等新一代信息技术飞速发展，数字经济迎来了爆发式增长。2007 年苹果第一代智能手机 iPhone 上市，移动互联网跨入了新时代，来自智能手机用户的海量数据急剧增长，云计算技术和应用也应运而生。2008 年，美国 IBM 公司提出了“智慧地球”的概念，并激发了物联网技术和产业的发展。在物联网、云计算、大数据、人工智能、第五代移动通信（5G）等新一代信息技术的推动下，数字经济的渗透力持续增强，与国民经济各部门不断融合、相互推动，对经济增长的推动作用日益增强（见图 1-1）。2015 年以后，在全球市值最大的企业中，前五名都是数字经济企业，代表着工业时代的制造、连锁零售、金融等企业已经被整体超越。随着全球数据总量的飞速增长，以及数据挖掘、数据处理和数据算法等技术的不断进步，数据已经逐步深入生产过程，数据成为生产要素的基础条件已经具备。

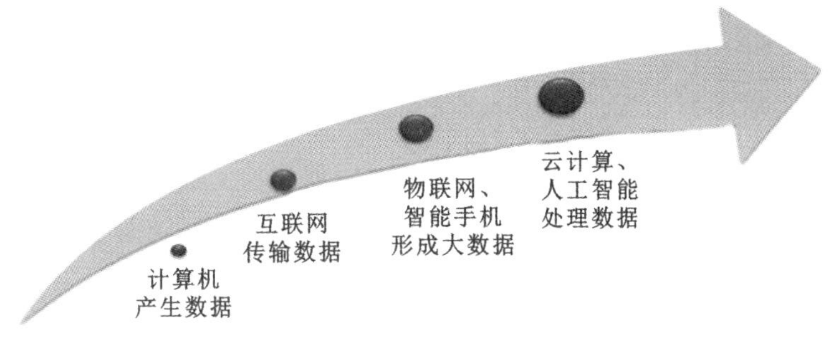

图 1-1 从索洛“生产率悖论”到与产业、经济的融合

二、数据要素的发展

进入 21 世纪以来，数字经济的快速发展，数字技术的不断迭代，一大批新技术、新模式和新业态不断涌现。数字经济作为引领新一轮科技革命和产业变革的新经济形态，对重塑全球经济结构、改变全球竞争格局起着关键作用。为加快培育数据要素市场，推动数据资源流动和价值实现，世界各国不断推动数字技术创新突破、产业融合发展、数字治理提升。

笔记

（一）国外实践

国外数据要素市场发展相对较早，在加快推动数据要素市场培育上，世界主要经济体已迈出实质性步伐。

1. 数据交易平台

国外数据交易平台建设自2008年前后开始起步，发展至今，既有美国的BDEX、Ifochimps、Mashape、Rapid API等综合性数据交易中心，也有很多专注细分领域的数据交易商，如位置数据领域的Factual，经济金融领域的Quandl、Qlik Data market，工业数据领域的GE Predix、德国弗劳恩霍夫协会工业数据空间IDS项目，个人数据领域的Data Coup、Personal等（见表1-2）。除专业数据交易平台外，近年来，国外很多IT头部企业依托自身庞大的云服务和数据资源体系，也在构建各自的数据交易平台，以此作为打造数据要素流通生态的核心抓手。较为知名的如亚马逊AWS Data Exchange、谷歌云、微软Azure Marketplace、Linked In Fliptop平台、Twitter Gnip平台、富士通Data Plaza、Oracle Data Cloud等。目前，国外数据交易机构采取完全市场化模式，数据交易产品主要集中在消费者行为趋势、位置动态、商业财务信息、人口健康信息、医保理赔记录等领域。

表1-2 国外代表性数据交易平台

平台性质	代表性平台名称
综合数据交易中心	BDEX、Ifochimps、Mashape、Rapid API
位置数据领域交易中心	Factual
经济金融领域交易中心	Quandl、Qlik Data market
工业数据领域交易中心	GE Predix、IDS项目
个人数据领域交易中心	Data Coup、Personal

2. 价值取向

美国《联邦数据战略和2020年行动计划》的40项实践行动中第2、10、36、40条反复强调要实现数据的商业化和创新，在“商业优先”价值理念下，数据要素市场主体得以免于政府的过多干预，优先考虑数据的商业化和价值实现，维护企业自身利益，在市场自由竞争中实现自身发展。欧盟《通用数据保护条例》（GDPR）、《关于开放数据和公共部门信息再利用的指令》、《数据治理法案》、《数字服务法案》、《数字市场法案》等一系列文件反复强调“公平”和“以人为本”原则，通过建设单一数据要素市场的价值引领，确保各类主体能公平参与市场竞争，任何市场主体的发展不得侵害社会公众和其他主体的平等发展权。英国试图摆脱欧盟严格的隐私保护战略政策的束缚，强调“负责任的数据使用”，市场主体必须以合法、安全、公平、道德、可持续和负责任的方式使用数据（见表1-3），为此，企业主体要提升数据能力，通过创新和研究释放数据价值，政府要明确数据使用法律框架并推进基础设施建设，社会公众也要提升自身对数据的控制能力。

笔记

表 1-3 美国、欧盟及英国数据要素市场发展战略目标与价值取向

国家/地区	数据要素市场战略目标	数据要素市场主体价值取向	代表性战略政策
美国	实现数据价值	（1）实现数据价值和企业自身利益优先； （2）主体自由竞争	《数据经纪商：呼吁透明度与问责制》 《数据经济法》 《联邦数据战略和 2020 年行动计划》
欧盟	建立单一数据要素市场，提升欧洲数据驱动型经济综合竞争力	（1）公平发展与竞争； （2）以人为本	《欧洲数字十年》 《塑造欧洲数字化未来》 《一般数据保护条例》 《数据治理法案》 《数字经济法》
英国	负责任的数据使用，释放数据在整个经济中的价值	在控制风险的同时，最大化数据价值	《英国数据战略》

3. 发展模式

如表 1-4 所示，美国提出数据经纪人模式，上通数据源头，下达数据消费者，其核心目标是最大程度促进数据自由流动和供需匹配，释放数据经济价值；其功能角色包括从政府、商业、公开等渠道采集数据，并汇总、分析、加工形成衍生数据产品交易，即可自由参与数据要素市场全部活动；其组织形式十分复杂，与大型科技公司之间关系错综复杂且不透明，科技公司可以是数据经纪人数据来源，也可以是数据经纪人本身。数据经纪人因直面消费市场具有较高的灵敏性和前瞻性，但也加剧了被上下游兼并的垄断风险。欧盟和英国提出数据中介模式，其本质是重视流通主体在交易撮合之外的权益制衡和监管职责。2020 年 11 月，欧盟《数据治理法案》（data governance act，DGA）（草案）首创“数据中介服务提供者”这一概念，强调第三方和独立、受信任的数据中介，构建“供应方—服务方—需求方”的市场主体多边关系。与此不同的是，英国数据中介模式不再强调数据中介身份和组织形式，不需要以独立身份介入数据要素市场，数据中介可以是数据控制者，也可以是处理者、保管人、加工商、交易撮合商、隐私保护者等角色，其核心在于通过激励手段、技术手段、监管机制、创新能力等方式打破数据要素流通的阻碍。

表 1-4 美国、欧盟、英国数据要素市场发展模式

国家/地区	美国	欧盟	英国
模式	数据经纪人模式	独立、第三方中介模式	数据中介模式

笔记

4. 监管机制

美国为保障市场主体活跃度，实施宽松事前监管和严格事后监管的制度，以法律形式赋予数据主体“知情”和“选择退出”权，以年度数据登记注册、禁止活动红线、经营活动信息公开和审计的“事前规矩较松，事后严格监管”的机制来保障数据要素市场主体自主空间。同时美国还要求企业使用规范合同、技术验证、安全管理技术等手段对数据来源和数据使用过程实施自主监管。欧盟实现了监管法与普通法的内容协同，并推进数据要素价值实现全流程的监管。通过《数字市场法案》《数字服务法案》《欧洲共同体竞争法》实现了数据要素市场相关法和反垄断法的内容协同，将GDPR纳入反垄断执法。考虑到反垄断调查周期较长，并且需要复杂的法律和经济评估，《数字市场法案》提出“守门人”概念、定量指标和违法巨额罚款“三位一体”的监管模式，要求至少每3年审查一次平台守门人，简化了反垄断法认定市场支配地位的复杂程序，成为拥有反垄断法威慑效果并超越反垄断法的全流程监管工具。英国试图打造协同监管体系，充分发挥市场监管力量。竞争和市场管理局（CMA）下设数字市场工作组与通信办公室，并与信息专员办公室密切合作，协同监控市场主体行为。同时，英国支持“通知—咨询—被动参与—合作—授权”的递进式、参与式数据监管，发展代表受益人处理和使用数据的个人和组织，包括英国生物银行等数据信托组织、Salus Coop等数据合作社组织，从而建立权力制衡机制，提高公众对数据使用的信心，超越基于安全合规性的监管，转向以社会许可为基础的开放应用型监管。美国、欧盟、英国三者数据要素市场发展模式的比较，如表1-5所示。

表1-5 美国、欧盟、英国数据要素市场发展模式

国家/地区	监管主体	监管要点	监管方式
美国	政府监管与企业自律	反垄断、数据安全	宽松事前监管和严格事后监管
欧盟	政府监管	反垄断、数据安全	全流程监管
英国	政府监管和行业自治	数据价值实现	递进式、参与式监管

（二）国内探索

面对国际日益壮大的数据要素市场，我国也在不断加速数据要素市场建设。党的十八大以来，以习近平同志为核心的党中央坚持和完善了四种生产要素的市场化配置制度，创造性地将数据确立为生产要素，提出要构建以数据为关键要素的数字经济，开启了探索和实行数据要素市场化配置的新阶段。依据市场规模和发展质量大致可以把我国的探索历程分为以下三个阶段。

1. 第一阶段：2015年以前，初步探索数据资源价值，实现了数据交易机构从无到有的跨越

2000年，时任福建省省长的习近平同志深刻洞察信息科技发展趋势，极具前瞻性和创造性地作出建设数字福建，推动一系列高新技术产业发展，促进传统产业转型

笔记

变革战略部署。他同时提出，省政府可成立数字福建建设工作领导小组，由他担任组长。2001年，习近平同志主持召开数字福建建设工作领导小组成员会议，审议通过“131”计划，开启福建大规模推进信息化建设的进程。这也成为数字中国建设的思想源头和实践起点。2011年“大数据”作为关键词出现在国内学术期刊。2012年7月，阿里巴巴公司宣布设立国内首位首席数据官，试图按“平台—金融—数据”模式打造一家优秀的数据服务公司；同年12月，中关村大数据产业联盟筹备成立，致力于发展大数据产业。2014年2月，习近平总书记在中央网络安全和信息化领导小组第一次会议上进一步指出，“信息流引领技术流、资金流、人才流，信息资源日益成为重要生产要素和社会财富，信息掌握的多寡成为国家软实力和竞争力的重要标志”。2015年4月，中国第一家数据流通交易场所——贵阳大数据交易所正式挂牌运营，率先探索数据要素市场培育；同年8月，国务院颁布《促进大数据发展行动纲要》对大数据整体发展进行了顶层设计和统筹布局，提出数据是国家基础性战略资源，要“全面推进我国大数据发展和应用，赋能传统经济”，数据的价值首次在国家层面获得认可。2015年10月29日，党的十八届五中全会进一步将大数据上升为国家战略，标志着我国正式全面启动大数据发展国家战略。

2. 第二阶段：2016年至2021年，确立数据的生产要素地位和市场化配置制度，数据交易机构和市场不断完善

首先，该阶段组织框架和政策体系不断完善，形成了以政策引导驱动和法律保障数据要素市场推进的发展格局。2016—2021年国家层面部分数据相关政策一览表，如表1-6所示。2016年3月发布的“十三五”规划纲要提出“国家大数据战略”，大数据与包括实体经济在内的各行各业的融合成了政策热点；同年12月，工信部印发《大数据产业发展规划（2016—2020年）》，再次强调数据是国家基础性战略资源，是21世纪的“钻石矿”。2017年10月，习近平总书记在党的十九大报告中提出“推动互联网、大数据、人工智能和实体经济深度融合”，强调了数实融合对培育新增长点、形成新动能的重要意义；同年12月，习近平总书记主持十九届中共中央政治局第二次集体学习并在讲话中指出“要构建以数据为关键要素的数字经济”，数据作为数字经济的关键要素地位得到确立。2019年10月，党的十九届四中全会首次将数据确立为生产要素，按贡献参与分配。至此，以习近平同志为核心的党中央完成了“数据是什么”的探索。进入2020年，党中央将数据纳入生产要素范畴，继续深入探索如何配置和治理数据要素的问题。2020年4月，中共中央、国务院颁布的《关于构建更加完善的要素市场化配置体制机制的意见》将数据作为一种新型生产要素写入文件，提出要“加快培育数据要素市场”；同年5月，中共中央、国务院印发《关于新时代加快完善社会主义市场经济体制的意见》，进一步提出加快培育和发展数据要素市场。2021年12月颁布的《要素市场化配置综合改革试点总体方案》中提出建立健全数据流通交易规则，正式拉开了数据作为生产要素进行市场化配置的制度探索大幕。2021年是我国数据治理立法的重要年份，随着数字经济快速发展，平台经济数据治理等领域逐渐暴露出一些问题。对此，我国加快推进数据治理的制度建设，密集出台数据安全相关法律法规，围绕网络安全、个人信息主权与保护、数据分级分类管

笔记

理等方面进行制度规范，颁布了《中华人民共和国网络安全法》《中华人民共和国民法典》《中华人民共和国数据安全法》《中华人民共和国个人信息保护法》四部法律法规，逐渐形成“兼顾安全与发展”的中央-地方两级数据治理制度。2021 年 12 月 24 日，国家发展改革委等九部门联合颁布《关于推动平台经济规范健康持续发展的若干意见》，提出要细化平台企业数据处理规则，探索数据和算法安全监管等。至此，以习近平同志为核心的党中央从总体上解答了“数据要素如何配置”的问题。

表 1-6　2016—2021 年国家层面部分数据相关政策一览表

发布日期	政策名称
2016 年 3 月	《中华人民共和国国民经济和社会发展第十三个五年规划（2016—2020 年）纲要》
2016 年 12 月	《大数据产业发展规划（2016—2020 年）》
2020 年 4 月	《关于构建更加完善的要素市场化配置体制机制的意见》
2020 年 5 月	《关于新时代加快完善社会主义市场经济体制的意见》
2021 年 12 月	《要素市场化配置综合改革试点总体方案》
2021 年 3 月	《中华人民共和国国民经济和社会发展第十四个五年规划和 2035 年远景目标纲要》
2021 年 12 月	《关于推动平台经济规范健康持续发展的若干意见》

其次，受政策引导以及先发区域的带动效应，该时期数据交易机构数量呈井喷式增长。从市场规模来看，2015 年，贵阳大数据交易所正式成立。随后，经过国家和各地政府牵头，在一批数据运营服务提供商的支持下，各地共建立了超 20 个大数据交易机构，仅在 2014—2017 年，国内就先后成立了 23 家由地方政府发起、指导或批准成立的数据交易机构。从发展质量来看，由于缺乏成熟的法律制度和监管规则，数据流通过程中产生了大量灰、黑产业，给个人隐私、商业机密和国家安全带来了隐患。数据交易也呈现出额度低、质量低、层次低、风险高等特征，制约了数据要素市场的发展。截至 2018 年上半年，已成立的 23 家数据交易机构中至少有 14 家已处于停运或半停运状态，导致数据交易陷入“有数无市”的困境。贵阳大数据交易所在 2018 年以后也因成交量小而不再对外公布交易额和交易量。2018—2019 年新增数据交易机构更是寥寥无几。此时，社会各界已逐渐意识到数据要素所具有的特殊属性使其面临产权模糊、定价机制不完善、监管缺失、交易双方互信难等挑战，须以安全合规为前提探索新型发展模式。鉴于此，国家首先作出行动。公安部于 2018 年 6 月 1 日在北京召开“2018 年网络安全执法检查工作电视电话会议”，首次开展大数据安全整治工作；国家市场监督管理总局、中国国家标准化管理委员会也在同月发布了首个国家数据交易安全标准《信息技术 数据交易服务平台 交易数据描述》（GB/T 36343-2018）。

最后，全国各地围绕数据登记、确权、定价等难题，积极探索数据要素市场破题路径。在数据登记方面，山东数据交易公司在全国率先推出数据登记制度，发布了多项数据登记标准，提出“先登记后交易”的发展模式，为数据确权提供了切实可行的

笔记

路径和方法，为促进数据要素流通作出了有益尝试。围绕数据确权，多省市针对政务数据、知识产权数据等不同领域开展数据权属划分。例如，福建省率先探索政务数据产权机制，明确规定“政务数据资源属于国家所有，纳入国有资产管理”。浙江省建立分级分类的数据知识产权保护基础性制度和标准规范，率先建立数据知识产权确权、用权、维权全链条保护机制。围绕数据要素定价，有的地方专门出台定价制度，规范市场行为，如湖北省鄂州市出台《推动数据要素市场化建设实施方案》《数据确权管理制度》《数据定价策略》等文件，在数据确权、定价等方面进行了大量的探索，从而得以最大化推进数据资源的生产和利用。

3. 第三阶段：2022 年以来，开启数据要素基础制度体系化建设新征程，数据交易平台和授权运营加速推进

2022 年伊始，国家发展改革委先后组织“我为数据基础制度建言献策”和“数据基础制度观点征集意见”活动，充分发掘全国各地科研院所、企业单位、社会团体和公众的智慧，为构建数据基础制度的总体思路、数据产权、流通交易、收益分配、安全治理等贡献了宝贵建议。2022 年 3 月，中共中央、国务院发布的《关于加快建设全国统一大市场的意见》中再次强调，要“加快培育数据要素市场，健全数据安全、权益保护、跨境传输管理、交易流通、开放共享、安全认证等基础制度和标准规范，深入开展数据资源调查，推动数据资源开发利用”；同年 6 月，习近平总书记主持中央全面深化改革委员会第二十六次会议，审议通过《关于构建数据基础制度更好发挥数据要素作用的意见》，并指出数据正深刻改变着生产、生活方式和社会治理方式，数据基础制度建设事关国家发展和安全大局。为数据基础制度的体系化建设奠定了坚实基础，也为制度的最终制定按下了加速键。2022 年 10 月，习近平总书记在党的二十大报告强调要“加快发展数字经济，促进数字经济和实体经济深度融合，打造具有国际竞争力的数字产业集群”，对数据要素的价值应用指明了方向。2022 年 12 月，中共中央、国务院印发《关于构建数据基础制度更好发挥数据要素作用的意见》，从数据要素、流通交易、收益分配、安全治理四个方面为初步搭建我国数据基础制度体系提出了 20 条政策举措，确立了数据基础制度体系的“四梁八柱”，擘画了数据要素发展和赋能经济发展的长远蓝图。2023 年 3 月，《党和国家机构改革方案》正式印发，首次提出组建国家数据局。

与此同时，以政府数据为核心的公共数据开放以及数据交易平台建设持续推进（见图 1-2）。根据《数据要素白皮书（2022 年）》和《2022 中国地方政府数据开放报告》显示，截至 2022 年底，我国各地先后成立 48 家数据交易机构和 208 个政府数据开放平台。在此背景下，我国各地方积极通过出台管理办法、组建专业运营体系、开展授权运营试点等方式优化公共数据供给。不断完善管理规则（广东、江苏、浙江、江西等省陆续发布针对性的公共数据管理办法或条例）、建立运营体系（上海、苏州、福建等省市成立实体，探索专业化运营新模式）。实施层面，为有效解决公共数据交易流通，各地纷纷推出“政府主导＋企业主导”两级模式来构建本地数据要素交易市场。例如，广东省作为改革开放的前沿阵地，充分吸收土地、资本等两种要素市场结构的有效经验，率先推出“1＋2＋3＋X”数据要素市场化配

笔记

置模式，探索数据要素市场化配置路径。“1”是要统揽“全省一盘棋”；“2”是搭建一级和二级并行的两级数据要素市场；“3”是推动建设促进数据收集和交易等各环节发展的新型数据基础设施、数据运营机构和数据交易场所；“X”旨在促进数据要素在各个场景中的应用，释放数据要素的潜力。北京市授权北京金控集团运营金融数据专区，实现“政府监管＋企业运营”，由具备数据安全管理制度、集成开发平台和资源管理系统的专区承接公共数据托管和创新应用，截至2022年7月，金融领域的数据专区已调用27亿余条政务数据量，累计服务40多家金融机构、3万多名用户。海南省则打造全省统一的数据产品超市，作为便捷高效的数据产品供需对接载体，提供定价服务、贡献激励、安全和监管。

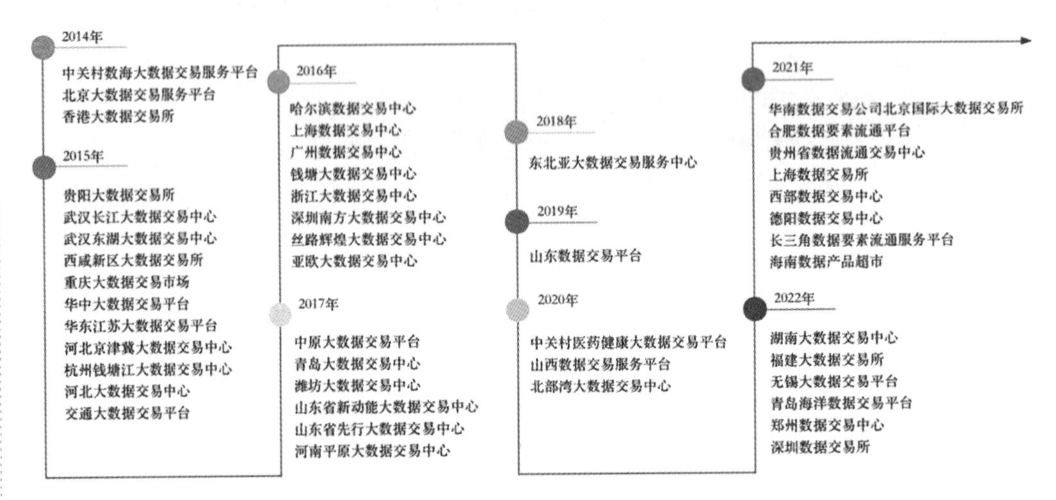

图1-2 国内大数据交易机构建设历程

第三节 数据要素的定义和价值创造

一、数据要素的定义

随着数字经济加速发展，数据要素已成为现代经济活动的重要生产资料。在数字经济实践中，数据要素不仅表现出多种形态，其对数字经济发展的作用也在动态变化。学术界和产业界对数据要素的认识和理解也在不断深入。

在学术界，相关学者基于不同视角对数据要素的定义进行了阐述。

从“原始数据—信息—知识”的视角出发，作为生产要素的数据是指除了创意和知识之外的信息，其本身并不能被直接用于生产经济物品，但是却能在生产过程中创造新的知识或形成对未来的预测，进而指导经济物品的生产（Jones等，2020）。作为数字经济时代的生产要素，数据不是传统意义上的信息，更不是单纯的数字化知识成果，而是泛指在智能网络系统中生成的供机器学习等智能分析工具使用的可机读原始数据（高富平等，2022）。

笔记

从本体论的视角出发，数据要素是人类在意识世界刻画、描述客观世界的最基本单元，是现实世界实体对象的数字投影（吴志刚，2021）。

从技术与经济的视角出发，数据要素是规模收益不确定且需要与其他资源协同的生产要素（李勇坚，2022），其具有包含“多元性、依赖性、渗透性”的技术特征和包含“规模经济性、准公共物品性、马歇尔外部性”的经济特征（白永秀等，2022）。

从数据与生产的视角出发，数据要素是大数据技术与产业背景下，在数字经济时代生产力和生产关系语境中对“数据”的指代，是对数据促进生产价值的强调。作为一种理论视角下的术语，静态来看，数据要素的外延就是各行各业所操作的产品数据、设备数据、工业数据、农业数据、金融数据、物流数据、社交数据、消费数据、公共数据等类型，在生产经营活动中，这些数据类型根据生产需求被加工成各种形态。概括为理论层面的内涵，数据要素是根据特定生产需求汇聚、整理、加工而成的，参与社会生产经营活动的计算机数据及其衍生形态（欧阳日辉，2023）。

对于产业界而言，有关数据要素的定义更加侧重实用性。

国际数据管理协会认为，数据是信息的一种形式，信息也是数据的一种形式，数据和信息都需要被管理。因此，数据要素可以囊括整个产业链、产业生态中投入生产并创造价值的原始数据集、标准化数据集、数据服务终端、数据接口、数据模型、数据评分、联合计算、业务系统、数据报告等多种形式。

中国信息通信研究院则从数据经济价值形态变化的视角，分别从数据、数据资源、数据资产三个层次对数据要素下了具有实践性价值的定义：数据是“对客观事物（如事实、事件、事物、过程或思想）的数字化记录或描述，是无序的、未经加工处理的原始素材”。如果数据具有使用价值，那么数据就变成数据资源，“是能够参与社会生产经营活动、可以为使用者或所有者带来经济效益、以电子方式记录的数据”。更进一步地说，如果数据资源能够产生经济价值，那么数据资源就变成了数据要素，“是参与到社会生产经营活动、为使用者或所有者带来经济效益、以电子方式记录的数据资源”。按照该定义并非所有的数据都是生产要素，只有那些可以进入生产过程并产生经济价值的数据才是生产要素，也就是被我们称为数据资产的东西。

国家工业信息安全发展研究中心从数据的要素属性视角提供了另外一个具有工程指导价值的定义，在其发布的《中国数据要素市场发展报告（2020—2021）》中提出：数据是指所有能够输入计算机程序处理、反映一定事实、具有一定意义的符号介质的总称，进而指出数据作为新型生产要素，具有劳动工具和劳动对象的双重属性。其中数据作为劳动对象，数据要素市场体系主要包括数据采集、数据存储、数据加工、数据流通、数据分析、生态保障六个部分，前五部分主要是对数据要素对象的“劳动”过程，该报告对生态保障部分进一步细分为数据资产评估、登记结算、交易撮合、争议仲裁及跨境流动监管五个环节，从而比较系统地描绘了数据要素市场的整体结构。

综上，本书将数据要素定义为参与社会生产经营活动，为持有者、使用者、经营者带来经济社会效益，根据特定生产需要汇聚、整理、加工而成的，以电子方式记录的计算机数据及其衍生形态，其包括投入生产的原始数据集、标准化数据集、各类数据产品及以数据为基础产生的系统、信息和知识等丰富内容（见图 1-3）。

笔记

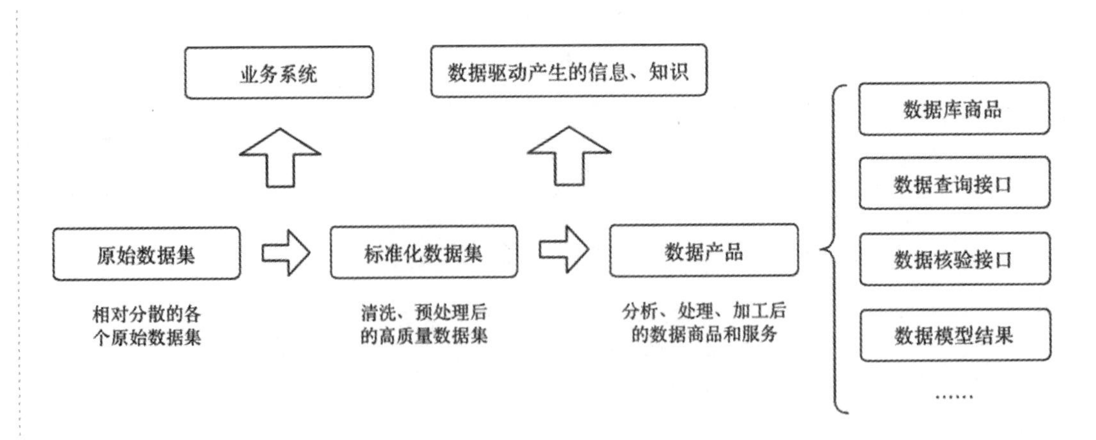

图 1-3 数据要素主要表现形态

二、数据要素的价值创造

在数字经济时代，经济增长由外延增长向内涵增长转变，数据要素所具有的不同于传统生产要素的特征，打破了传统生产要素有限供给对经济增长推动作用的制约，在微观、中观、宏观等三个层面对企业生产、产业升级以及宏观经济调控产生了革命性影响。微观层面，数据协同资本、劳动等传统生产要素发展，通过数据分析和数据挖掘，激发数据潜力，释放数据活力，实现产品的创新、商业模式的重塑以及微观运行效率的提升；中观层面，数据要素组合和要素结构的变化，促进了产业创新、产业关联、产业融合，数据在优化传统产业的同时，催生了新业态；宏观层面，数据要素在微观层面的规模效应和模式创新提升了运行效率，这种微观运行效率的提升在宏观层面得以放大，激发了增长潜力，实现了供需两侧动态匹配，优化了市场和政府行为，促进了经济高质量发展。

（一）微观层面

数字技术可以贯穿研发、生产、流通、服务和消费全流程，企业通过对生产和销售过程中产生的数据进行分析，预测消费者偏好并选用最优的生产技术，优化生产和管理流程，推动企业模式创新，驱动业务效率提高。“数据反馈循环”将会产生递增的回报——拥有更多数据的企业会生产更高质量的产品，这又会促使这些企业增加投资、生产和销售，进而生成更多数据，获得指导其最优化自身运营实践的有用信息。数据要素在研究开发、生产管理、质量控制、产品销售、售后服务等全产业链应用中，逐渐具备规模大、价格低、价值高、创新强等特征，演化为推动生产效率提升与企业产品优化的重要要素。

1. 产品供给层面

（1）增加企业产品供给数量。企业产品价值量是由生产产品的社会必要劳动时间所决定的。社会必要劳动时间的变化必然引起企业产品价值量的变化，而社会必要劳动时间的变化又受制于劳动生产率的变化。数据要素所拥有的感知、记忆、分

笔记

析、决策等功能应用于企业生产过程，促进了企业劳动生产率的提升，而劳动生产率的提升将带来单位时间内生产出来的产品数量的增加，从而增加企业产品的产出率。

（2）提升企业产品供给质量。在数字经济时代，数据要素推动企业数字化转型。以此为基础，以数据技术为依托的精细管理和产品质量控制体系逐步构建，以大数据为主线的跨部门、跨行业、跨环节的产品质量事中事后监管体系逐步建立，以社会信用数据为基础的企业产品质量联合奖惩机制逐步推进，这带来了企业的产品质量变革，大幅度提升企业产品供给质量。

（3）推动企业产品供需相匹配。在数字经济时代，企业生产模式从大规模流水线生产向“以迅速满足顾客需求为中心”的大规模定制化生产转变，即依靠有高度柔性的以计算机数控机床为主的制造设备来实现多品种、小批量的生产，使生产系统能够对市场需求变化作出快速反应。为了满足市场需求，柔性生产必须在一个生产区位完成整个生产过程，消费者深度参与生产过程，生产与消费趋于同步，企业的研发设计和生产销售围绕用户需求来进行，通过对组织架构进行重构，精简层次、压缩机构，企业组织结构趋向扁平化发展，以适应数字技术的使用所带来的快速变化。企业以数据平台为基础，不同产品围绕用户全方位、多样化需求相互融合、跨界互动，实现立体化网络分工，大大提升了用户与资源匹配的效率和精准度。

（4）降低企业产品成本。一方面，企业的数字化转型降低了生产成本。在生产过程中，推动企业数字化转型，可以减少企业生产资料的损耗，例如数据技术推动下出现的3D打印从散碎的物料入手，利用数字模板打造出3D形状的物体，大幅度减少生产材料的损耗。同时，推动企业数字化转型，建立各个环节的数据化平台，准确监测计划外的设备故障并及时检修，也可以减少因设备故障而使劳动过程中断造成的损失。另一方面，企业的数字化转型降低了流通成本。在流通过程中，企业购买原材料时使用数据要素分析对应产品的数据集，不需要进行实地考察就可以快速找到价格合适的供应商，从而减少企业采购的搜索成本。同时，企业出售产品时通过收集和分析消费者数据，可以精准地给消费者推送广告信息，降低了生产者的匹配成本。

2. 模式创新层面

（1）组织模式创新。数据技术的迅速发展与应用，促使企业从管理者主导的经验型决策转向依赖数据分析的数据驱动型决策（data-driven decision making，DDD模式）。一方面，更大量和精细的数据包含了更多可用的信息，基于大数据的管理信息系统有助于提高管理者的信息处理能力，提升管理者决策的质量；另一方面，数据可以提高企业、工人和流程绩效的清晰度，促进围绕共同目标的协调，并为“关系合同”提供框架。同时，企业在转向DDD模式的过程中，能够利用大数据刻画出更复杂、更完整的客户画像，从而有针对性地提供更准确的定制产品和服务，提升生产效率，更高的生产效率又使得企业可以进行更多的投资，生成更高质量的数据，形成“数据正反馈”过程。

笔记

案例 1-1

沃尔玛的数字化转型

沃尔玛成立于美国，在中国发展多年，现在已经成为中国最大的全渠道零售商之一。作为零售行业的巨头企业，近年来沃尔玛一直致力于数字化转型，融合电子商务平台与数字化技术，掌握数字化供应链及物流，创建用户导向的零售服务生态，促进零售行业数字化转型与升级。首先，沃尔玛基于消费者对于消费场景的个性化需求，提供了不同时间、多种地点的消费方式。例如，针对偏好“宅家”“效率”等的线上消费者，沃尔玛开发了沃尔玛移动应用程序。同时对在线平台进行数字化改造针对追求沉浸式消费体验的线下消费者，沃尔玛推出集购物、休闲、娱乐于一体的一站式消费生态，从而打造了满足所有消费需求“沃尔玛超市＋沃尔玛电商＋沃尔玛小程序”的全场景模式。其次，沃尔玛以大数据为基础，针对顾客在消费过程中的个性化诉求，上线了 Walmart Pay 支付软件、Curbside Pickup 路边取货、Mobile Scan&Go 手机扫一扫等服务。基于此，顾客仅需在移动端点一点就可以方便、高效地完成消费。最后，完成数字化升级后的沃尔玛零售链接系统 Retail Link，有助于收集并整合来自沃尔玛线上商城、线下门店以及小程序等的用户消费数据，包括浏览、购买、评价等，据此描绘出各类消费者画像为其精准提供商品和服务，从而依据线上流量持续提高潜在客户转化率、复购率，形成“货找人”而不是“人找货”的消费模式。沃尔玛需求预测端的数字化应用，使其能够愈发精细、准确地捕捉消费者的差异化需求，并且通过提供愈加完善的服务来增强消费者满意度和用户黏性，根据需求带动预测效率从而实现价值创造。

（2）研发模式创新。一方面，企业可以利用用户持续反馈的数据，通过人工智能技术，在数据采集和数据处理的基础上，将海量数据与分析模型相结合，根据数据间的强关联、弱关联、潜在关联性挖掘数据浅层反馈信息背后的深层逻辑，达到“走一步，想十步”的数据智能搜索和智能挖掘，并对形成的多个智能解决方案进行“减量化”的处理，选择最优的解决方案；另一方面，数据在研发环节的应用能够有效提高研发的效率，如智能家居产品在研发环节利用传感器数据和 App 场景交互数据，智能挑选合适的家居材料，通过“数据＋算力＋算法”提高研发环节材料的筛选效率，由此整体提高产品研发效率，预测用户的智能体验感，减少不必要设计材料的筛选、模拟和预测。

笔记

案例 1-2

小米 MIUI 的研发创新

MIUI，也叫米柚，是小米创业团队的一个创举，整个开发过程高度接地气。小米在 MIUI 系统研发中，为了验证产品的稳定性和用户体验，紧贴用户，招募“米粉”，通过线上讨论和线下活动，圈住大量用户，让用户充分讨论新发布的版本，并尝试使用新功能，发现潜在的问题和 bug，提出各种改进建议，用反馈数据持续优化产品研发环节。这一模式不仅让用户成为研发过程的“参与者”和“实践者”，并且吸纳了用户的好创意，极大缩短了产品开发周期。从 2010 年 8 月 16 日首个内测版发布，MIUI 已经拥有全球 6.23 亿用户，覆盖 80 种语言，支持 221 个国家与地区使用。

（3）生产模式创新。在数字经济时代，为满足消费者个性化、多样化需求，企业的生产模式逐渐由工业经济时代的标准化和规模化生产转变为模块化和智能化生产。在产品生产过程中，专用型模块化数据（专用型模块化数据具有个性化特点，实现个性化的数据产品的生产，以满足长尾市场、长尾产品、长尾用户的个性化、小众化需求）和通用型模块化数据（通用型模块化数据具有通用性特点，普适性强，实现大众化的数据产品的生产，以满足头部市场、头部产品、头部用户的标准化、大众化需求）通过二元或多元“拼接”，实现数据间松散耦合，实现大众化的红海区域和小众化的“蓝海”区域协同发展，优势互补，在有效提高生产者产品多样化、动态化、智能化的同时，也满足了消费者多样化、个性化、定制化的产品需求，有效缓解了生产者和消费者之间的供需“摩擦”，促进了供需两侧的动态匹配，提高了生产效率和交易效率，实现了生产者和消费者的互利共赢。

（4）营销模式创新。首先，数据可以优化营销价值链条。以数据分析为基础，识别用户多样化需求，企业根据用户多样化需求调整营销组合，提供定制化、个性化的产品和服务，并发挥用户的主观能动性，增强用户在产品设计、产品优化中的参与度，形成以用户为中心的营销模式。其次，数据可以重塑线上、线下营销渠道。企业不仅根据用户过去的搜索行为和交易行为精准推送消费者感兴趣的商品，还会通过过去不断积累的消费数据，对消费者身份进行识别，对其未来可能购买的产品进行预测性分析，形成一个对消费者信息不断自适应、自调整的自组织技术系统，帮助消费者在海量数据市场中，识别最优匹配，提高交易效率。例如，一名消费者在某购物网站上购买高端品牌的女性化妆品，然后又购买了一条少女感的裙子，系统大致可以判断这是一位具有高端消费能力的年轻女性消费者，这样，系统不仅可以根据消费者过去对化妆品、裙子的消费推送相关种类的产品，还能预测消费者可能会购买的其他高端产品，并将可能购买的产品提前运至购买地区，在消费

笔记

者下单后，快速交付产品，送货上门，树立良好的品牌形象，打造极致的购买体验，增强用户的购买黏性。最后，数据不仅能重塑线上营销流程，还能改变线下实体店的布局。受数据分析、数据挖掘等技术在线上店铺应用的影响，线下实体店呈现出“零碎化便利”和“集中式体验”的“展示大厅”特征，为用户打造便捷、独特的用户体验。通过实体商店、网上商城、移动终端、社交网络等多元化的渠道满足用户多样化的需求，打造以用户为中心的极致化体验，并在不同渠道实现精准衔接，实现线上、线下全渠道统一布局。

（二）中观层面

随着产业数字化由单点应用向连续协同演进，数据要素对市场结构、产业组织和经济增长的影响越来越深。随着产业数字化的不断推进，产业链动态协同效应将增强，数据将成为联动不同组织、不同产业集群和区域协同发展的核心要素。数字平台利用数据要素对土地、劳动力、技术、资本等生产要素流转进行全面数字化和智能化改造，实现国民经济的全要素数字化转型，助推市场在资源配置中发挥决定性作用。全要素数字化重构资源配置模式，促进数字技术与实体经济、科技创新、金融服务、人力资源协同发展，形成以数据为核心要素的数字经济融合层，并催生新产业、新业态、新模式。

1. 无中生有：数据要素催生新产业和新模式

产业数字化的发展极大地丰富了数据要素的类型，同时为数字技术和数据要素的应用提供了实践基础和广阔的应用场景，进一步推动了数据要素的形成和完善。随着产业数字化进程的推进，数字技术进一步与各类产业协同发展，这一过程一方面催生了更为丰富的数据资源类型，使经济系统中可被开发的数据资源数量激增。例如，产业数字化进程由最早的商业零售领域向医疗、金融、安防、制造等领域扩展，各类医疗数据、金融数据、视频数据、工业数据开始不断丰富，同时，各类数据的采集、开发和应用，进一步推进了各领域的产业数字化进程，进而产生更为丰富的数据资源，催生出人工智能等新技术、金融科技等新资本、智能机器人等新劳动力、数字孪生等新土地、区块链等新思想，生产要素的新组合、新形态将为推动数字经济发展不断释放放大、叠加、倍增效应。以消费为例，数据要素催生了以电子商务等为代表的零售新业态，数字化零售已经成为消费的主流趋势。2017—2022 年，我国网上零售额从 5.5 万亿元增加至 13.79 万亿元，增长了 150.73%，占社会消费品零售总额比重从 15%增长至 31.3%。数据要素在零售业的广泛应用，确保了供应链更加完整、高效，促使生产、仓储、运输、检验等全流程环节更加安全可靠。不仅如此，数据要素在消费领域的广泛应用也催生了网络直播带货等众多新模式，孵化出多元化的新零售网络。另一方面，数字技术围绕产业全球化布局、跨国贸易、人才流动等构建全球化数据情报网络，实现了物流、资金流、数据流融合汇聚，提升了对外开放和对接全球贸易体系的效率。

笔记

案例 1-3

上海海关跨境贸易管理大数据平台

作为提升通关效率的重要一环，2018年1月18日，上海海关会同中国远洋海运集团有限公司（以下简称中远海运）、上港集团联手启动上海口岸跨境贸易管理大数据平台建设。该平台以系统数据对接互通为驱动，通过深度运用云计算、大数据、物联网等现代信息技术，深入推进跨行业、跨部门合作，有序推动数据安全对接和信息透明互通，对合同、订舱、装船、发运、抵港、理货等企业数据，船舶、航线、靠港计划、订舱、货物流向等物流数据，以及海关的通关状态信息进行整合，并开展企业真实贸易数据与企业申报数据的实时比对印证，利用数字化和跨境信息流促进贸易和物流的安全透明，最大限度减少人工干预，同时对捕捉到的风险货物实施精准打击和有效监管，大幅提升了口岸通关效率。经过一年多的探索，大数据平台已汇集生产、贸易、物流、税务、工商、外汇等各方数据7亿多条，并与“单一窗口”、船公司和港务部门实现无缝对接。通过平台探索建立的智慧通关新模式，企业不仅能够自主提前申报，还可提前安排提箱计划，实现“优享订舱”和“靠泊直提”。

试点企业中远海运的实例显示：一票来自荷兰的货物在荷兰鹿特丹装上中远海运的集装箱船，计划经过20多天的海上运输后抵达上海港。在此过程中，相关客户通过跨境贸易管理大数据平台，可以实时跟踪了解货物的运输轨迹和位置，提前进行货物的后续安排。而在货物抵达上海港的前两天，企业即可向上海海关申报。获得海关提前放行后，中远海运与上海港方面凭借电子提箱功能，可实现数据无缝衔接，快速完成货物、集装箱设备等单证的放行业务。与以前的货到之后再向海关申报、查验，然后与船公司、港口完成各种交接手续的流程不同，现行流程有了大幅优化，耗时也从原来的130个小时大幅缩短至20个小时内。

2. 有中出新：数据要素加快产业数字化转型

（1）加快企业数字化转型升级。传统产业主要指劳动密集型的、以制造加工为主的行业。虽然我国传统产业规模大、产值高，但是许多传统产业存在效率低、资源消耗大等特点，其组织架构和商业模式因为数据技术的快速发展而变得越来越难以满足市场需求，转型升级成为当务之急。随着数字技术的快速发展，传统产业向信息化方向发展日益普遍，数字技术逐渐渗透到传统制造业的生产、研发、营销等多个环节，企业数字化思维以及员工数字技能和数据管理能力日益强化，全面系统地推动了企业研发设计、生产加工、经营管理、销售服务等业务数字化转型。对于企业来说，数据的应用不仅有助于大型企业打造一体化数字平台，全面整合企业内部信息系统，强化全流程数据贯通，加快全价值链业务协同，形成数据驱动的智能决策能力，提升企业

笔记

整体运行效率和产业链上下游协同效率；而且促进了中小企业加快推进线上营销、远程协作、数字化办公、智能生产线等应用，由点及面向全业务、全流程数字化转型延伸拓展。

（2）加快重点产业数字化转型。首先，数据要素可以提升农业数字化水平，推进“三农”综合信息服务，创新发展智慧农业，提升农业生产、加工、销售、物流等各环节数字化水平。其次，数据要素有效推进工业数字化转型，加快推动了研发设计、生产制造、经营管理、市场服务等全生命周期数字化转型，加快培育了一批“专精特新”中小企业和制造业单项冠军企业。再次，数据要素推动了智能制造工程的实施。数字商务的发展，对于全面加快商贸、物流、金融等服务业数字化转型，优化管理体系和服务模式，提高服务业的品质与效益起到了重要作用。最后，数字技术的应用有助于引领咨询服务和工程建设模式转型升级，推动智慧能源建设应用，促进能源生产、运输、消费等各环节智能化升级，推动能源行业低碳转型。根据测算，工业互联网的应用能够帮助我国的航空、电力、铁路、医疗、石油天然气等传统行业实现生产率提升达1%，到2030年将能够带来累计3万亿美元的GDP增量。虽然在数据要素改造传统产业过程中，产品的基本结构、功能没有发生根本性的转变，但是通过数据要素应用提升了现有产业技术水平和丰富了产品功能，帮助传统产业效率提升，推动产业跨界融合，重构产业组织模式，推动传统产业转型升级。

（3）加快产业园区和产业集群数字化转型。产业园区利用数字技术提升园区管理和服务能力，探索平台企业与产业园区联合运营模式，丰富技术、数据、平台、供应链等服务供给，提升线上、线下相结合的资源共享水平，引导各类要素加快向园区集聚。围绕共性的转型需求，数据要素可以有效推动共享制造平台在产业集群落地和规模化发展。探索发展跨越物理边界的“虚拟”产业园区和产业集群，加快了产业资源虚拟化集聚、平台化运营和网络化协同，构建了虚实结合的产业数字化新生态。

案例 1-4

深圳福田数据要素全生态产业园

2022年11月16日，第二十四届高交会深圳（福田）数字经济产业生态峰会在深圳会展中心（福田）举行，会上数据要素全生态产业园（见图1-4）正式揭牌。作为全国首个数据要素全生态产业园，该产业园由福田区人民政府、深科技、深圳数据交易所、粤港澳大湾区大数据研究院等单位联合共建，汇聚了数据要素市场重点企业，构建了“1+5+6”产业发展体系，即：打造数据要素产业标杆园区“1”个目标，落户数据交易所、数据登记结算中心、数据要素产业科研机构等“5”个重点机构，集聚数据采集、加工、存储、流通、分析、配套服务“6”类优质数据的优势企业，形成“资—供—产—销—用”良好生态闭环，以构建全链条的数据要素产业生态，为数字经济发展蓄势发力。截至2023年，约有50余家机构和企业意向入驻。

笔记

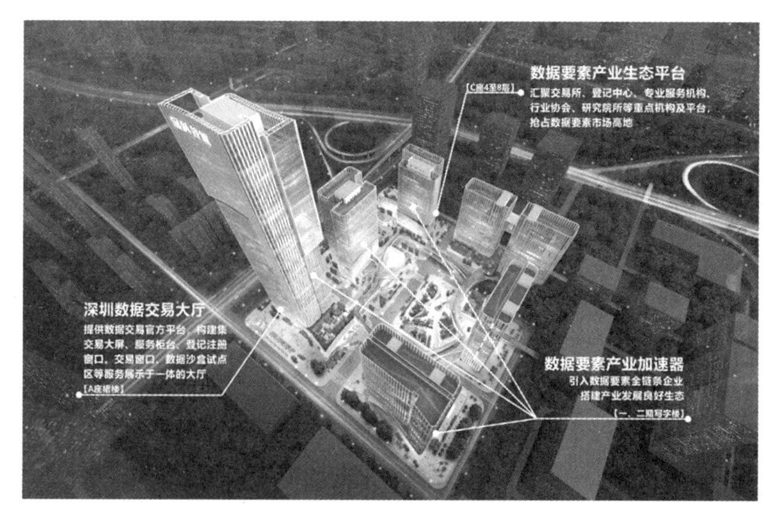

图 1-4 数据要素全生态产业园建设规划

（三）宏观层面

数据是物质世界由混沌走向清晰和可量化的必然过程，是市场经济由看不见的手向看得见的手转变的杠杆。数据辅助宏观经济决策可以提高宏观经济决策的精准度和时效性，各级宏观经济决策部门通过建立“收集数据—量化分析—经验实证—决策优化”的决策新路径，了解经济形势、发现问题、预测趋势，并根据分析结果有针对性地建立宏观经济经验决策和数据决策深度融合的科学决策模式，完善宏观调控判断机制，优化政策措施，提高资源利用效率，为社会提供更好的公共服务，为市场经济向数据计划经济转变提供了重要基础，带来了宏观经济管理的彻底变革。

1. 探索挖掘大数据，创新宏观调控指标体系

随着数字技术的快速发展和新经济业态的出现，涉及生产经营销售活动的非结构化的海量数据大量涌现，传统调控指标体系难以为经济走势的科学判断提供支撑，创新宏观调控指标体系已经成为改进和完善调控手段的重要措施。在数字经济时代，“用数据说话、用数据决策”是对传统宏观调控的颠覆性变革。伴随着大数据的分析与挖掘技术的迅速展开，除了国内生产总值（GDP）、消费价格指数（CPI）、生产价格指数（PPI）等传统宏观经济调控指标体系外，移动设备网络流量、民航客运量、新增用电量、新增银行贷款、单位能耗等新的统计指标在宏观决策中占据越来越重要的位置。

2. 依托最新数字技术，实现精准宏观调控

在工业经济时代，政府宏观经济调控是在因果思维模式支配下进行的。政府在制定和实施财政、货币以及产业政策时，通常要对影响政策选择的信息进行收集、整理、加工和处理，通过厘清因果关系后作出宏观调控政策选择。但是传统宏观经济调控是政府在掌握不完全信息的基础上进行的，受到信息技术水平影响，政府收集的数

笔记

据是不完整的，难以实施精准的宏观调控政策。在数字经济时代，以大数据为代表的新技术发展迅猛，数字基础设施广泛融入生产生活，对政务服务、公共服务、民生保障、社会治理的支撑作用进一步凸显，为政府利用新技术进行精准调控提供了可能。随着大数据融合平台的发展，科技水平和数字技术手段能够帮助政府收集和提供相对完整的信息，数据的时效性更强、数据的精准度更高。政府通过建立全行业数据收集处理系统，政府数字化监管能力显著增强，行业和市场监管水平大幅提升。政府主导、多元参与、法治保障的数字经济治理格局基本形成，治理水平明显提升。

案例 1-5

“数字政府”建设下的民生服务小程序

“粤省事”是我国首个集成民生服务小程序，也是广东省“数字政府”改革建设的重要成果。用户只需通过微信端入口“实人+实名”身份认证核验，即可在小程序进行高频事项全网通办。“粤省事”最大优势就是通过微信小程序将分布在各业务部门办理业务量大、受众量广以及群众重点关注的服务事项，整合到全省统一的服务平台，不断提升用户体验，实现服务个性化、精准化和一站式“指尖办理”，方便群众办事，打造整体型政府。同时，通过“粤省事”公众号与小程序的联动，实现通知提醒、政务咨询、投诉建议、政策解读等功能，让政府与公众的沟通更顺畅。截至 2023 年 2 月，“粤省事”平台累计实名注册用户数 18132.8 万户，日均查询及办理业务 873.3 万笔。

“放管服”改革是重庆两江新区全面深化改革，推动内陆开放，打造法治化、国际化、便利化营商环境的重大战略举措。两江新区为优化政务服务，深化网审平台功能，推进网上全程办理，建立了“不见面”审批目录清单，营业执照实现了“无纸全程电子化”办理。截至 2022 年 8 月，两江新区新增市场主体 17385 户，同比增长 2.23%；累计市场主体 127476 户，同比增长 13.36%；全程网办事项占比 98.8%，已实现 494 项行政许可事项平均承诺时限较法定时限压缩 92.05%，平均单项办结时间 0.98 天，平均跑动次数 0.014 次。

思考题

1. 数据要素的定义是什么？
2. 与其他生产要素相比，数据要素有哪些独特特征？
3. 列举数据要素作用于产业创新和经济发展的实例？

笔记

第二章

数据要素的分类与特征

数据要素作为新型生产要素对促进经济高质量发展有重要作用。习近平总书记指出：“在互联网经济时代，数据是新的生产要素，是基础性资源和战略性资源，也是重要生产力。”基于此，合理地对数据要素分类以及正确地认识数据要素特征具有重要意义。本章主要介绍数据要素的分类与特征。第一节从五个分类视角概述数据要素的分类，分类视角包括数据价值链、数据要素产生主体、数据要素结构特征、数据要素产生频率、数据要素安全隐私保护。第二节从数据要素区别于传统要素的独特特征角度切入，剖析了数据要素的特征，特征包括非竞争性、规模报酬递增、产权复杂性、价值异质性。

第一节　数据要素的分类

数据要素分类是根据数据要素的属性及特征，将其按一定原则和方法进行区分和归类，并建立起一定的分类体系和排列顺序的过程。通过数据要素分类这一过程，可有效使用和保护数据，使数据更易于定位和检索，满足数据风险管理、合规性和安全性等要求。

一、按照数据价值链分类

数据价值链是沿着企业生产链条数据流动与价值创造相伴而动的过程。随着这个过程，数据形态沿着“数据资源—数据资产（产品）—数据商品—数据资本”动态进化，各阶段价值形态分别对应潜在价值、价值创造、价值实现和价值增值。因此根据数据要素价值链的价值形态变化可以将数据要素分为四类：数据资源、数据资产（产品）、数据商品、数据资本（见图 2-1）。

笔记

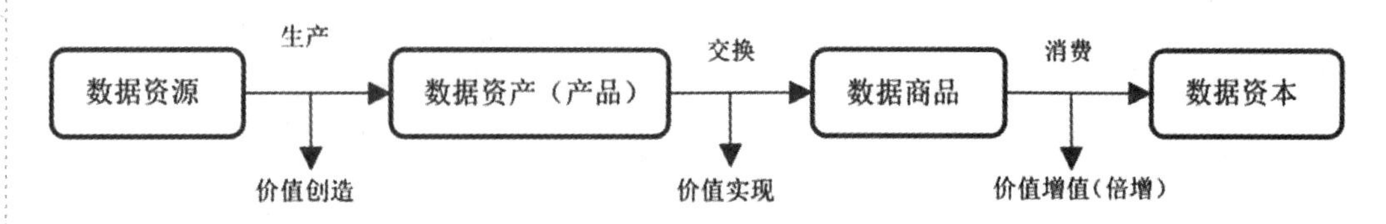

图 2-1 数据价值形态演进过程

（一）潜在价值——数据资源

数据资源具有潜在价值，是使用资源、释放数据价值的逻辑起点。数据资源是静态原始的数据，只有通过对原始数据进行采集、存储、处理、分析，才能形成动态可用的数据。数据资源化是指对数据“提纯”的过程，即提高数据资源质量的过程。数据资源的潜在价值主要体现在两个方面：一是数据传送的技术手段对生产效率的提升；二是数据与劳动、资本等其他生产要素融合并形成倍增效应，使数据参与价值创造。数据资源具有以下三大特征。

1. 体量大

体量大特征代表数据记录和存储的集合大小，数字化生产要素的普及加速了数据的海量累积，造成数据资源规模的急剧扩大。例如，英国连锁超市 Tesco 每个月就能够产生大约 15 亿条的数据；沃尔玛的数据池存储了 2.5 千兆字节的信息；在戴尔的数据库中，仅仅与销售和广告相关的数据记录就达到 150 万条。需要说明的是，这里的体量大小是相对的，随着无线传感器技术的更新和物理存储设备的发展，传统 IT 企业将来需要处理的数据必将远远超过现有的承受能力。

2. 高速化

高速化特征主要包括两个方面，一是数据资源的产生和传输非常快，二是数据资源的收集和分析速度快，具体反映在企业对传感器、销售交易、社交媒体帖子以及突发新闻等数据的实时处理或者接近实时的处理上。亚马逊对新产品、供应商、消费者和促销活动采取连续的流程管理，旨在不影响已经承诺的交货日期。目前，美国较大的零售商都可以跟踪单个客户的数据，利用来自网络的点击流量数据分析消费者的偏好和行为，甚至可以将这些数据进一步细化来实时追踪客户行为发生的变化，从而提升用户的体验满意度和忠诚度。面对以指数级速度增长的数据，企业只有不断提高实时信息处理的能力，才有机会从竞争对手中脱颖而出，抢占市场先机。

3. 潜在价值高

数据资源通过提取和精炼后能够产生经济价值的潜力非常大。国际医疗保健机构 Premier Healthcare Alliance 利用数据共享和分析技术，在帮助改善病人治疗效果的同时共减少了 28.5 亿美元的医疗花费。得益于人脸识别技术的美国老牌约会网站 Match.com 报告称，在过去的两年中它们的销售收入增加了 50%以上，超过 180 万的订阅者购买了网站的核心商业项目，而这些经济成果都是依靠对数据资源的分析得到的。虽然数据资源中蕴藏的经济价值十分可观，但由于数据资源基数比较大，所以数据价值的密度相对较低，需要独到的思维、高超的技术，经过参照、关联、对比分

笔记

析才能从海量数据中挖掘出“价值资源”，完成海量数据的“价值提纯”，这就增加了数据资源开发和利用的难度。

（二）价值创造——数据资产

数据资产是企业拥有或控制，能带来预期经济利益的数据资源。并非所有的数据资源都是数据资产，只有具有可控性、可量化、可变现的数据资源才能变成数据资产。

数据资产与传统资产不同，兼具有形性、无形性、流动性、长期性的资产特征，是一种全新的资产类别。

1. 数据资产的有形性

数据资产的物理属性和存在属性表现出有形资产的特征，体现了数据资产的有形性。数据资产需要存储在计算机存储设备并需要机房等仓库类的实物形态里，确切占用了存储介质的物理空间和仓库类的物理空间，是数据资产物理属性的体现；数据资产是可被读取和感知的，让人们感知到它的存在，即具备存在属性。数据资产的物理属性和存在属性就形成了数据资产的物理存在，这是有形的。

2. 数据资产的无形性

数据资产的信息属性及数据勘探权、使用权等表现出无形资产的特征，体现了数据资产的无形性。数据资产的价值在于其所包含的信息，但信息的价值因人而异、因事而异、因时而异，难以计量，需要通过数据资产评估来确定。另外，类似于矿藏资源，数据资源的勘探权、使用权、所有权等属于无形资产。数据资产的信息属性以及数据勘探权、使用权等都是无实物形态的，体现了数据资产的无形性。

3. 数据资产的流动性

虽然说数据资产可能存储在大规模存储设备上，有时可能还有专门的机房，但是数据资产易复制的特点使其具备流动资产的特征，体现了数据资产的流动性。数据极易复制，一份数据可以复制成为多份质量毫无差异的副本数据，而且数据的复制成本远低于生产成本，使得数据具有极好的流动性，在一个会计年度数据资产可以随意流通，体现了数据资产的流动性。

4. 数据资产的长期性

数据的时间属性使数据资产具备长期资产的特征，体现了数据资产的长期性。数据本身不会老化，通过更换存储载体可以一直在网络空间中存在，是数据时间属性的体现；数据在使用过程中不会发生损耗，所以数据资产不具有实物资产折旧的情况，是可以长期存在的，体现了数据资产的长期性。

综上，由于数据资产的物理属性、存在属性和信息属性等属性及其数据勘探权、使用权、易复制性等特点，使得数据资产兼有无形资产和有形资产、流动资产和长期资产的特征，是一种全新的资产。

（三）价值实现——数据商品

数据商品是用于交换的数据产品。数据商品和数据产品的本质区别在于是否在市

笔记

场上进行交换。企业生产出具有使用价值和价值的数据商品，只有在市场上进行流通和交换，才能实现数据价值。在交换过程中，交换价值以价值为基础，以使用价值为表现形式，实现一种使用价值同另一种使用价值之间的比例交换。交换环节要充分挖掘数据的交换价值，并将交换价值无限放大，以攫取更多数据劳动带来的剩余价值。

按照数据商品的使用价值，数据商品可以分为以下五类。

一是内容型数据商品，其指的是以提供内容为主要目标的数据商品。内容型数据商品与业务结合更紧密，主要是研究业务逻辑，分析业务问题，进行诊断，提出解决方案等，如建设业务的指标体系，撰写分析报告等。

二是平台型数据商品，其指的是建设的数据产品具备平台属性，如大数据平台、机器学习平台、用户画像平台等。

三是工具类数据商品，其旨在帮助业务进行数据统计分析、数据可视化展示上提供工具性的支持，帮助业务快速高质量应用数据，实现业务数据化。这类数据商品一般是在公司发展到一定程度后，为了减轻业务人员、分析师或业务数据产品负担，自行开发一整套关于数据分析展示的工具。

四是数仓方向的数据商品，数仓方向的数据产品是数据治理相关的工作，有少部分可能要进行数仓建模或数据开发。与平台型数据商品之间的区别是，数仓方向的数据商品更关注平台上的数据内容。

五是算法类数据产品，比如个性化推荐、搜索排序、风控模型、用户画像等形式的产品。

案例 2-1

数据商品：太平石化金租数据治理与服务平台

太平石化金租已建设有租赁业务系统、汽车租赁系统、资金系统、财务系统、OA 系统等多个信息系统，支持着各项业务和管理的正常运行。随着系统和数据的增多，建设租赁数据平台的迫切性越来越高。首先，各个系统之间的数据交换增多了，各个系统之间建立一对一的数据交换接口较为复杂且开发量大。建立统一的数据平台后，各个系统只需要与数据平台建立数据交换关系。其次，建立统一的数据平台，可以集成各个系统的数据，把握公司的整体数据视图，提供多角度多层次的管理驾驶舱。最后，统一的数据平台，可以方便对接现有以及未来的各类报表和数据，比如集团另类系统、集团统一数据平台、EAST 报表等。此后都只需从数据平台中建立对接关系。

针对上述需求，亿信华晨建设了一个数字平台，其集成租赁业务系统、汽车租赁业务系统、财务系统、资金系统、OA 系统分析等数据资源，实现数据的抽取、转换、加载入库，形成历史数据问题清单，建立数据资产目录，建设数据管理规范、数据治理规范和体系文件等标准规范；对现有数据资产进行盘点，进行资产评估，对数据中有价值、可用于分析和应用的数据进行提炼，形成多维度的数据资产目录，供业务人员快速查找使用。

笔记

(四)价值增值(倍增)——数据资本

数据资本需要数据商品在价值形态上进一步深化。数据商品向数据资本转变的关键是，在市场上用于交换的数据商品的交换价值是否被充分挖掘和无限放大，形成对数据劳动者的劳动成果的无限次重复使用，并生成价值增值(倍增)的数据资本。这类似于马克思提出的商品到货币的“惊险一跃”，即从数据价值实现向价值增值(倍增)的跨越。数据资本化就是数据商品在市场上流通和交换实现价值，并在多场景中应用，实现价值增值(倍增)的过程，这一过程也是数据商品向数据资本“跳跃”的过程。

二、按照数据要素产生主体分类

中共中央、国务院发布《关于构建数据基础制度更好发挥数据要素作用的意见》(以下简称“数据二十条”)，指明了我国建立公共数据、企业数据、个人数据的分类分级确权授权制度的原则和方法。因此可以从数据要素产生主体这个视角对数据要素进行分类。

(一)公共数据

公共数据是指由国家机关、法律法规授权的具有管理公共事务职能的组织在履行公共管理职责或者提供公共服务过程中收集、产生的涉及公共利益的各类数据。公共数据管理主体包括国家机关、企事业单位、经依法授权具有管理公共事务职能的组织以及供水、供电、供气、公共交通等提供公共服务的部门。我国一些地方性法规将这些提供公共服务的组织所收集的数据称为“公共服务数据”，并将其与政务数据统称“公共数据”，如图 2-2 所示。

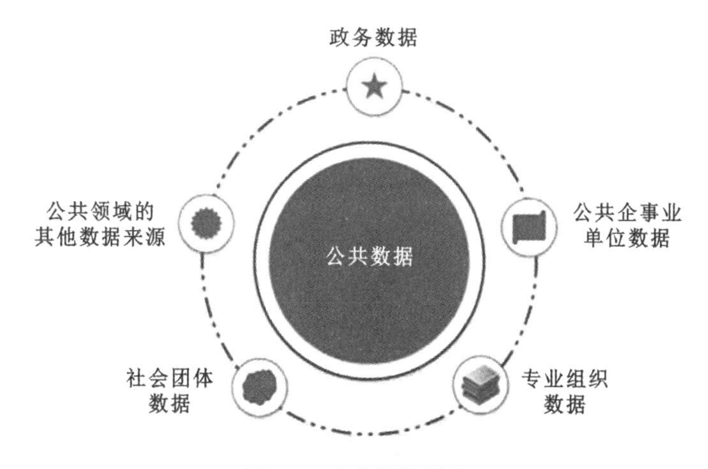

图 2-2 公共数据图解

公共数据能够反映国家政治、经济和社会文化运行情况，将数据汇聚融合后，可以应用于公共决策的分析，关系到国家安全与个人权益。随着大数据技术的不断发展以及互联网应用范围的不断扩大，公共数据已经成为国家安全战略中不可或缺的一

笔记

环，对国家政治安全与经济安全有着不可估量的影响。《中华人民共和国数据安全法》第三十九条专门对政务数据的安全保护作出了规定，将政务数据安全保护上升到国家法律层面，由此可见我国对公共数据安全保护的重视。公共数据是数据资源中的一个重要部分，它关系到国家经济的发展、生产和生活等多个方面，蕴含着重要的经济社会价值。有效利用公共数据能够发挥其在社会治理中的重要作用，推动经济社会长效发展。图 2-3 是北京市公共数据开放平台展示的公共数据。

图 2-3 北京市公共数据开放平台

（二）企业数据

企业数据是指企业进行投入并开发持有，通过合法方式采集、挖掘的数据，以及包括企业对数据进行加工、整理、分析形成的衍生数据。

案例 2-2

美团研究院

美团研究院是美团设立的社会科学研究机构。其依托的企业数据是美团发展服务业的实践探索和海量数据，通过对这些企业数据挖掘与分析，美团

笔记

研究院构建了开放合作的研究平台，深入开展学术研究、政策研究和专题研究，输出高质量研究成果，为我国改革和发展提供借鉴。图 2-4 展示了美团研究院依托自身企业数据所产出的成果。

图 2-4 美团企业数据

企业数据是数据要素市场充满活力的关键，因此“数据二十条”就如何通过企业数据要素强化市场活力强调了两个方面。一是要素化贡献分配激发市场活力；二是促进企业间互联互通。

其一，保障企业数据要素按照贡献获得经济回报，赋予数据市场蓬勃活力。在人类发展历史中，每一次生产力飞跃都和新的生产要素投入紧密相关。将数据与土地、资本等其他传统经济要素同样参与利润分配，由市场评价贡献、按贡献决定报酬，通过市场中的价格信号和调配机制来实现最有效率的分配，从而构建公平、透明且有效的数字经济发展环境。同时，公正的要素贡献分配制度有效保障数据贡献者的经济收益，进一步促进更多企业主体之间的数据流通，以企业数据流通为起点，为整个数据要素市场提供更大的网络外部性效益，助力未来健康持续发展。

“数据二十条”强调了企业拥有企业数据资产依法持有、使用和收益的权利，保障其投入的劳动和其他要素贡献获得合理回报。对于企业而言，公平有序的市场环境能有效防止大企业利用自身既定竞争优势、垄断数据要素市场，为中小企业开辟出高速发展的肥沃土壤。

其二，打破数据孤岛，促进企业间数据共享是破局之法。企业数据产生于经营活动过程中，是企业自成立以来不断积累、分析、总结后所得到的无形资产。受企业规模和客户群体的限制，中小企业虽想借助数字经济高速发展的东风，但却苦于没有可

笔记

被利用开发的“原料”；反观手握大量数据的大型企业，不清晰的数据合规边界、数据中含有敏感信息和知识产权，以及数据分享的收益有限等问题使得它们不愿意将数据分享出来，从而进入没有尽头的恶性循环，数据垄断现象日益严重。

想要实现数据顺畅高效流通，一方面，从法律上肯定中小企业对数据的访问权，“数据二十条”中提出，要实现大企业和中小微企业之间的双向公平授权，推动企业依法承担数据共享的社会责任，动员整个市场共同促进数据要素有序发展；另一方面，虽然数据共享是法定义务，但同时应该按照“谁投入、谁贡献、谁受益”的原则，对收集、处理并提供数据的大企业给予一定经济收益，激励全社会实现更深层次的数据共享。

（三）个人数据

个人数据是指以电子或者其他方式记录的与已识别或者可识别的自然人有关的各种数据，不包括匿名化处理后的数据。个人数据具体包括自然人的姓名、出生日期、身份证件号码、生物识别信息、住址、电话号码、电子邮箱、健康信息、行踪信息等。

个人公积金

如图 2-5 所示，辽宁卓信普惠征信服务有限公司通过数据主体授权，以自动化技术查询个人基本信息、个人账户信息、账户缴存明细、提取贷款信息等个人公积金数据，为金融机构提供个人公积金情况等信息，辅助金融机构制定贷款决策，减少金融机构面临的信息不对称风险。

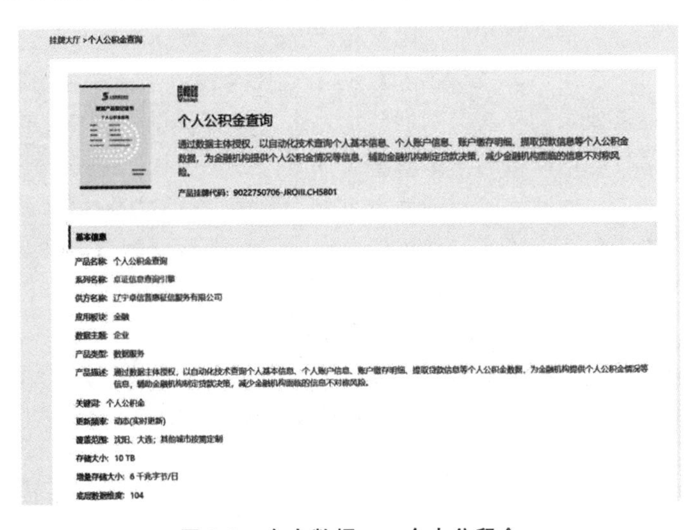

图 2-5　个人数据——个人公积金

笔记

不管是在政务处理中产生的公共数据，还是在营运活动中累积的企业数据，其中的内容都不涉及信息主体的个人隐私，自然也不需要获得信息主体的同意。但个人数据有所不同，在不征得信息主体许可的情况下使用，会造成对隐私权和个人信息权的侵犯。因此若要实现个人数据的价值释放，首先要解决的问题就是如何建立个人数据受托机制和收益分配机制，如何在可承受的交易成本和难度下实现数据运用。

保护个人信息不被泄露和采取合法合理的收集方式是释放数据价值的前提。保护个人数据安全在数据的全周期开放利用过程中都是核心内容，只有保护个人信息不被泄露，才能为人们持续收集个人信息提供置信基础。企业在收集个人信息时要充分区分隐私权和个人信息权，不同于任何组织或者个人不得侵害的隐私权，个人信息权是具有选择空间的权利，信息主体可以选择是否提供个人信息，因此收集数据时企业应征求信息主体同意并充分告知收集范围，绝不能采取“一揽子授权”等霸王模式，绝不收集涉及个人隐私权的信息，对于同时涉及隐私权和个人信息权的信息应更谨慎对待，绝不能侵犯用户隐私，维护好个人信息的安全。

个人信息授权的高难度和高交易成本使得数据获取困难重重。近年来个人信息泄露事件频发，人们个人信息保护意识觉醒的同时也更倾向于拒绝他人获取个人信息，同时由于企业很难对接到个人，因此带来了较高获得信息使用许可的交易成本；而对于国家机构、企业和组织等委托方而言，虽然拥有大量个人数据，可以与数据需求方合作并将获得的收益返还给信息主体本人，但是收益的分配时间、方式和具体如何实际操作等难度很大，并且会带来高额交易成本，这就导致仍然不能实现高效率、高水平的个人信息流通共享。因此，探索建立受托人制度势在必行，监督企业、组织等市场主体对个人信息的收集和加工，凭借政府公信力和强制执行力保障个人数据信息安全，使公众放心共享个人信息，从而降低个人数据授权的难度和成本。

2-1
如何释放个人数据价值？

三、按照数据要素结构特征分类

当前，数据以不同的形式存储在数据库中。第一种是非结构化数据，这种数据不能直接以二维逻辑关系来表示，而是以复杂的多维结构表示，常见的存储形式有文档文本、图片、音视频等。第二种是半结构化数据，这种类型的数据是介于非结构化数据和结构化数据之间的，常见类型包括 Web 网页、XML 文档。第三种是结构化数据，这种数据存储在数据库中，是能够用二维逻辑关系表示其中结构的一类数据。数据存储结构的分类如图 2-6 所示。

（一）非结构化数据

在三种类型数据中，非结构化数据占比最多，大约 80%的数据是非结构化形式的。非结构化数据是指不符合特定的、预定义的数据模型内容，如文本、图片、音视频等。具体分类及占比如图 2-7 所示。

笔记

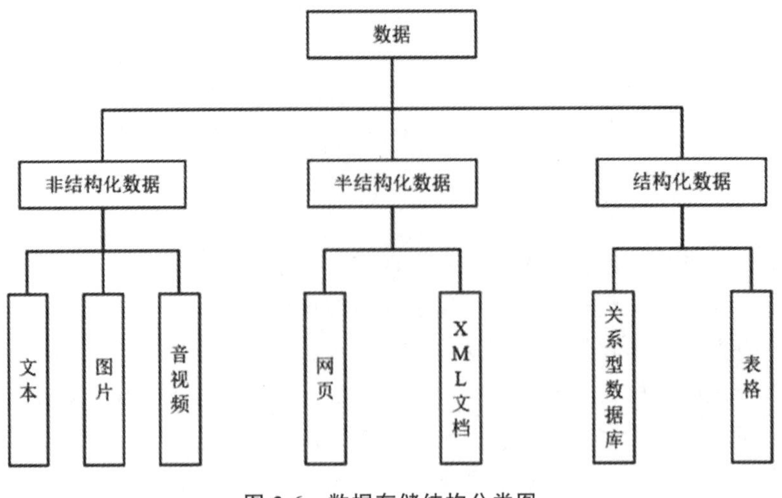

图 2-6 数据存储结构分类图

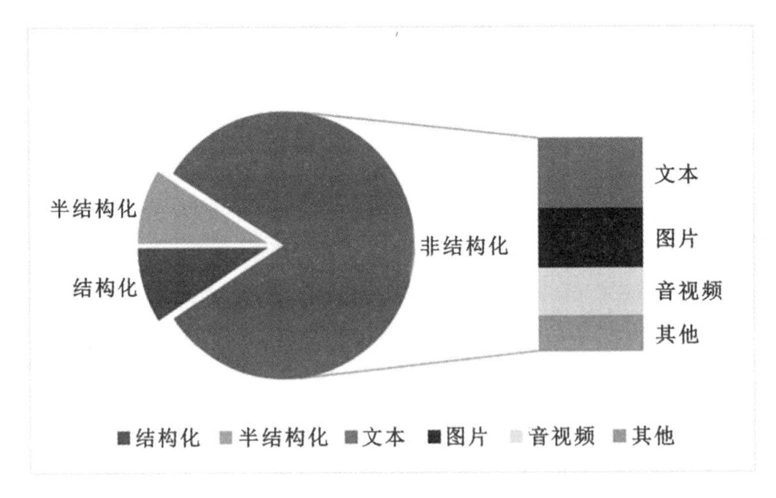

图 2-7 数据具体类型

（二）半结构化数据

半结构化数据是介于结构化数据和非结构化数据之间的数据，它和其他两种类别都不一样：它是结构化的数据，但是结构变化很大。半结构化数据在经济学中也有应用，如郭同济（2016）基于半结构化数据探讨了政策因素对投资者情绪的影响。

（三）结构化数据

结构化数据是指可以使用关系型数据库表示和存储，可以用二维表实现逻辑表达的数据。结构化数据例子包括矩阵数据（matrix data）、函数数据（functional data）、区间数据（interval data）以及符号数据（symbolic data）等，其中向量数据是矩阵数据的一个特例，区间数据是符号数据的一个特例，而面板数据则是函数数据的一个特例。图 2-8 展示了 CSMAR（国泰安）数据库中的结构化数据。

笔记

图 2-8 CSMAR 数据库中的结构化数据

非结构化数据和结构化数据之间是可以转换的。当前热门的文本分析法就涉及了非结构化数据向结构化数据的转换，文本分析法运用范围非常广泛。

2-2 文本分析法在经济学中的应用

2-3 文本分析法步骤

四、按照数据要素产生频率分类

按照数据要素产生频率维度可以将数据要素分为：静态数据要素、低频数据要素、高频数据要素。根据数据的产生频率，我们可以针对不同的数据要素采取不同的存储、处理和分析策略。高频数据要素可能需要采用实时数据库、时序数据库或流处理技术进行处理；低频数据要素可以进行归档和周期性的批处理；静态数据要素一般不需要频繁地处理，可以采用传统的数据库或文件存储方式。

（一）静态数据要素

静态数据要素在创建后不再更新或更新非常缓慢，如企业注册信息、国家边界数据等。这类数据要素通常用于描述静态的事物和属性。

（二）低频数据要素

低频数据要素以较低的频率按周、月、年时间频率产生和更新，如，每周、每月或每年的销售数据；人口普查数据（见图 2-9）等。这类数据要素通常不需要实时处理，更关注长期趋势和分析。

笔记

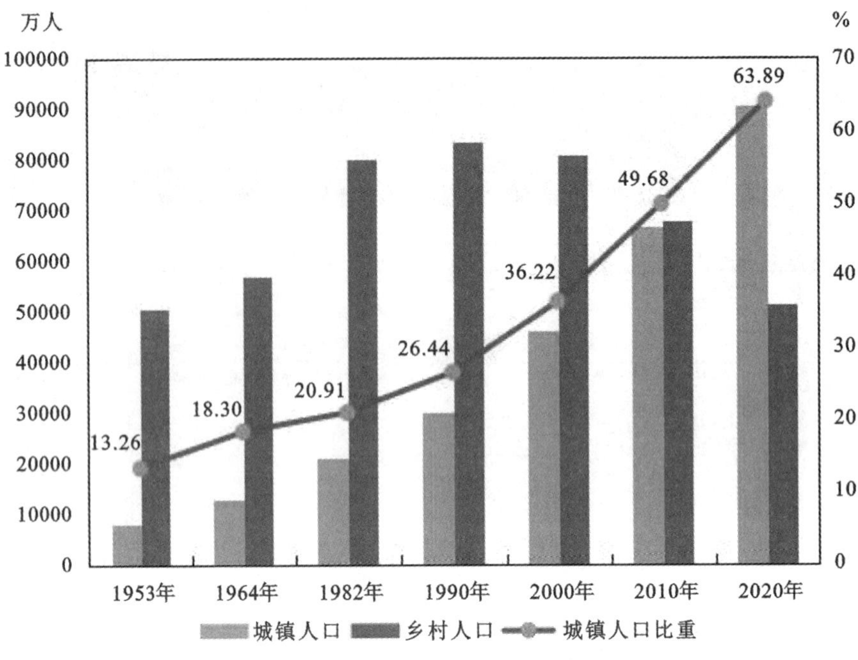

图 2-9　低频数据要素：人口普查数据

（三）高频数据要素

高频数据要素以高频率产生和更新。高频数据要素包括每日的天气数据、每小时的交通流量，甚至秒级或毫秒级的股票价格数据（见图 2-10）、传感器数据、网站访问日志等。这类数据要素通常对实时性要求较高，需要实时监控和分析。

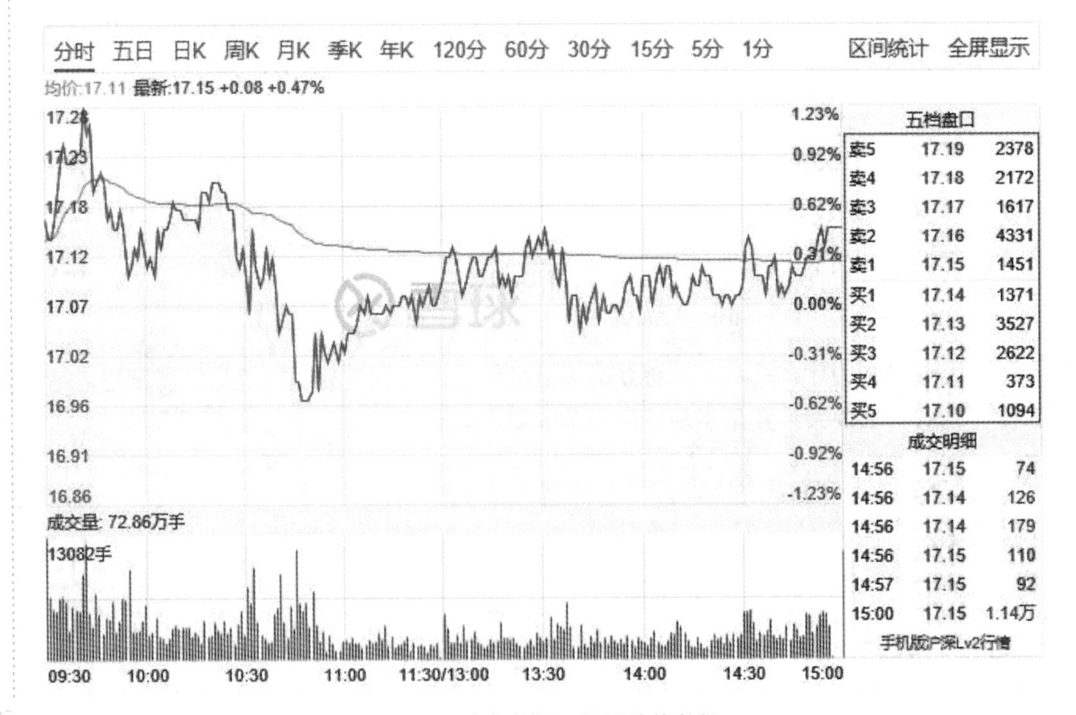

图 2-10　高频数据：股票价格数据

高频数据要素比其他两类数据要素产生的频率高得多，因此高频数据要素包含的经济信息也更多。通过分析高频数据要素，我们可以更好地预测整体的经济活动，同时我们也能更全面地洞知某些具体行业的需求变化。

分析“代表居民地产需求”的三大高频数据（30大中城市商品房成交数据（见图2-11)、100大中城市土地成交数据、城市二手房销售量价指数）可以让我们更好地了解房地产市场的需求变化甚至是宏观经济走势的变化。地产端作为支柱产业对宏观经济的影响不言而喻，通过分析房地产市场需求变化可以帮助我们分析宏观经济的走势。“30大中城市商品房成交数据”主要通过对30个大中城市商品房成交面积进行跟踪，这一指标涵盖了四大一线城市，以及具有典型代表性的二三线城市。通过分析这一系列数据，我们可以对新房成交的总量、结构有一个高频跟踪。“100大中城市的土地成交数据”包括供应土地数量、供应土地占地面积、挂牌均价、土地溢价率等，通过这一系列数据，我们可以对土地市场的情况有一个高频跟踪。“城市二手房销售量价指数”包括城市二手房挂牌数量指数、城市二手房挂牌价格指数，均又分为一二三四线城市数据，通过分析这一系列数据，我们可以对二手房的价格和需求结构进行高频追踪。

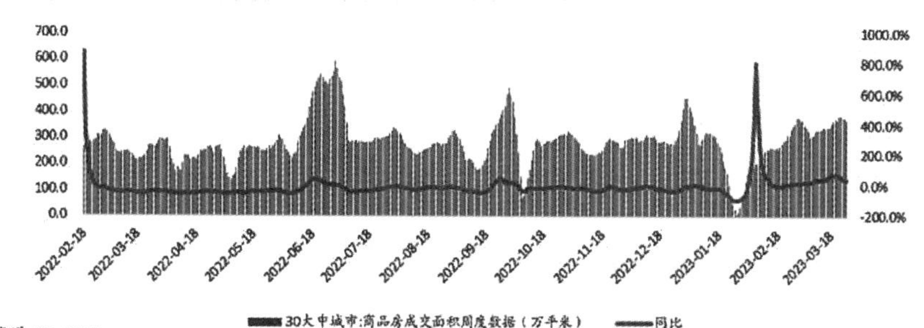

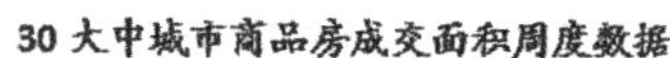
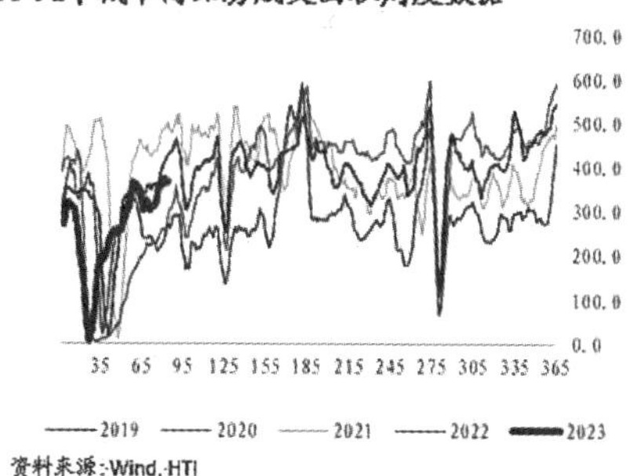

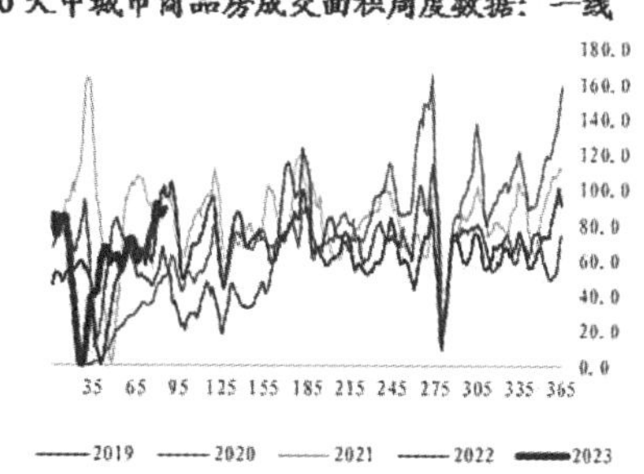

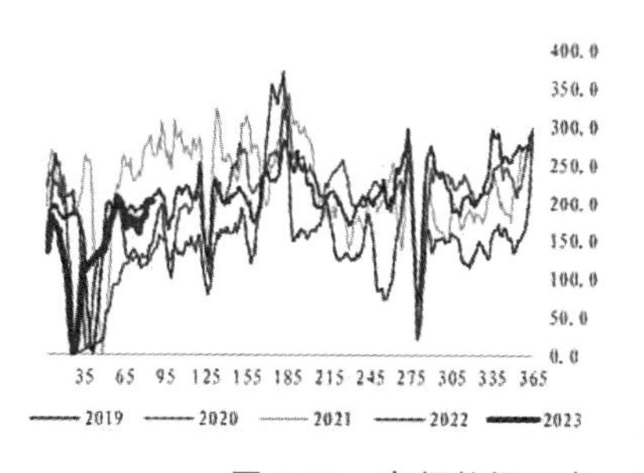

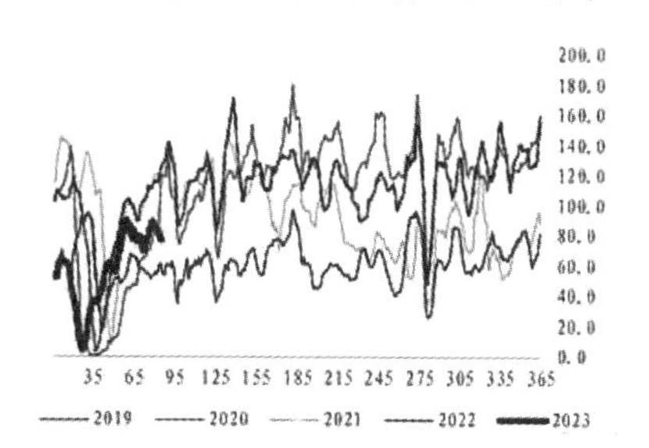

图2-11　高频数据要素：30大中城市商品房成交数据

笔记

分析“代表服务业环境”的“全国电影票房”高频数据可以帮助我们了解电影市场的需求变化。票房收入为日频且涵盖全国主要院线的数据，而作为补充的黄金档票房收入则包含春节、清明、端午、五一、中秋、国庆档。我们可以通过比较当期数据与历史同期数据，了解居民节假日及日常观影需求。需要指出的是，这一指标会受到供给因素的影响，比如某一时段有叫座的大片上映，因此具备一定偶然性，但整体来看对观测电影服务业需求还是具有参考价值的。

分析发电类高频数据帮助我们了解宏观经济活力。无论是第一、第二还是第三产业都需要用电，无论是政府部门、居民还是企业部门也都需要用电，因此用电情况是衡量经济活动比较有说服力的指标。

分析 CPI 体系的高频指标帮助我们提前了解通胀趋势。CPI 是月度数据，但我们可以通过分析 CPI 体系的高频指标提前预测价格趋势。CPI 主要包括衣食住行等 8 大门类，其中食品项占比三成左右并主导了 CPI 走势，食品项又包括粮食、食用油、鲜菜、鲜果、畜肉等 8 大子类食品。每一类型都会有高频数据，比如：猪肉有农业农村部批发价、22 省市猪肉平均价；蔬菜有 28 种重点监测蔬菜平均批发价；水果有 7 种重点监测水果平均批发价，以此类推，我们可以就每一类食品项找到其对应的高频指标，然后再对高频指标按照同比或环比分析。此外，相关部门也有一系列成形的价格指数，如商务部的食用农产品价格指数（商务部选择 8 大类食用农产品，跟踪全国 36 个大中城市农副产品批发市场样本所编制的日度数据）、农业农村部的菜篮子批发价格 200 等指数（农业农村部以 2015 年农产品样本市场平均价格作为基期编制的日度数据）。这些高频的价格指数编制质量相对较高，也可以用于常规跟踪。关于非食品价格我们可以通过义乌小商品价格指数（反映小商品市场的市场景气活跃程度和价格变化，能够较为准确映射实物商品贸易动态）这个高频数据进行跟踪。还有一个可参考的高频指标为 iCPI（清华大学基于互联网在线数据所编制的居民消费价格指数，共分为日频、周频及旬度），该指标参照国家统计局 CPI 篮子，通过计算并发布各级 iCPI 的周指数和日指数，涵盖食品烟酒、衣着、居住、生活用品及服务、交通和通信、教育文化和娱乐、医疗保健、其他用品和服务等 8 大类。从 iCPI 环比与 CPI 环比的走势对比来看，有些时段会有背离，但整体趋势吻合度还是可以的。

五、按照数据要素安全隐私保护分类

数据要素的广泛使用涵盖了数字化时代中各个领域和行业，包括商业、医疗、社交媒体、智能设备等。在这些应用中，个人数据被广泛采集、处理和分析，从而催生了人们对数据安全和数据隐私的日益关注。此外，保护数据安全和数据隐私也能够规范数据要素交易，更好地释放数据要素价值。数据隐私安全现状如图 2-12 所示。

数据安全和数据隐私保护这两个概念不能混为一谈，二者既有关联又有差异。

数据安全是指通过采取必要措施确保数据处于有效保护和合法利用的状态，以及具备保障持续安全状态的能力。数据安全应保证数据生产、存储、传输、访问、使

笔记

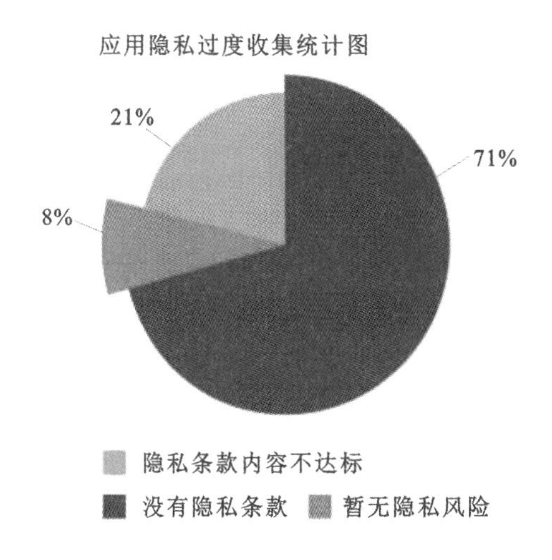

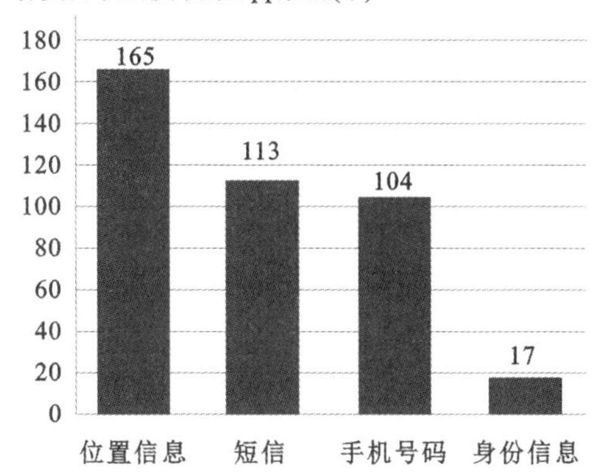

图 2-12 数据隐私安全现状

用、销毁、公开等全过程的安全，并保证数据处理过程的保密性、完整性、可用性。此外，还应当异构处理公开数据的关联关系，例如个人姓名、联系方式、车辆登记、社交媒体等。

数据隐私保护有两个含义，一是对数据隐私本身的保护，二是对隐私权的保护。隐私是指个人不愿告人或者不方便告人的事情。数据隐私保护是指通过保护个人和组织的隐私，防止敏感数据信息被不当收集、使用、披露和破坏，常见的针对隐私本身的保护措施有数据脱敏。隐私权是指自然人享有的私人生活安宁和私人信息秘密依法受到保护，不被他人非法侵扰、收集、利用和公开的一种人格权。隐私权保护是指保证个人对其私人生活、个人信息和个人决策的控制权。隐私权的保护也使数据确权面临挑战。数据安全是隐私保护的基石，没有数据安全，肯定就没有数据隐私保护。

（一）按照数据安全分类

按照数据安全视角对数据要素分类，通常是依据当数据要素遭到破坏、泄密、丢失等所产生的负面影响程度分类。《信息技术 大数据 数据分类指南》（GB/T 38667-2020）（以下简称《指南》）按数据安全隐私保护维度将数据要素划分为：高敏感数据、低敏感数据、无敏感数据。《指南》的分类要素包括：数据的敏感性，即数据本身或其衍生数据是否涉及国家秘密、企业秘密或个人隐私；数据的保密性，即数据可被知悉的范围；数据的重要性，即数据未经授权披露、丢失、滥用、篡改或销毁后对国家安全、企业利益或公民权益的危害程度。《指南》综合上述三个分类要素维度对数据要素按照安全隐私保护视角分类。当遭到破坏或泄密时，高敏感数据所带来的负面影响最大；低敏感数据次之；无敏感数据所带来的负面影响最小。

在实际运用中，按照数据安全视角分类类似于数据分级，即在数据分类的基础上，明确区分各数据要素的重要性和敏感性差异，将数据要素按照不同安全等级分类管理。数据分级最本质的分类依据仍和《指南》相同，即依据当数据要素遭到破坏、泄密、丢失等所产生的负面影响程度分类。《网络安全标准实践指南——网络数据分类分级指引》（TC260-PG-20212A）基于数据安全将数据要素分为 5 级（见表 2-1），

笔记

级别越高，安全等级越严密。《网络安全标准实践指南——网络数据分类分级指引》提供的是整个数据分级的框架，但是每个行业所产生的数据安全性是有差异的，因此不同行业按照数据安全视角分类的结果有差异。例如，金融行业将数据安全等级分为3级（见表2-2）；而证券期货业将数据安全等级分为4级（见表2-3）。

表2-1 《网络安全标准实践指南——网络数据分类分级指引》中的数据分级

级别	危害对象	危害程度	数据一般特征
5级	国家安全	严重危害、特别严重危害	一旦遭到篡改、破坏、泄露或者非法获取、非法利用，可能危害国家安全、国民经济命脉、重要民生、重大公共利益
	公共利益	特别严重危害	
4级	国家安全	轻微危害、一般危害	一旦遭到篡改、破坏、泄露或者非法获取、非法利用，可能危害国家安全
	公共利益	严重危害	
	个人合法权益	特别严重危害	
	组织合法权益	特别严重危害	
3级	公共利益	一般危害	一旦遭到篡改、破坏、泄露或者非法获取、非法利用，可能对公共利益造成一般危害，或对个人、组织合法权益造成严重危害，但不会危害国家安全
	个人合法权益	严重危害	
	组织合法权益	严重危害	
2级	公共利益	轻微危害	一旦遭到篡改、破坏、泄露或者非法获取、非法利用，可能对个人、组织合法权益造成一般危害，或对公共利益造成轻微危害，但不会危害国家安全
	个人合法权益	一般危害	
	组织合法权益	一般危害	
1级	个人合法权益	轻微危害	一旦遭到篡改、破坏、泄露或者非法获取、非法利用，可能对个人、组织合法权益造成轻微危害，但不会危害国家安全、公共利益
	组织合法权益	轻微危害	

表2-2 金融行业数据分级

级别	危害对象	危害程度	数据一般特征
3级	公众权益	中等	数据用于金融业机构关键或重要业务使用，一般针对特定人员公开，且仅为必须知悉的对象访问或使用； 个人金融信息中的C2类信息； 数据的安全性遭到破坏后，对公众权益造成中等或轻微影响，对相关个人隐私及企业合法权益造成严重的影响，但不影响国家安全
	公众权益	轻微	
	个人隐私	严重	
	企业合法权益	严重	

笔记

续表

级别	危害对象	危害程度	数据一般特征
2 级	个人隐私	中等	数据用于金融业机构一般业务使用，一般针对受限对象公开，通常为内部管理且不宜广泛公开的数据； 个人金融信息中的 C1 类信息； 数据的安全性遭到破坏后，对相关个人隐私造成中等或轻微影响，或对企业合法权益造成中等影响，但不影响国家安全
	个人隐私	轻微	
	企业合法权益	中等	
1 级	企业合法权益	轻微	数据一般可被公开或可被公众获知、使用； 个人消费者在一定情况下主动公开的信息； 数据的安全性遭到破坏后，可能对企业合法权益造成轻微影响，但不影响国家安全、公众权益及个人隐私

表 2-3 证券期货业数据分级

级别	危害程度	数据的安全属性和一般特征
4 级	极高	1. 数据的安全属性（完整性、保密性、可用性）遭到破坏，数据损失后，影响范围大（跨行业或跨机构），影响程度一般是“严重”； 2. 一般特征：数据主要用于行业内大型或特大型机构中的重要业务使用，一般针对特定人员公开，且仅为必须知悉的对象访问或使用
3 级	高	1. 数据的安全属性（完整性、保密性、可用性）遭到破坏，数据损失后，影响范围中等（一般局限在本机构），影响程度一般是“严重”； 2. 一般特征：数据用于重要业务使用，一般针对特定人员公开，且仅为必须知悉的对象访问或使用
2 级	中	1. 数据的安全属性（完整性、保密性、可用性）遭到破坏，数据损失后，影响范围较小（一般局限在本机构），影响程度一般是“中等”或“轻微”； 2. 一般特征：数据用于一般业务使用，一般针对受限对象公开；一般指内部管理且不宜广泛公开的数据
1 级	低	1. 数据的安全属性（完整性、保密性、可用性）遭到破坏，数据损失后，影响范围较小（一般局限在本机构），影响程度一般是“轻微”或“无”； 2. 一般特征：数据可被公开或可被公众获知、使用

笔记

（二）按照数据隐私分类

数据隐私保护针对的主要是个人数据，因此按照数据隐私程度可以将数据要素分为：个人标签信息、个人基本信息（见表 2-4）、敏感个人信息（见表 2-5）。其中，个人标签信息不低于 2 级，一般个人信息不低于 3 级，敏感个人信息不低于 4 级（最高等级为 5 级，级别越高，数据的隐私程度越高）。

2-4
信息采集过程中如何保护敏感个人信息?

个人标签信息通常是基于个人上网记录等各类个人信息加工产生的用于对个人用户分类分析的描述信息，如 App 偏好、关系标签、终端偏好、内容偏好等标签信息（类似于前面所提的半结构化数据，隐私风险较小）。

保护数据隐私并不意味着不能够使用个人数据，过于强调隐私保护，可能会阻碍大数据发展，应在合法合规的前提条件下合理使用个人数据，实现隐私保护和大数据发展“两手抓”。

表 2-4 个人基本信息（部分）

一级类别	二级类别	典型示例和说明
个人基本信息	个人基本信息	个人姓名、生日、性别、民族、国籍、家庭关系、住址、个人电话号码、电子邮件地址等
个人身份信息	个人身份信息	身份证、军官证、护照、驾驶证、工作证、出入证、社保卡、居住证、港澳台通行证等
个人生物识别信息	个人生物识别信息	个人基因、指纹、声纹、掌纹、眼纹、耳廓、虹膜、面部识别特征、步态等
网络身份标识信息	网络身份标识信息	个人信息主体账号、IP 地址、Wi-Fi 列表、个人数字证书等
个人健康生理信息	健康状况信息	与个人身体健康状况相关的一般信息，如体重、身高、肺活量、血压、血型等
	个人医疗信息	个人因生病医治等产生的相关记录，如病症、住院信息、个人医疗信息志、医嘱单、检验报告、手术及麻醉记录、护理记录、用药记录、药物食物过敏信息、生育信息、以往病史、诊治情况、家族病史、现病史、传染病史等
个人教育信息	个人教育信息	学历、学位、教育经历、成绩单等
	个人工作信息	个人职业、职位、职称、工作单位、工作经历、培训记录等

笔记

2-5 现阶段“基本要求”的缺陷

表 2-5 敏感个人信息（部分）

一级类别	二级类别	典型示例和说明
个人画像信息	间接用户画像	使用来源于特定自然人以外的个人信息（如其所在间接用户画像群体的数据）形成的该自然人的特征模型
	直接画像信息	直接画像信息直接使用特定自然人的个人信息，形成的该自然人的特征模型
未成年人个人信息	未成年人个人信息	14 周岁及以下未成年人的个人信息
其他信息	其他信息	性取向、婚史、宗教信仰、未公开的违法犯罪记录、个人运动信息等

第二节 数据要素的特征

一、非竞争性

非竞争性是数据要素最为基本和突出的技术经济特征。非竞争性一般指一个使用者对该物品的消费并不减少它对其他使用者的供应。经济社会中，大多数资源（商品/资产）都是竞争性的，即在同一时点不能被多个主体同时使用，其（使用）价值在使用后很容易消失或发生转移。而数据要素不仅能够被不同主体在多个场景下同时使用，更能在被使用后保持数据（使用）价值不被削弱甚至实现增值（Carrière-Swallow 和 Haksar，2019），因此数据要素具有非竞争性特征。

案例 2-4

数据要素的非竞争性使用

百万张带标签的人类基因组图像或一万辆汽车各行驶一万英里所产生的数据集合，可以被任意数量的公司或数据分析师运用不同的机器学习算法同时使用；而且使用过程中，新产生数据的收集或与其他来源数据的匹配，大概率能提升原有数据集的价值。

需要指出的是，非竞争性原本属于公共经济学的研究范畴，数据要素的非竞争性同传统公共经济学意义上的非竞争性还有些许差异。一方面，经济学中“竞争性”和“非竞争性”最早是用来区分私人物品和公共物品的重要标准之一，非竞争性被看作是公共物品的重要属性，而数据要素从权属上显

笔记

然不能直接划为公共物品；另一方面，公共物品的非竞争性通常体现在使用环节，而数据要素的非竞争性还体现在数据的生产环节。特定场景下同一种行为数据往往可以被不同的数据收集方所收集。例如，很多手机应用 App 都具有定位数据收集功能，使得不同 App 发布者有机会同时收集到手机用户的行动轨迹数据，类似的场景还有健康数据、运动数据等。

二、规模报酬递增

规模报酬递增指的是随着数据要素规模增大，数据要素的价值也会增加。例如，一条数据几乎没有价值，但是 1 亿条个人数据的价值就大大增加。数据要素具有规模报酬递增的原因有两个。

一是大规模的数据价值密度大，因此对其分析更具有价值，形成规模报酬递增。

案例 2-5

虚拟的巴黎圣母院大教堂

2007 年，微软的工程师阿尔卡斯利用 Flickr 网站上的照片重建了一座虚拟的巴黎圣母院大教堂，通过点击，人们可以在网上从不同的角度感受这座教堂，甚至可以放大、细赏其建筑外墙上的某个具体部位，而这些照片却是成千上万普通人拍摄的。阿尔卡斯在演讲中说，这是“从每个人那里得到数据——从人类对地球的集体视觉记忆中得到数据——然后把它们联结在一起”。

2-6 Google 同时收集街景和 GPS 数据，优化地图服务

二是大规模的数据要素内部之间存在互补，因此价值增加，从而形成规模报酬递增。由于不同数据要素之间呈现互补特征，因此数据要素的重组、整合将创造出比单个数据集更大的价值。在实际运用中，数据要素的“混搭式”利用非常普遍，如房地产信息与社区地图、物业规格、周边配套等数据集相嵌套。对于特定的数据要素集合，进一步增加具有一定数量和可用质量的数据要素资源，能够扩展数据要素的利用范围。例如，Google 公司收集街景信息，同时采集 GPS 数据，优化其地图服务，也为自动驾驶汽车的运作提供技术支撑。可见，各个数据要素通过重组、整合和扩展，在提高整个数据要素总和经济价值的同时，还可以提高各个单一数据要素的经济价值，从而呈现规模报酬递增的特征。

笔记

三、产权复杂性

产权是生产要素所有制关系的法律表现形式，表示谁拥有或控制该资源，并能凭借该权利对资源进行处置和获得利益。由于数据要素涉及多个主体，如原始数据提供者、数据要素生产者和数据要素使用者等，因此数据要素产权比传统要素更为复杂，具有产权复杂性特征。

数据要素的产权复杂性特征进一步产生非排他性。排他性是指排斥他人消费的可能性，即当某主体能完全拥有一件产品的所有权（或使用权）时，其他人便不能（同时）拥有；而非排他性则是针对公共产品这种产权不归私人所有的物品，某个人在消费这类物品时无法排除他人也同时消费的这种特性。由于数据要素的主体多元性，数据（信息）生成过程中往往涉及多个主体，包括产品服务的供需双方、第三方平台、网络电信运营商等，使得数据信息自生成之时起就同时栖息于多个不同主体。产生数据资源的主体多元性，加上其易于在互联网传播的物理特性，极大地增加了数据资源的扩散范围，形成了数据要素使用过程中非排他性的客观现状。例如，一旦数据资源被公开，要排除他人使用的可能性几乎为零，这是数据要素产权界定时面临的重大难题。

尽管数据要素具有产权复杂性的特征，但是数据要素产权的清晰界定是要素市场化配置实现的前提条件，只有产权清晰的数据才能使所有权和使用权相分离，数据才能顺利进入要素市场，从而确定交易权和收益权，形成按市场评价贡献、按贡献获得报酬的分配机制，实现数据要素在各个生产部门间的合理配置。

在当前的数据要素产权界定进程中，由于数据要素的产权复杂性，因此对数据要素产权划分的传统原则和方式已经不能完全适用于数据要素产权的界定，需要用新的方法划分数据要素产权。目前处理方法是从数据要素的生产链条出发，把数据主体确定为原始数据提供者和数据要素生产者，在此基础上按照传统生产要素的产权原则来深化细分数据产权。具体来说，2022 年颁布的“数据二十条”并不回避数据要素的复杂产权问题，同时更强调使用权，提出“探索数据产权结构性分置制度”，要求“根据数据来源和数据生成特征，分别界定数据生产、流通、使用过程中各参与方享有的合法权利”，从而在总体框架上采用结构性分置，具体操作上采用分类分级确权授权使用，创造性提出建立数据资源持有权、数据加工使用权和数据产品经营权“三权分置”的数据产权制度框架，构建中国特色数据产权制度体系。这既符合社会认知基础、数据要素特点、事物发展规律，也为今后继续探索留下足够空间。

四、价值异质性

数据要素的价值异质性是指随着应用场景的变化，数据要素的价值也会相应变化。不同的应用场景，数据要素价值也不同。不同业务场景产生收益的可叠加性，使得特定数据资产的价值与传统资产价值不同，不是一个固定值，而是一个随不同因素变化的动态值，因此也使数据要素的定价充满挑战。

笔记

1. 不同业务场景下，同一数据要素有不同的价值

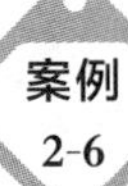

案例 2-6

阿里巴巴旗下阿里小贷的成长壮大

由于阿里巴巴拥有淘宝、天猫、支付宝、B2B等电商平台，阿里巴巴积聚了大量的商家交易和支付数据。阿里巴巴收集这些数据，一开始仅仅是为了完成网上交易的流水记录。2010年开始，阿里巴巴逐渐意识到了这笔记录的潜在价值，时任阿里云总裁的胡晓明先生率队开始研究如何利用这些数据，判断商家的资信，从而为其发放贷款，这就是“阿里小贷”的发源。2014年，胡晓明总结说，阿里小贷已经为70多万小微企业提供了贷款，其单笔信贷的成本为2.3元、客户3分钟获贷、不良率低于1%，这些指标都远远低于传统的银行。阿里小贷是中国互联网金融领域开拓性的标本项目，也是阿里巴巴日后扩张、拆分出一个新的集团——蚂蚁金服的重要基础，分家不分“数”，蚂蚁金服集团的诸多业务，还必须依赖阿里集团的数据。在这个成功的基础上，阿里巴巴进一步提出“一切数据都要业务化”，即要把所有已经拥有的数据都用起来，挖掘其新的价值，让它们产生新的商业价值，这些新的商业价值不仅帮助阿里巴巴发展壮大，也为社会创造更多新的价值，这些新的价值体现了数据要素的价值异质性特征。

案例 2-7

国外网络贷款公司

Kabbage是一家成立于2009年的网络贷款公司，其运作机理和阿里小贷类似，为了评估贷款人的信用，Kabbage不仅高效地整合了eBay、Amazon等电子交易平台上的数据，还分析这些企业在物流公司如UPS的配送数据、在PayPal、Square、QuickBooks等财务系统的账面流水，以及在社交平台Facebook、Twitter上与客户互动的数据。这些数据要素原来仅仅只是业务流水数据，但在Kabbage挖掘下，这些数据要素释放出新的价值。就挖掘数据的新价值而言，Kabbage比阿里小贷做得更广、更好，其中的原因是美国社会对数据的所有权、使用权、收入权和转让权有更为清晰的界定，数据共享、交易的机制更为成熟。Kabbage和阿里小贷二者挖掘数据价值异质性的对比也可以再次看出数据要素确权、数据要素市场交易的重要性。

笔记

2. 不同领域场景下，同一数据要素具有不同的价值

案例 2-8

穿戴式设备的实时监测

2014 年 8 月 24 日，美国旧金山发生了 6.0 级地震，次日，可穿戴式设备运营商 Jawbone 发布了其数据分析。数据表明，在距离震中较近的地区，有 93%的手环用户在地震发生之时即凌晨 3 点 20 分被惊醒，其中 45%在地震之后就没有再睡着，惊醒用户的比例随着距离震源的远近而呈现清晰的规律。从这个例子可以得到启发，可穿戴式设备收集数据的原始目的是监测、改善个体的健康情况，但这些数据加总到一起，新的效用会产生。社会学家可以用它们掌握一个地区的人是否集体在失眠、焦虑，甚至一个晚上总共翻了多少次身，从而可以更好地解释人际互动乃至社会分层机制；交通部门可以解释为什么第二天交通事故增多；保险公司可以利用这些数据制定更加个性化的保单价格……这些前所未有的可能性，都是数据要素的价值异质性带来的。

总的来说，由于数据要素价值异质性的存在，我们应尽可能从新的角度发现数据要素新的价值，以更好地使数据要素赋能于社会经济发展。

思考题

1. 本章第一节将数据要素分为五类，是否有其他的分类方法可以进行分类？请你列出来。

2. 本章第二节列举了数据要素四个主要特征，请你从经济学角度，进一步思考数据要素的特征。例如，外部性特征是否也有体现？

笔记

第三章

数据要素的确权与定价

数据资源具有使用价值和交换价值，因此是可以进行交易的，但除可交易外，还要易定价。数据资源确权、交易和定价是实现数据资源“拥有或者控制”和“带来经济利益”的三个关键要素。当前，中国数据要素市场发展尚处于起步阶段，数据要素价值凸显，数据要素的确权与定价正有序开展。然而，数据要素的新特征十分复杂，对传统产权、流通等制度规范形成新的挑战。数据要素确权、定价、交易、监管等配套制度尚未成型，数据交易确权难、定价难等共性难题在一定程度上制约了数据产业的良性发展。本章主要涉及的是数据要素的确权和定价的内容，结合数据要素相关的理论探讨和数据市场实践，阐述数据要素交易的两大关键环节。第一节结合数据要素权属制度确立的必要性和探索过程，厘清了数据资源持有权、数据加工使用权和数据产品经营权之间的关系，介绍了数据要素分类分级确权授权制度。第二节介绍数据要素价值形成机制以及数据要素的定价策略，包括数据资产和数据产品的定价方法。第三节总结了现阶段数据要素确权与定价的难点并对其未来完善方向进行了展望。

第一节　数据要素的确权

数据要素产权被定义为附着在数据上的一系列排他性权利的集合，是调整人与人之间关于数据使用的利益关系的制度。数据确权主要包含两个方面：一方面是确定数据的权利主体；另一方面是确定权利的内容。数据确权是数据资产化的基础和交易流通的前提。

清晰的数据权属界定是数据要素市场蓬勃发展的前提。数据确权是发挥数据要素价值的第一步，是保障数据流通交易、进行合理利益分配以及安全治理的前提，是数据资产化的基础。尽管数据要素确权存在“公地悲剧”与“反公地悲剧”的争论，但是我国火热的数据实践呼唤着数据确权，有限确权成了均衡隐私保护与利用效率的选择。

笔记

鉴于此，我国结合自身国情以及经济发展阶段，针对数据产权划分进行了一系列有益的探索，从重视数据“所有权”到强调数据“持有权”和“使用权”，从两权分置到三权分置。2022年12月，“数据二十条”政策正式出台，通过顶层设计，确认了我国数据资源持有权、数据加工使用权和数据产品经营权“三权分置”的数据产权制度。在此基础上，政府呼吁在国家数据分类分级保护制度下，建立数据的分类分级确权授权制度，推进数据分类分级确权授权使用和市场化流通交易，健全数据要素权益保护制度，逐步形成具有中国特色的数据产权制度体系。我国数据要素国家政策架构“1+N”如图3-1所示。

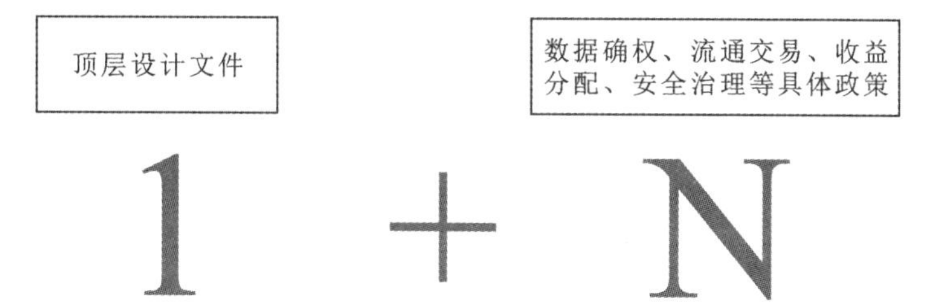

2022.12.1 财政部《企业数据资源相关会计处理暂行规定(征求意见稿)》

2022.12.19 中共中央国务院《关于构建数据基础制度更好发挥数据要素作用的意见》

⋮

图3-1 数据要素国家政策架构“1+N”

一、数据要素确权的必要性

因数据要素权属“双刃剑”的属性以及不同于传统生产要素的特点，数据要素确权与否在学界一直存在争议。毫无疑问，数据确权需要根据数据经济发展的现实需要构建与数据经济属性相适应的产权配置体制，数据确权应促进最佳配置数据资源，以最大化释放数据要素的增长潜能，促进数字资源利用和数字经济创新发展。在中国的数据实践如火如荼进行之时，数据确权的呼声越来越高，有限确权成了数据要素确权的方向。

（一）数据要素权属的“双刃剑”性质

数据要素权属存在“双刃剑”的性质，即如果权属界定缺失或界定难明，必将在一定程度上阻碍数据的自由流动、开放共享、红利释放，产生“公地悲剧”；但如果数据权属保护过度，则极易使得数据权利人相互牵制或欠缺互补而导致数据无法有效运作，数据产业运作的负外部性逐渐凸显，“反公地悲剧”将难以避免。

在数据领域，“公地悲剧”屡见不鲜。尽管随着数据产业快速发展，数据已是我国经济增长的新型生产要素和战略性资产，但在数据资源这块“公地”上，存在着众多权利所有者，因为没有特定群体拥有完整意义上的数据所有权，数据被非法收集、非法倒卖、非法使用等行为屡禁不止、屡见不鲜，人民的生活安宁被打扰、公私财产遭受损失、人身安全面临风险、国家安全受到威胁。鉴于此，赋予数据权利人对数据

笔记

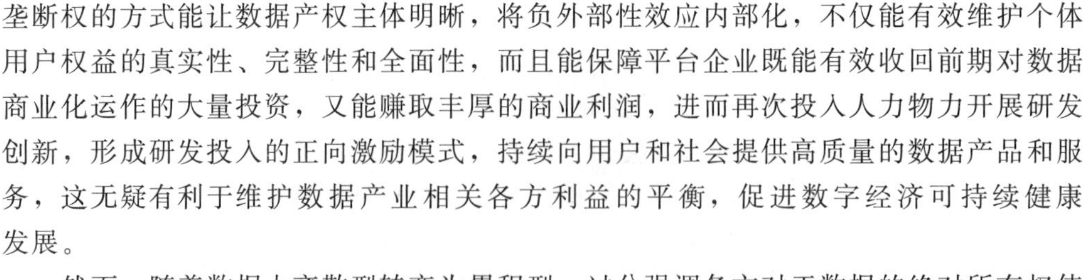
垄断权的方式能让数据产权主体明晰，将负外部性效应内部化，不仅能有效维护个体用户权益的真实性、完整性和全面性，而且能保障平台企业既能有效收回前期对数据商业化运作的大量投资，又能赚取丰厚的商业利润，进而再次投入人力物力开展研发创新，形成研发投入的正向激励模式，持续向用户和社会提供高质量的数据产品和服务，这无疑有利于维护数据产业相关各方利益的平衡，促进数字经济可持续健康发展。

3-1
“公地悲剧”与“反公地悲剧”

然而，随着数据由离散型转变为累积型，过分强调各方对于数据的绝对所有权使得“反公地悲剧”现象出现。从数据利益的相互关系上看，尽管多个数据权利人对权利客体享有一定意义的财产权，但这种单独存在的权利并不具有商业使用价值，当且仅当组合为一体时才能发挥整体优势。数据资源在个人用户内部之间、平台企业内部之间的“公地”内，存在着众多权利所有者，数据在收集、处理、转换和应用的整个过程中，发生了从离散型向累积型的转变，在离散型数据分布结构中，一类数据对应一个商业化数据产品，此时，数据权利人在无须获得他人数据许可的前提下，即可自行实施抑或许可他人实施将自身各种生产经营管理活动的数据商业化运作。但是，近年来大数据及移动互联技术掀起了新一轮全球技术革命的浪潮，万物互联时代不期而至，数据权属的分布结构由“离散的单一形态”转变为“重叠的并存形态”为主的犬牙交错的累积型结构后，数据利益更多表现为多主体、多属性、多领域的法益“复合叠加一体式”形式，其结果是不可避免地使得终端数据产品或数据服务需要对多个数据的集合加以实施，在这一过程中在后数据平台或相关部门若要使用在先数据则就不得不支付高昂的“数据使用费”，在先数据对在后数据就形成了难以逾越的“数据屏障”，在后数据平台企业或相关部门的创新积极性显然被制约和掣肘，直接影响数据产品和数据服务的持续迭代创新，其结果往往带来巨大的交易成本，一旦资源交易的成本超过了其所带来的利益时，可能因数据使用不足而形成数据资源的闲置，甚至导致数据资源的浪费。

（二）有限产权是确权方向

科斯定理指出产权界定是市场交易的前提，只要商品的产权被合理界定和受到保护，在产权可以转让和交易成本为零的情况下，一个竞争性的市场将会实现资源最优配置的结果。实际上，科斯定理是将产权界定看作是商品交易谈判的前提，其更强调商品在交易流转中实现价值最大化和相关利益主体的激励相容。根据科斯定理，对于竞争性商品来说，由于商品或要素的消费或使用具有竞争性，通过市场机制将其配置给对其评价最高的人来使用将带来社会总福利最大化，为了实现最优资源配置，竞争性商品的生产商应该被授予排他性产权。根据科斯定理，对于竞争性的商品，应该由对要素最大化开发利用的人使用该产权。

但是，数据要素的一个最重要的经济特征是数据使用时存在非竞争性，即更多人使用同一数据并不会造成或加剧数字资源的稀缺性并降低其他人使用该数据的价值，其他人同时使用该数据不仅不会带来快速上升的边际成本反而面临零边际成本。数据的非竞争性说明，数据可以同时被多人使用或同时被用于多种目的，并且这不仅不会降低每个人的使用价值，反而可能会增加社会总价值。由于数据的非竞争性使用特

笔记

征，适用于具有竞争性和排他性特征的私人物品的科斯产权定理不再充分有效，这种情况下，实现数据要素开发利用的社会价值最大化的根本是促进数据的开放共享和重复再用而非排他性占有。

数据确权面临的一个重要挑战是要同时满足数据隐私保护和数据要素高效利用这两个目标。消费者或企业任何一方对数据拥有排他性产权都不会带来有效的隐私保护和数据要素开发利用。如果企业完全拥有数据产权，出于利润最大化目标，其有激励过度开发利用和披露个人数据信息、带来数据过度使用的隐私侵犯问题。如果消费者完全拥有数据产权，在市场完全的情况下，个人数据产权会有利于实现最佳的消费者个人隐私保护和隐私补偿，但是由于现实的个人隐私市场存在高交易成本、信息不对称等内生的市场失灵，个人数据产权下的个人数据市场交易会带来数据共享利用的高成本，阻碍非竞争性数据要素的共享利用，带来数据使用不足的资源闲置问题。

数据确权需要解决的是附着于数据的权益归属而非单纯的所有权归属，数据确权保护的应该是利益而非所有权。对数据要素来说，最重要的问题不是谁应该获得产权，而是谁有权以及如何使用数据。数据确权重要的不是将数据产权赋予谁，而是不同的权益如何在消费者和使用者之间实现最佳的配置，从而既促进隐私保护也促进数据驱动的创新。

根据上述原则，数据确权应该采用情景依存的有限产权。首先，数据的价值创造及引发的激励问题在很大程度上取决于不同应用情景，具有明显的“情景依存”特征。数据产权不应采用“一刀切”的方式，数据产权配置必须基于特定的数据开发利用情景，依据不同类型数据的经济属性、数据的使用目的、数据的价值创造和数据的时效性等情景因素来分析。其次，数据确权必须放在数据开发利用的动态价值链当中进行设计，在数据价值实现和价值递增的过程中，不同的经济主体处于不同的位置，具有不同的价值贡献和不同的权益诉求，数据产权配置必须考虑这种动态性激励差别。再次，数据确权既要保护相关主体的个体利益，也要促进数据开发利用以实现公共利益。为此，数据产权不是绝对的产权，数据产权的范围和时间应是有限的。最后，数据产权制度不是一成不变的固定模式，它将随着技术创新和制度创新带来的数据价值变化、数据利益分配制度创新和数据产权制度实施成本的变化而改变。

案例 3-1

传统两权分离理论在数据产品确权领域的失效——以“大众点评”为例

“大众点评”作为一个平台可以看作是一个数据产品，在这样一个平台里有各种各样的权益存在。比如人们在“大众点评”上消费，留下了电话号码、购物的各种信息，甚至购物偏好、家庭地址等。这些属于个人信息，当然购物偏好也有可能不属于个人信息，但是它和其他的信息组合在一起，也可能识别特定自然人。“大众点评”里涉及各个商家，他们餐饮店的介绍、经营的信息，优惠券等，可以看作是企业数据，属于经营者。“大众点评”的算法属于平台，属于商业秘密范畴。“大众点评”里还有符号设计、相关

笔记

名称、商标等，涉及知识产权和人格权的问题。甚至用户在“大众点评”上的留言，如果具有独创性，也可能涉及著作权问题。在“大众点评”这个数据库里，各种权益相互交织地结合在一起，就像树上开的花朵一样。个人信息和数据财产权密切地结合在一起，很难用传统的两权分离理论来解释。各种权益的交织，甚至形成了“你中有我、我中有你”的权益格局状态。

传统的双重权益结构的划分，区分了财产权和人格权益，在平台留下的大量个人信息就是人格权益，数据处理者享有的是财产权益。数据内容的贡献者权益和数据生产者权利不是两权分离关系，认定为所有权和用益物权的关系是不妥当的。所有权和用益物权关系是一个权能的移转关系，在这个移转过程中需要借助于合同，同时移转前的权利和移转后的权利应该具有等同性。移转必须是先前有，有多少才能够移转多少。数据不是这样，数据在生产过程中常常没有明确的合同，用户在网上自动生成的各种信息，比如在“大众点评”上购物，可能没有跟“大众点评”订立一个明确的合同，而是自动生成了各种信息。“大众点评”享有的财产权益，并不是因为用户事先享有了这种权益，然后移转给他的。用户留下了这些信息，平台进行处理，加工整理形成自己的数据财产。用户享有的个人信息权益和数据处理者享有的财产权益密切地结合起来形成数据权益，它也没有像所有权和用益物权那样的绝对的排他性，所以用传统的两权分离理论无法解释。

（三）数据实践呼唤数据要素确权

中国的数据实践已经走在了理论研究的前面。如今，数字经济在 GDP 中的地位举足轻重，如图 3-2 所示，2021 年数据要素对 GDP 增长的贡献率和贡献度分别为 14.7%和 0.83 个百分点。总体来说，数据要素对当年 GDP 增长的贡献率呈现持续上升状态，表明数据要素正发挥着越来越大的促进作用。而从数据要素的贡献度来看，2019 年略有下滑，随后 2020 年由于新冠疫情的影响，GDP 增速显著下降，而新基建等促进数据要素发展的措施并未减弱，因此促使数据要素对 GDP 贡献度仍呈现上升趋势。数据要素与 5G、人工智能、云计算、区块链、物联网、工业互联网等新技术深度融合，形成新一代信息基础设施的核心能力，成为智能经济发展和产业数字化转型的底层支撑。与此同时，将数据纳入生产要素改革的政策路线图轮廓逐步清晰。2020 年 4 月，中共中央、国务院发布《关于构建更加完善的要素市场化配置体制机制的意见》，明确提出“加快培育数据要素市场”，“根据数据性质完善产权性质，完善数据产权界定”，数据作为一种新型生产要素，与土地、劳动力、资本、技术等传统要素并列第一次直接写入中央政策文件中。上述文件为数据市场化的要素培育、数据流动、增值溢价、市场监管指明了方向、打开了空间，对于加速数据产业发展以及数字经济提质增效具有非常深远的意义。数字经济的快速崛起倒逼在立法层面对数据确权加以规范。在地方性立法层面，贵州、北京、上海、安徽、福建、黑龙江等省

笔记

市，纷纷针对大数据的开发利用制定地方性立法。据不完全统计，全国各地以“数据”为名的法规（草案）如雨后春笋般蓬勃发展，地方性立法已近百部，反映了全社会对数据活动进行立法的迫切需要（见表 3-1）。数据确权是数据治理的必然之举、必解之题，越早开展相应开创性理论研究和实践性探索，越能掌握未来发展的主动权。

我国数据要素市场规模及预测如图 3-3 所示。

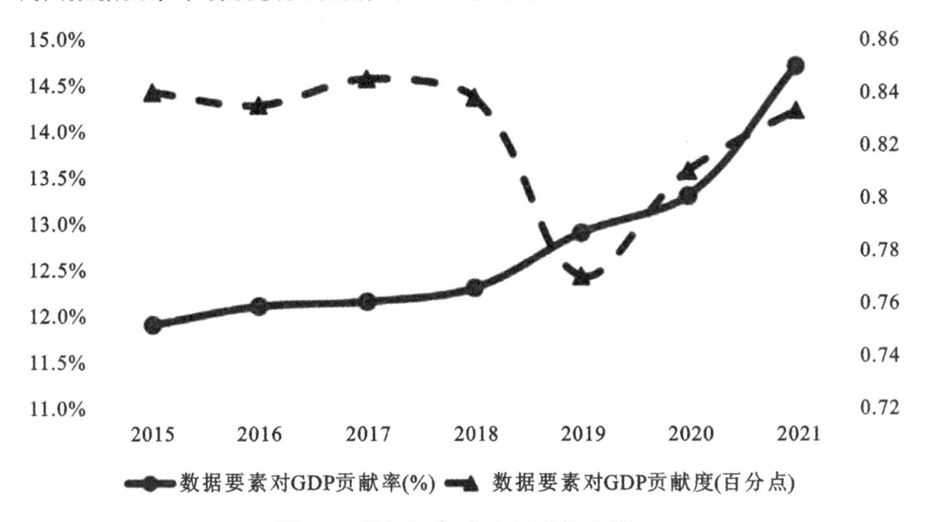

图 3-2 数据要素对 GDP 增长贡献图

表 3-1 相关地方性立法对数据确权的表述及特点

地区	时间	名称	内容	特点
贵阳	2016 年 6 月	《贵阳大数据交易观山湖公约》	确定数据的权利人，即谁拥有对数据的所有权、占有权、使用权、受益权。当涉及个人隐私数据时，数据的所有人就是被法律保护的主体。 提出“数据清洗”概念，指出，可交易流通的数据并非底层数据，而是基于底层数据清洗后的结构化结果数据，因此在使用大数据或者进行大数据交易之前，都需要进行数据清洗	从大数据交易的角度表达“数据确权”的内涵，数据确权是为明晰数据交易双方对交易数据在责任权利等方面的相互关系，保护各自的合法权益，并在数据所有人、使用权限、数据来源、取得时间、使用期限、数据用途、数据量、数据格式、数据粒度、数据行业性质和数据交易方式等方面给出的权属确认指引，以引导交易相关方科学、统一、安全地完成数据交易
上海	2016 年 9 月	《流通数据处理准则》	以保障数据主体合法权益为前提，力图构建安全有序的数据流通环境，促进数据流通互联	持有合法正当来源的相同或类似数据的数据持有人享有相同的权利，互不排斥地行使各自的权利

笔记

续表

地区	时间	名称	内容	特点
西安	2018 年 11 月	《西安市政务数据资源共享管理办法》	将政务数据作为政府的虚拟国有资产管理，政务数据资源权利包括所有权、管理权、采集权、使用权和收益权	全国第一个地方政府发布的大数据“五权”集中的规范性文件，从制度层面解决了数据在各个环节的权属问题
天津	2020 年 8 月	《天津市数据交易管理暂行办法（征求意见稿）》	数据供方应确保交易数据获取渠道合法、权利清晰无争议，能够向数据交易服务机构提供拥有交易数据完整相关权益的承诺声明及交易数据采集渠道、个人信息保护政策、用户授权等证明材料	从数据交易的动态维度来表达数据确权的内涵，但从具体的条文来看，有关“数据确权”的内容仍然相对模糊。
深圳	2021 年 7 月	《深圳经济特区数据条例》	率先明确数据的人格权益和财产权益	确认了自然人在个人数据上的人格权益，以及数据处理者对数据产品和服务的财产权益
上海	2021 年 11 月	《上海市数据条例》	明确数据交易民事主体享有“数据财产权”	表面上并未对数据权属加以明确规范，但对合法数据的收集、存储、使用、加工、传输、提供、公开等环节流程都加以规范，这实质上是“只做不说”“先做后说”“让子弹再飞一会”务实态度的体现，待时机成熟再厘清各方数据权属
杭州	2023 年 9 月	《杭州市公共数据授权运营实施方案（试行）》	明确授权运营平台是杭州市公共数据授权运营的统一通道，并鼓励区、县（市）依托市级授权运营平台，探索建设特色应用场景	探索建立公共数据资源调查制度，绘制公共数据资源图谱，持续完善公共数据资源目录体系，完善数据分类分级。浙江省是“数据二十条”唯一被点名的数据要素市场化先行试点地区，杭州具有丰富的数据资源沉淀与庞大的数字经济市场基础

笔记

续表

地区	时间	名称	内容	特点
杭州	2023 年 11 月	《杭州市数字贸易促进条例（草案）》	加强数字贸易知识产权保护体系建设，完善对数字版权、算法算力、商业方法、数字藏品等知识产权的司法保护。探索建立专利池，创新知识产权存证及质押融资模式，构建数字产品版权、数字资产授权、登记和开发等产业生态链	全国首部数字贸易领域地方性法规，创新数据知识产权保护体系，立足于发挥立法的引领与推动作用，其中倡导性、宣示性、推进性、鼓励性条文内容较多。

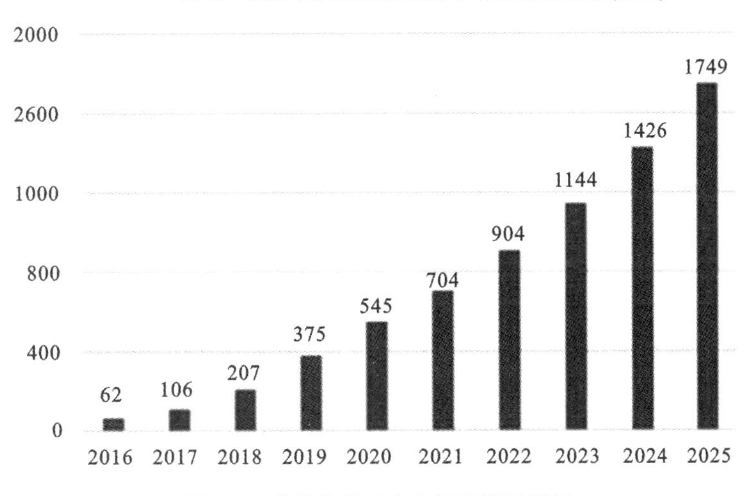

图 3-3　我国数据要素市场规模及预测

二、数据要素权属制度的探索

由于数据要素有别于传统要素的特殊性，数据的所有权归属难以界定，且一味强调数据的所有权不利于数据要素积极流通和数据交易市场活跃发展。我国在实际探索中进行了重大的理论创新，强调数据使用权，淡化数据所有权，于是数据要素权属由原本单一的所有权分置为“两权”——持有权和使用权。2021 年 12 月，国家发展改革委等部门联合发布的《关于推动平台经济规范健康持续发展的若干意见》提出初始的两权分置——所有权和使用权的分离，为数据的流通交易奠定基础。2022 年 3 月，国家发展改革委发布《关于对“数据基础制度观点”征集意见的公告》，对数据两权分置进行了进一步定义：将“所有权”替换成“持有权”，并指出推动数据持有权和使用权的分离保障数据流通和使用需求，初步解决了数据流通交易的确权难题，淡化数据所有权，强调数据持有权是数据确权的一大进步。

3-2
欧盟与美国的数据确权探索

笔记

两权分置的积极意义在于意识到解决数据确权问题的必要性，并且提供了解决数据流通难题的方向和思路，但是从实际效果来看，两权分置并没有解决交易市场活跃度不够的问题。大量公共数据和国企数据资源没有形成可交易的数据产品，数据资源持有者缺乏政策和市场激励，数据流通过程中的数据资源产品化程度不够，即数据资源转变为数据产品的比例不高，导致数据市场活跃度不够。为进一步改善市场状况，完善数据要素权益保护制度，国家提出数据的三权分置来代替两权分置。

2022 年 6 月 22 日，中央全面深化改革委员会第二十六次会议通过《关于构建数据基础制度更好发挥数据要素作用的意见》，确立数据资源持有权、数据加工使用权和数据产品经营权“三权分置”。2022 年 12 月，“数据二十条”政策正式出台，提出以促进数据合规高效流通使用、赋能实体经济为主线；针对四个重点——数据产权、流通交易、安全治理和收益分配，构建四大数据基础制度。其中，“数据二十条”强调坚持数据资源持有权、数据加工使用权和数据产品经营权的“三权分置”数据产权制度框架，并在此基础上构建中国特色数据产权制度体系，国家通过顶层设计，确认了我国“三权分置”的产权运行体制。相比于两权分置，三权分置引入了“数据产品经营权”，从国家政策层面鼓励数据产品化，保障了数据经营者的经营获利权利，反映了对数据要素性质、数据交易市场本质的更加深入的认识。

我国数据要素权属制度探索的时间轴，如图 3-4 所示。

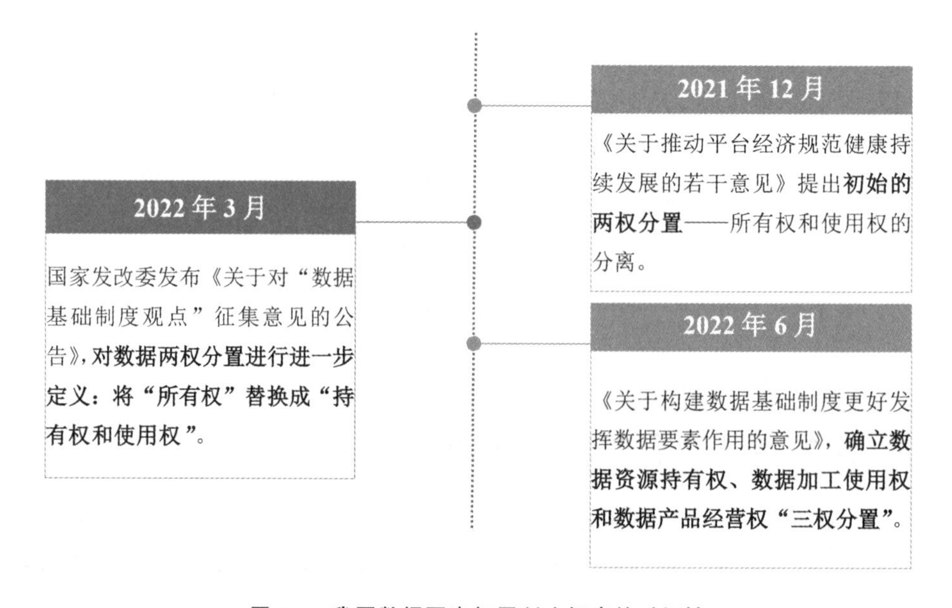

图 3-4　我国数据要素权属制度探索的时间轴

三、数据要素“三权分置”的权属制度

数据产权的“结构性”分置体现在三权之间不是相互派生关系，而是在数据要素流通价值链中的结构性关系（见图 3-5）。

笔记

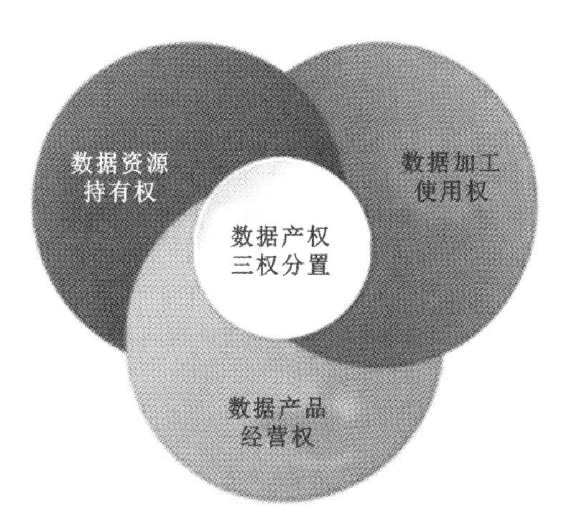

图 3-5 数据产权三权分置关系

在图 3-6 中，企业获得数据至少有 3 个途径，即：① 通过自有的信息系统生成数据，形成自持的原始数据；② 通过公共数据开放或授权运营获取数据；③ 通过数据交易市场采购获取数据。企业把不同来源的数据经过必要的加工、整合和处理，在物理上按照一定的逻辑归集后达到“一定规模”，形成可重用、可应用、可获取的数据集合，从而形成数据资源。从原始数据到数据资源的过程也可被称为数据资源化阶段。企业形成数据资源后，可以登记形成资源性数据资产。企业通过自己组织或有效授权给外部机构，形成可服务于内外部用户的、以数据为主要内容的数据产品。数据产品由数据内容和服务终端组成，也可能包括算法模型。其实践中的常见形态为数据集和数据服务，其中数据集包括数据包和数据库同步，数据服务包括包含数据内容的应用程序接口（application programming interface，API）、SaaS 终端、模型、核验和数据报告。从需求端看，数据产品通过流通市场进入需求方的使用环节，成为企业获得外部数据的重要来源；从供给端看，企业形成数据产品后，可以登记形成经营性数据资产。

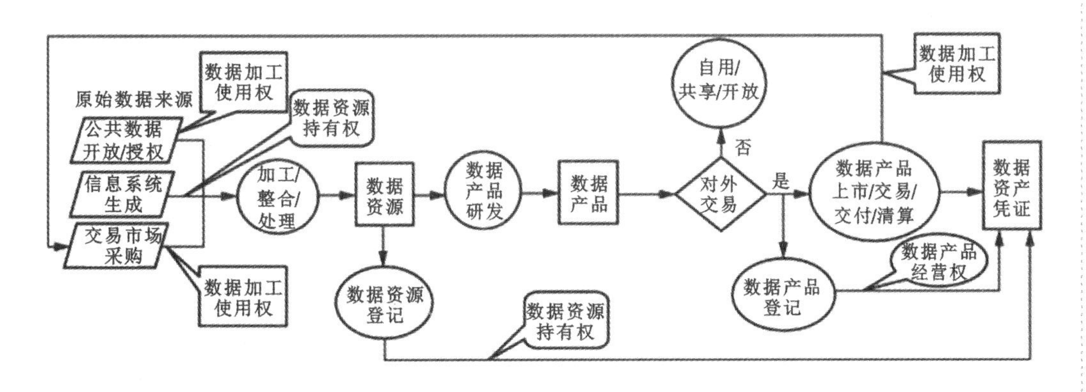

图 3-6 嵌入数据产权结构性分置的数据要素流通价值链模型

其中，数据资源持有权的确权途径是数据资源登记，数据产品经营权的确权途径是数据产品登记，数据加工使用权则不宜设置确权登记要求。从“原始取得”看，数据资源持有者自然拥有数据加工使用权，并可以将数据加工使用权以开放、共享、交

笔记

易等多种方式赋予特定或不特定主体。从“继受取得”看，最常见的获取数据加工使用权的方式是公开爬取数据和通过合约取得数据。相比于数据资源持有权和数据产品经营权，数据加工使用权的显著不同在于不能作为资产性权益，也无须登记机构颁发确权凭证。理由在于，数据加工使用权是一种灵活的、有限的“防御性权利”，可以为市场主体免除必须“持有”数据才能“加工使用”数据的顾虑，以明确的实用性目的导向促进更大范围、更少束缚的数据流通使用。

案例 3-2

上海数据交易所数据产品——“企业电智绘”

以在上海数据交易所挂牌的数据产品“企业电智绘”为例，其供应主体为某电力公司，功能描述为“通过输入企业名称、统一社会信用代码，查询当前企业用电行为情况”。对于这样一款数据产品，为了进行确权保护，需要在数据要素流通价值链上考察其需要赋权的关键节点。该电力公司在提供市场服务的过程中系统生成了企业电力数据，有形成并控制数据资源的需求，因此可以赋予数据资源持有权。公司基于数据资源，研发形成数据产品“企业电智绘”后，有通过上海数据交易所进行市场交易并保障经营获益的需求，因此可以赋予数据产品经营权。需求方购买数据产品，查询相关企业用电评分，有持续加工使用相关数据的需求，因此可以赋予数据加工使用权。

（一）数据资源持有权

依据数据来源的不同，数据资源持有者分为两种情形。其一，数据资源者有权持有自己产生的数据。比如，个人持有本人的消费数据、健康数据，企业持有自己的生产数据、销售数据，政府部门持有政务或社会管理数据等。其二，数据处理者“依法持有”其他主体的数据。按照《网络安全法》《数据安全法》《个人信息保护法》的规定，在获得数据来源者同意或者存在其他法定事由的前提下，企业或政府部门等数据处理者有权收集、存储他人的个人信息和数据。

数据资源持有权指以某种方式直接支配或控制数据的权利，相当于弱化、改造的所有权，为数据流转、数据处理和其他数据权利的构建奠定了基础。在具体权能上，数据资源持有权至少应当包括以下内容：一是自主管理权，即对数据进行持有、管理和防止侵害的权利；二是数据流转权，即同意他人获取或转移其所产生数据的权利；三是数据持有限制，即数据持有或保存期限的问题。

数据资源持有权的确立有助于政府统计我国数据资源情况，同时对不同数据进行分类分级保护。生产数据或依法获得授权的主体都可以成为数据资源的持有者。数据资源持有权的确立一方面促使企业登记数据资源，便于国家统计数据要素资源；另一

笔记

方面将为公共数据、企业数据以及个人数据引入不同的确权规范和授权规则，强化分类分级保护。数据资源的持有者可以是本身生产数据的政府、企业或者个人，也可以是依法获得授权的主体。

（二）数据加工使用权

数据加工使用权的权利主体为数据处理者，只要成为数据处理者，就可以依法对数据加工和使用。只有满足“依法持有”或“合法取得”数据的前提下，数据处理者才有权加工和使用。

数据加工使用权包含加工权和使用权，其中，数据加工是指对数据进行筛选、分类、排列、加密、标注等处理，而数据使用是指对数据进行分析、利用等。数据加工使用权的明确保障了数据处理者使用数据和获得相关收益的权利。数据加工使用权受到的限制有：一是抽象的目的限制，即包括加工和使用在内的数据处理活动不得超出法律授权或合同约定的范围；二是数据安全保障义务，数据处理者应当采取加密、去标识化、匿名化等技术措施和其他必要措施来保障数据安全，在发生数据安全事件时，应当立即采取处置措施，及时告知用户并向有关主管部门报告；三是具体的使用限制。

（三）数据产品经营权

数据产品经营权的对象为数据产品，该权益能够限制产权人同行利用其数据产品获得利益，保障数据产品产权人的权益。数据产品经营权包括收益权和经营权，数据产权人有权对其开发的数据产品进行开发、使用、交易以及支配并获得收益。

数据产品经营权可以有效保障数据产权人的合法权益，有助于激发其提供数据产品服务的积极性。数据产品经营权的确立可以有效保护数据产品产权人的权益，与具有垄断保护性的知识产权有相似之处。在“三权分置”的数据产权制度中强调“数据产品经营权”是从国家政策层面鼓励数据产品化，有助于保障数据经营者的经营获利权利、鼓励企业将大量数据资源转化为高质量的数据产品与服务，带来数据市场供给侧的结构性优化，进而推动构建多层次数据交易市场体系。

四、数据要素分类分级确权授权制度

建立数据的分类分级确权授权制度指的是，在国家数据分类分级保护制度下，推进数据分类分级确权授权使用和市场化流通交易，健全数据要素权益保护制度，逐步形成具有中国特色的数据产权制度体系。根据国家数据分类分级保护制度，数据分为一般数据、重要数据、核心数据，不同级别的数据采取不同的保护措施。参照之，数据可被分为从“拒绝授权”到“完全授权”的多个级别。数据权属内容如何划分不同的授权级别，可以根据生成场景不同而定。例如，L0 属于“拒绝授权”，用户完全不授权其所有数据。L5 级属于“完全授权”，包括两类情况，一是完全可交易，用户同意完全转让数据以及基于数据的开发利用并因此而获利，但不同意对数据进行再次转让；二是完全可转让，用户同意完全转让数据以及基于数据的开发利用并因此而获利，同意对数据进行再次转让。

笔记

（一）数据要素分类分级治理体系的设计思路

根据不同类别、级别的数据授权体系，设计分类分级的数据要素治理体系，明确相应监管主体与要求，规范各级各类的数据交易，将治理体系落实到数据要素生产流程各环节、各层级及各相关责任主体。针对数据收集、存储、处理和交易的关键环节，建立全流程、动态可追溯的分类分级标识体系，主要包括以下三个方面。一是针对原始数据收集中分类分级的标识，数据收集者在合法收集数据的同时应通过订立合同等方式，按照本分类分级体系，向参与数据生成的相关主体明示所收集数据的分类，以此获得对数据进行使用的明确授权分级。二是针对数据存储和处理过程中分类分级的标识，在数据存储和处理过程中应保护完好分类分级标签、标识，在数据处理过程中，若数据相关信息有重要改变，此时应按照标准及时对新数据集进行分类分级标识、标定。三是针对数据交易流转过程中分类分级的标识，在数据交易、流转过程中明确约定接收方所获得数据及其相应授权的分类分级，约定的数据分类不得低于出让方所持有同样数据的分类。

（二）数据要素分级授权的优点

首先，数据要素分级授权机制具有简易、操作性强的特点，与一对一的协商相比，分级授权将协商结果划分为有限的区间，双方只需要就选择哪一个授权级别以及其对应的补偿条件达成协议，这样无疑大大降低了双方在协商过程中所花费的时间与精力。其次，分级授权有利于价格机制发挥作用，针对不同的授权范围对数据生成参与方尤其是信息提供方给予相应的补偿，实现激励相容。最后，标准化的分级授权有利于政府监管发挥作用，政府监管又会大大提升分级授权的可行性，有效保障分级授权制度的实施。监管政策不仅可以通过针对不同级别授权的差别化税收或补贴来引导授权合约尽量向社会最优靠近，通用的分级标准也使得监管部门能够借助相关技术动态地追踪数据控制行为是否超出授权范围，并在数据交易市场对于特定数据的可交易性进行判断。总之，分级授权机制较好地实现了基于场景分散化协商和较低协商成本的统一。基于生成场景的数据确权理论与分级授权的应用，如表 3-2 所示。

表 3-2 基于生成场景的数据确权理论与分级授权的应用

类别	场景一：个人数据	场景二：企业和组织数据	场景三：公共数据
生成过程与负外部性	来源于个人身份信息与活动信息，包含部分隐私信息	产生自企业或组织生产、管理与经营等活动，可能涉及商业机密或组织利益	来源于社会公共信息与自然信息，可能造成公共安全风险
代表案例	电话号码、交易记录、交通出行轨迹	财务数据、产品销量、研发数据	交通路况、空气污染物浓度、地图
信息提供者	个人	企业/组织（群体）	政府
数据采集者	企业、科研人员或政府		

笔记

续表

类别		场景一：个人数据	场景二：企业和组织数据	场景三：公共数据
权属界定		信息提供者与数据采集者在数据生成之前通过分散协商订立数据初始产权合约		
分级授权实践	案例	平台隐私协议	企业咨询服务合同	公共数据开放平台
	典型分级授权流程	（1）平台向用户提供授权合约，明确每一级别下信息采集的范围，平台对数据的处理权限以及用户获得的服务或报酬；（2）用户通过弹窗、授权管理等途径选择最大化其效用的授权级别；（3）平台在获得的授权范围内对个人数据进行利用与交易	（1）咨询公司向企业提出的服务协议中需要对服务中可能生成的数据被利用与交易的权限级别进行说明，并明确相应授权级别下提供的服务内容以及服务价格；（2）企业选择最大化其收益的授权级别，并与咨询公司签订合约；（3）咨询公司按照协议约定的授权级别对企业数据进行采集．开发与分享	（1）企业向政府提出数据采集申请，并说明数据的用途、需要使用与交易的权限以及相应数据开发为政府或公众带来的收益；（2）政府相关部门对申请作出审批，基于最大化公共利益的原则选择授权级别；（3）企业在获批的授权范围内使用和交易公共数据

（三）不同主体数据确权授权的方向

1. 公共数据授权运营释放巨大价值

统筹授权，推进数据开放。数据开放是在承认公共数据生产者的管理权基础上施加的一项义务，统筹授权意味着在统一开放政策、规则和规划下，允许公共服务机构根据数据行业特征、用途等因素实施开放。可以建立公共数据开放平台，但是公共数据开放义务主体仍然是各公共服务机构。在统一规划下，由公共服务机构自主管理的公共开放，可以激发数据开放活力，增加公共数据的有效供给（见图 3-7）。

图 3-7 数据分级分类确权授权

笔记

“原始数据不出域、数据可用不可见”。当前，数据流通交易中也正在探索相关措施。比如，公共服务机构单独或联合进行数据治理和汇集，开发数据模型，形成计算分析结果等数据衍生产品向社会提供或许可使用；再比如，建立安全计算环境，允许适合的研究机构甚或企业组织在该计算环境中运算数据，获得计算结果。前者属于原始数据形成产品的交易；后者是在特定环境下原始数据的计算使用，均实现了原始数据的计算价值，但又没有脱离原公共机构控制的数据系统（域）。推行这样的开放措施，可以大大扩大数据开放利用的范围。

公共数据有条件开放使用。在公共管理和服务过程中形成的数据并不是随意开放的，要开放数据必须进行清洗、分类、归集和注释等治理工作，这需要巨量的成本投入。因此，公共数据开放是数字经济时代的公共基础设施，目的是满足社会对基础数据资源的需求。因此，依据公共数据使用目的，可采取不同的开放模式：用于公共管理、公益事业的公共数据，采取有条件的无偿开放；用于产业发展、行业发展的公共数据则采取有条件的有偿开放。两种开放方式实质上是采取受益者负担公共数据治理成本的原则，在满足公共利益本身需要的同时，促进公共数据转化为生产要素，让需求者可以获得可用且好用的公共数据资源。

公共数据授权运营释放公共数据资源巨大价值。一方面，数据开放可以帮助解决公共事务，提高治理能力；另一方面，企业和民众可以通过挖掘开放数据价值，创造更多的经济效益，带动产业发展。绝大部分公共数据掌握在政府手中，具有较高容错机制的政府成为建立数据产权制度的先行者，充分发挥公共数据的引领作用。公共数据须按照用途进行定价，当公共数据被用于社会治理、公益事业时，应该在监管下进行有条件的无偿使用，充分推动公共数据为社会发展创造价值、为居民生活提供便利、为社会问题提供解决方案。而当公共数据应用于产业发展或行业发展时，应考虑数据开发成本，遵循市场化机制进行有条件的有偿使用，充分调动各方开发使用公共数据的积极性，使数据价值最大化。

2. 企业数据按照贡献分配激发市场活力

一是建立数据持有权制度。企业数据源自企业生产经营活动。为了从数据中提炼有价值的信息以支撑决策，企业还需要对数据进行治理，形成具有一定质量的、可计算使用的数据。数据持有权的基础是劳动投入，持有者可以使用、许可他人使用数据并获得收益，但对数据本身并不享有排他支配权，只有权禁止不当获取或使用数据以侵害其合法权益的行为。数据持有权是平衡各方利益、合理可行的数据产权制度安排。

二是赋能中小企业。平台型企业、行业龙头企业一直站在数字化的潮头，聚集了大量数据，具有利用大数据、实现数据驱动发展的能力，而中小企业面临数字技术应用能力弱、获取数据难等发展困境。为改变中小企业在数字化转型中的弱势地位，赋能中小企业，鼓励平台型大企业依据公平互利原则与中小企业分享数据，在赋能中小企业的同时促进数据价值的更大实现（见图 3-8）。

三是培育数据服务机构。数据要素化使用需要相应的数据科学知识和技术，但并非所有企业都具备这样的能力。同时，数据汇集治理、流通交易、挖掘分析也均需要相关的专业服务，尤其是需要根据行业或领域特点制定相应的标准，搭建不同的平

笔记

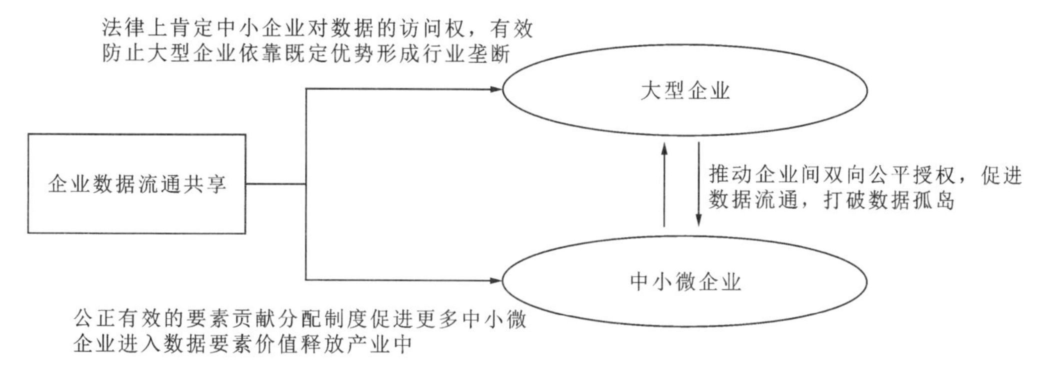

图 3-8 企业数据流通共享模式

台，以实现数据要素化、产品化和市场化的利用。因此，应支持第三方机构、中介服务组织加强数据采集和质量评估标准制定，推动数据产品标准化，发展数据分析、数据服务等产业。

企业数据的开发利用能够直接推动经济发展，完善的企业数据确权授权机制有效保障数据要素市场活力十足。保障数据要素按照贡献获得经济回报，赋予数据市场蓬勃活力。“数据二十条”强调了企业数据资产依法持有、使用和收益的权利，保障其投入的劳动和其他要素贡献获得合理回报，虽然数据共享是法定义务，但同时应该按照“谁投入、谁贡献、谁受益”的原则，对收集、处理并提供数据的大企业提供经济收益，激励全社会更深层次的数据共享。

3. 个人数据合规前提下进行挖掘与利用

建立受托人制度。由于个人在提供数据给企业使用后，很难监督和控制使用者的后续使用行为，也很难维权。在域外，出现了淡化个人作用，直接给数据使用者施以信义义务，并由专门机构监督管理的“个人数据信托”实践。因此，“数据二十条”提出探索由受托者代表个人利益，监督市场主体对个人信息数据进行采集、加工和使用的机制，是中国版的个人数据“信托”制度。受托人制度有利于个人信息权益的保护，规范个人信息数据的使用行为。

涉及国家安全的特殊个人信息数据由主管部门依法授权使用。当个人信息数据涉及国家安全时，个人权益应当让位于国家利益，因而不能完全由个人意志决定其使用。主管部门依法授权管理特殊个人信息数据的使用行为旨在确保数据使用不危害国家安全。但是，哪些数据是涉及国家安全的特殊个人信息数据，尚待进一步政策明确。

个人信息数据匿名化为个人信息安全和隐私安全手段。匿名化是去除数据集中直接关联个人的信息，促进个人信息数据利用的重要制度。但是，在存在重新识别风险的情形下，去除哪些信息能够在预防隐私风险的同时保留数据集的一定效用，应当因行业、领域和应用场景不同而予以区别。

个人数据亟待开发的海量价值呼唤释放途径。我国作为人口大国，具有的大量个人信息数据还是一片尚未开发的广阔蓝海，在人口红利带来的巨额信息红利背景下，我国同时掀起了数据交易市场建设浪潮。《2022 年数据交易平台发展白皮书》显示，截至 2022 年 8 月，全国已成立 44 家数据交易机构，但数据交易所和个人信息之间还

笔记

未形成互动。从国家公信力和信息安全角度来看，数据交易所无疑是个人信息流通的最优选择，但由于隐私计算技术还未达到能够商用的成熟度，“原始数据不出域、数据可用不可见”交易范式缺少坚实的技术底座，且即使做到了数据的可用不可见，使用个人数据进行交易依然需要信息主体的许可，必须执行的法律义务使数据合规的成本居高不下，要使人们更加信任数据交易、提升数据共享意愿，还需要进一步努力。

第二节　数据要素的定价

数据要素定价是数据要素市场化配置的关键环节，是推动数据成为新的关键生产要素的基础性工作。

党和政府高度重视数据要素定价机制的建立健全工作。2020 年 4 月，《关于构建更加完善的要素市场化配置体制机制的意见》中强调，“丰富数据产品”“健全生产要素由市场评价贡献、按贡献决定报酬的机制”“完善要素交易规则和服务”。此后，相关部门落实党中央和国务院的部署，2021 年 11 月，工业和信息化部印发的《“十四五”大数据产业发展规划》提出，到 2025 年初步建立数据要素价值评估体系，推动建立市场定价、政府监管的数据要素市场机制。2022 年 1 月，国务院印发的《“十四五”数字经济发展规划》进一步明确提出，鼓励市场主体探索数据资产定价机制，逐步完善数据定价体系。地方政府也积极探索建立数据要素定价机制，比如：《广东省数据要素市场化配置改革行动方案》提出健全数据市场定价机制；《上海市数据条例》提出，市场主体可以依法自主定价，但要求相关主管部门组织相关行业协会等制订数据交易价格评估导则，构建交易价格评估指标。由此可见，政府对建立数据要素定价机制的实践尚处于探索阶段。

一、数据要素的定价对象

《数据安全法》将数据界定为“任何以电子或者其他方式对信息的记录”。以二进制代码形式存储于计算机设备等介质中的信息，是数字经济时代“数据”的主要存在形式，具有物理属性、存在属性和信息属性。原始数据的价值密度低，且可能存在侵犯隐私权的风险，因而通常不能用于交易。数据成为生产要素，须满足两个条件：一是具备基础性生产资料的市场特性，能够商品化，有价格形成机制和交易规则，方便进行大规模交易；二是具备潜在价值，能在参与社会生产经营活动中创造价值，如提高生产效率、辅助决策。数据成为数字经济的关键生产要素，在资源优化和价值创造中发挥着关键作用。

讨论数据要素定价应该区分哪种形式的数据可以作为生产要素。数据产品和数据资产是数据要素定价的对象，原因有二：一是数据要素加工后形成数据产品和数据资产进行交易，能够给数据提供方、数据需求方和数据经纪人带来收益和效用；二是数据产品和数据资产投入生产过程与其他生产要素融合应用能够提升最终产品或服务的性能或生产效率。

笔记

数据产品是经加工、分析等形成的数据资源或数据衍生产品。企业或者第三方机构通过数据采集、整合、加工、分析后形成的数据产品，蕴含着丰富的经济效益和社会价值，是数据要素市场的主要交易对象。数据集、可视化的数据报告、应用程序接口服务、数据索引等数据产品，经过数字劳动完成数据商品化，蕴含丰富的应用价值和交换价值。

数据要素市场上交易的数据产品，可分为两大类：初级数据产品和高级数据产品。典型的初级数据产品包括数据 API（应用程序接口）、数据云服务、技术支撑、离线数据包等；高级数据产品包括可视化的数据分析报告等解决方案、针对特定业务场景的数据应用系统与软件、与云融合的各类大数据技术产品等。

数据资产是企业过去的交易或事项形成的，由企业合法拥有或控制，且预期在未来一定时期内为企业带来经济利益的以电子方式记录的数据资源。其中，“企业过去的交易或事项形成”是指数据必须是现实存在的，未来预期产生或获取的数据不能划分为数据资产；“由企业合法拥有或控制”是指数据来源及出处必须合法合规，企业以不正当手段非法获取的、有产权争议的、无法控制的数据资源不能确认为数据资产；“预期在未来一定时期内为企业带来经济利益”是指数据资产预期在未来一段时间内，通过直接或间接等形式为企业带来持续经济效益；“电子方式记录”是指能够通过盘点、注册等管理手段，对数据资产进行识别、记录及计量，对于手工记录的数据，不纳入数据资产范围。

3-3
从数据价值链视角看数据产品与数据资产

数据资产的具体形式多种多样，包括但不限于：数字、文字、符号、字符串、密码、表格、图像、音频视频，以及光电信号、环境信息、生物信息，等等；各种形式的数据还可以通过适当方式互相转换，或与数据处理技术相融合形成新的数据形态。

数据要素包含数据资产和数据产品，二者主要的区别为：数据资产是经过会计确认和计量的数据要素，而数据产品是可交易的数据要素。

二、数据要素价格形成机制

数据价值是数据定价的基础，从数据价值链视角看，数据价值创造过程是一个从原始数据到数据产品的整体耦合过程，包含数据采集、数据分析、数据管理、数据存储和数据使用等环节。数据价值链理论为建立新的数据定价机制带来启发。在数据价值链中，原始数据经过价值链的一系列过程之后，变成了一种价值可以衡量的产品，可以通过估值方法或者市场化方法进行计算。

（一）资源化层面

由于数据大量散落在经济社会运行各个角落，很多时候以碎片化形式存在，只有对其统一采集、整理、加工，并形成质量可控、来源可信、标准互通的数据资源，才具备进入流通应用环节并发挥价值的可能性，这一过程就是数据的资源化。无论数据资源抑或信息资源，其作为一种生产要素的价值评估，应当由凝结在其生产过程中的无差别劳动投入决定。换言之，数据资源的价值评估以成本评估为主，其主要包括以下三个部分内容。

笔记

首先，传统意义上的数据资源采集开发成本，即“原料”数据采集、标注、集成、汇聚和标准化，并形成可采、可见、互通、可信的高质量数据过程中的软硬件和人力等成本消耗。

其次，与数据隐私含量相关联的成本。一般而言，包含原始数据集的数据资源一旦进入交易环节，就可能触碰个人隐私、企业商业秘密等问题，必须对原始数据进行脱敏化、匿名化处理。但在具体操作中，数据脱敏的操作标准很难明确，特别是在多源数据交叉比对后，很可能会对一些原始数据进行补齐，从而造成潜在隐私风险。因此，隐私含量对于数据处理的成本影响很大。对于涉及个人隐私信息的数据资源价值评估，需要慎重结合数据集的隐私保护水平进行评估；对于有较大隐私泄露风险或隐私泄露后会造成较大影响的数据集，数据持有方往往要为数据安全付出较高治理成本，对此应当给予更高的估价。

最后，与数据质量相关联的成本。如同实物商品在进入市场流通时有一套完整、规范、标准的质量评估和监督管理体系一样，数据要想真正实现商品化、要素化，就必须建立一套与实物商品质量管理体系相似的数据资源质量评估和管控机制，这同样是影响数据资源开发利用成本的重要因素。目前国际主流评估框架有数据质量评估框架（data quality assessment framework，DQAF）、信息管理质量评价框架（assessment information management quality，AIMQ）、数据质量审计框架（data quality audit，DQA）等。

（二）资产化层面

数据中蕴含了经济社会运行从宏观到微观方方面面的规律和机理，潜在价值无比巨大，但数据本身并不能直接产生价值，通常需要与具体业务场景相结合，在市场主体提升效率、节省成本、扩大收入过程中实现其潜在价值，这一过程就是数据的资产化（从数据资源到数据产品和服务）的过程。因此，数据资产化层面的定价就是对基于数据资源形成的深加工数据产品定价，适合采用收益分成模式（以下简称“分润”模式）。

从实践来看，目前绝大多数服务于金融和互联网领域的数据资产定价实践中，“分润”模式被普遍采用。较典型的如腾讯云市场，即根据数据供应商过去一个月或一年内销售额，按10%～20%收取交易佣金。再如，一些隐私计算技术服务提供商，在帮助商业银行基于隐私计算面向中小企业开展信贷评级数据服务时，其往往在前期提供免费或仅满足基本成本的技术服务，并在信贷合同签订和贷后管理过程中，基于信贷额度和坏账率等确认分润比例。

从数据产品和服务的运行过程上看，其同样存在成本问题，并体现为数据产品和服务开发中所采集购买的各种数据资源、软硬件设备和人力成本等投入。但总体而言，数据产品和服务的价值产生过程是一个高度个性化和动态多变的过程，买卖双方对于数据资产的未来价值收益往往缺乏一致和稳定的预期。在现实流通中，仅基于成本收取费用往往无法满足买卖双方的收益预期。因此，可在数据产品和服务价值评估中引入消费者感知价值、历史成交价、数据供求关系、差异化定价策略等因素。此外，目前基于上述因素，由买卖双方“一对一”议价的方式，也不能很好

笔记

反映双方对于数据资产的收益预期。因此，近年来，深圳、贵阳、上海等地数据交易所开始尝试引入基于第三方引导和市场化议价相结合的方式确定价格，即由数据提供方提出初始报价，交易场所或第三方机构综合考虑数据成本（包括数据质量、隐私含量等）和收益预期（包括历史成交价、模型贡献度等），提供参考价建议或释放价格信号，由各类交易主体通过充分博弈的方式进行议价，并最终达成价格共识。

（三）资本化层面

从资本、土地等要素市场发展的历史经验看，实现要素从资源化到资产化是具有决定意义的“第一次飞跃”，这一次飞跃解决的是产品化和形成市场流通的问题；而从资产化到资本化则是“第二次飞跃”，这一次飞跃对于激励资本参与产业发展、激发创业者的创新动力都具有重要价值。实现数据从资产化到资本化的“第二次飞跃”，核心路径主要包括数据证券化和数据股权化两个方面。尽管数据资本化定价目前还不具备实际可操作性，但未来数据资本化是大势所趋，其定价模式值得探讨。

1. 数据证券化及其估价方法

所谓数据证券化，其前提是数据资产可以纳入企业资产负债表并成为一种资产类型（无形资产或存货），同时选取其中质量较好、公信力强、预期明确的成熟资产，以其未来的收益现金流作为偿付基准发行证券产品。其基本操作大致可参考知识产权等无形资产证券化的过程。在传统资产的市场法评估中，通常交易标的是标准化的资产，或拥有标准化的评估指标。相比之下，数据资产还没有统一的衡量指标。因此，应用市场法评估数据的证券化价值时，需要对可比案例市场价值的修正系数作较为详尽的考虑。应该根据交易对象和交易条件选择类似的数据证券化标的（数据资源或数据产品）作为可比案例。对于类似数据标的，可以从相近数据类型和相近数据用途两个方面考虑。常见的数据类型包括：用户关系数据、基于用户关系产生的社交数据、交易数据、信用数据、用户搜索表征的需求数据等；较常见的数据用途包括精准化营销、产品销售预测和需求管理、客户关系管理、风险管控等。

2. 数据股权化及其估价方法

站在现代企业制度的角度，承认数据作为一种生产要素参与分配的价值，其核心是要将企业采集、持有、控制、处理、加工数据的权益转化为股权。蒋永穆（2020）指出，数据成为一种生产要素的最终目标，就是要能够实现企业数据资本收益权“作资入股”，并按照股权平等的原则和贡献程度参与分配。从长远来看，这是数据价值全面升级的关键一步，也是真正实现数据要素市场化配置的重要标志。在实际操作中，数据股权化的模式与技术要素市场构建中技术入股的模式有很多相似之处。目前，各地已经开始积极探索推动数据入股方面的实践。如2022年11月北京市第十五届人大常委会通过的《北京市数字经济促进条例》明确提出支持开展数据入股等数字经济业态创新。2022年中国资产评估协会发布《数据资产评估指导意见（征求意见

笔记

稿）》，可作为未来专业机构开展数据资产价值评估的参考依据，并进一步指导数据股权化的估值实践。

三、数据资产定价

2023 年 9 月 8 日，在财政部指导下，中国资产评估协会制定了《数据资产评估指导意见》（以下简称《指导意见》），《指导意见》表明，数据资产是指特定主体合法拥有或者控制的，能进行货币计量的，且能带来直接或者间接经济利益的数据资源，数据资产具有非实体性、依托性、可共享性、可加工性、价值易变性等特征。2023 年 8 月 1 日，财政部正式印发了《企业数据资源相关会计处理暂行规定》，标志着我国数据资产入表正式落地。

2022 年 10 月，中国资产评估协会发布的《资产评估专家指引第 9 号——数据资产评估》将数据资产价值的评估方法概括为市场法、成本法和收益法等三种基本方法及其衍生方法。由于数据资产的价值具有不确定性和时效性，会受数据本身的质量、可用性以及市场需求、应用场景等因素的影响，导致传统的无形资产评估方法的准确性和有效性有限。2023 年 9 月《指导意见》指出，执行数据资产评估业务时，需要关注影响数据资产价值的成本因素、场景因素、市场因素和质量因素，同时确定数据资产价值的评估方法包括收益法、成本法和市场法等三种基本方法及其衍生方法（见图 3-9）。

成本法 价值由产生该无形资产的必要劳动时间所决定

从资产的重置角度考虑的一种估值方法，即投资者不会支付比自己新建该项资产所需花费更高的成本来购置资产。

收益法 价值取决于无形资产投入使用的预期收益

- **许可使用费节约法**，是基于因持有该项资产而无须支付特许权使用费的成本节约角度的一种估值方法。
- **多期超额收益法**，是通过计算该项无形资产所贡献的净现金流或超额收益的现值的一种估值方法。
- **增量收益法**，是通过比较该项无形资产使用与否所产生现金流的差额的一种估值方法，该种方法通常用于排他协议的估值。

市场法 基于相同或相似无形资产的市场可比交易案例

市场法的应用前提为存在一个公开、活跃的交易市场，且交易价格容易获取。在取得市场交易价格的基础上，对无形资产的性质或市场条件差异等因素进行调整，来计算目标无形资产的市场价值。

图 3-9　数据资产三大评估方法

在实践中，数据资产价值评估的指标体系可以在一定程度上与传统的估值方法结合，形成优化改良后的估值方法，表 3-3 是数据资产定价成本法、收益法和市场法等传统估值方法优缺点的比较。

笔记

表 3-3 数据资产定价成本法、收益法和市场法的优缺点比较

方法	优点	缺点
成本法	计算简单且便于理解；是企业确定价格底线的参考	重置成本难以精确计量；忽视了数据资产的未来增值；没有考虑市场竞争、消费者需求等外部影响
收益法	反映了具体场景下数据资产对企业未来收益的影响；可操作性强	未来收益额度和潜在风险难以准确估算和预测；超额收益通常由一组数据资产形成的应用产生，难以在单个数据资产层面分摊；数据资产的有效使用年限和收益贴现率较难选择和评估
市场法	客观反映资产的市场情况；评估参数、指标等从市场取得，相对真实、可靠	缺乏成熟的数据交易市场；可比物的选择较为困难；数据资产的价值需要根据不同的场景进行具体分析

（一）成本法

使用成本法来评估数据资产时，须考虑现时条件下重新购置或建造全新状态的被评估资产所需全部成本，并扣除功能性贬值和经济性贬值。在传统无形资产成本法的基础上，中国资产评估协会综合考虑数据资产的成本与预期使用溢价，建立成本法的修正模型，模型中加入了数据资产价值影响因素，包括数据质量、数据基数、数据流通以及数据价值实现风险四个方面，用于修正数据资产成本投资回报率。该模型综合考虑数据资产价值的影响因素，对成本法可能导致价值低估的缺点进行弥补。

成本法的优点在于计算简单且易于理解，在缺乏替代品的数据交易市场上是较优的选择，而且在确定价格底线或企业应合理收取的产品最低价格上很有帮助。但是在实际操作中该方法也存在一些不足。

一是贬值因素的估算有诸多影响因素，如数据的时效性和准确性，重置成本很难精确计量。

二是成本法的评估仅限于历史价值，忽略未来的应用增值，导致数据资产定价过低和潜在收入的损失，因此由成本法确定的数据资产初始价值应随着数据的使用不断调整。

三是成本法估值忽视了市场竞争和消费者需求等外部因素的影响。

3-4
优化成本法

（二）收益法

收益法的估价思路是估算被评估资产未来预期收益，将其折现成现值来确定被评

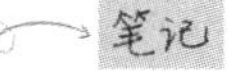

估资产价值，可以根据当前行业的宏观环境，以及预期的收益，将数据资产的价值以一定的折现率进行评估，从而获得更准确的投资回报。

收益法有其优点，一是基于数据资产的预期应用场景，对在应用场景下预期未来产生的经济收益进行量化，能够反映数据资产的经济价值，更加容易被接受。二是具有可操作性，数据资产的内在价值、外在价值和期权价值属性让数据资产的未来收益能力凸显，有助于数据资产的预期收益评估；数据资产的时效性和异质性让数据资产未来预期收益期限极为有限，有助于确定合理的资产剩余使用年限。

但是，收益法同时存在一些不足，主要体现在三个方面。其一，异质性和时效性特征使得数据资产的未来收益额度和潜在风险难以准确估算和预测。相比于交易数据，收益法更适用于企业对自身数据进行估值。其二，数据价值链各环节产生的收入增量或成本减量往往与企业产品紧密联系，很难将数据资产引致的收益增量单独剥离出来。其三，数据资产的有效使用年限和收益贴现率较难选择和评估。

3-5
基于剩余法的多期超额收益模型

根据衡量无形资产经济效益的不同方法，修正后的收益法可具体分为权利金节省法、多期超额收益法和增量收益法，其中多期超额收益法是用归属于目标无形资产的各期预期超额收益进行折现累加以确定评估对象价值的一种评估方法，适用于具有竞争优势和独特价值的资产的评估，包括数据资产。

（三）市场法

市场法是利用市场上同样或类似资产的近期交易价格，经过直接比较或类比分析以估测资产价值的各种评估技术方法的总称，以市场上类似资产作为参照物，随后确定各种价值影响因素并根据因素差异进行调整，得到修正后的资产评估价值。其基本公式是：

被评估数据资产的价值＝可比案例数据资产的价值×技术修正系数×价值密度修正系数×期日修正系数×容量修正系数×其他修正系数

市场法有其优势，一方面能够客观反映资产目前的市场情况，比较容易被买方和卖方接受；另一方面评估参数、指标等从市场取得，相对真实、可靠。但是该评估方法有两个前提条件，即资产能够在公开市场上进行交易和具有可比性。在目前的数据要素市场上，这两个条件均难以满足。

3-6
优化市场法

第一，现有的数据交易市场存在非法交易或者流动性弱的问题。我国大数据交易所、交易平台尚未成熟，无法提供大量全面的交易数据等信息，估值所需的指标、参数获取困难。

第二，可比物的选择也面临一些困难。数据资产的可比物不仅涉及识别类似的、可替代的产品，而且涉及竞争客户可支配收入的相同部分的产品，因此难以确保基准分析能正确地捕捉到可比产品。

第三，同样的数据资产在不同的应用场景下价值不具有可比性。

笔记

案例 3-3

数据资产价值评估指标体系的建立

构建标准化的数据要素价值评估指标体系，有助于消减数据应用价值的“不确定性”和“异质性”，推动交易主体达成“价值”共识。数据要素价值评估是对其使用价值和价值的静态度量，是数据产品价格发现和形成的基础。根据指标体系的适用对象，数据要素价值评估指标体系的构建大致有以下两种思路：一是普适性的数据要素估值指标体系。学者们普遍认为，数据要素价值主要受自身质量、成本和应用场景的影响，并从质量、应用、成本、风险等维度构建数据要素估值体系，不同估值体系中各维度的衡量指标不完全相同。二是针对特定领域和行业的数据要素估值体系。互联网、金融、通信等领域的数据体量大、应用场景多，这些领域的数据要素估值体系具有一定的指导和示范效应。

例如，2021 年 8 月，瞭望智库和中国光大银行以货币度量估值方式，探索性地构建了商业银行数据资产的估值体系。《商业银行数据资产估值白皮书》中指出，指标体系是在估值参数的基础上结合具体对象建立的。根据估值对象本身的特性，选取合适的估值参数，结合重置系数和价值调节参数，形成各估值对象的估值指标体系。成本法数据资产价值评估指标体系，如图 3-10 所示。

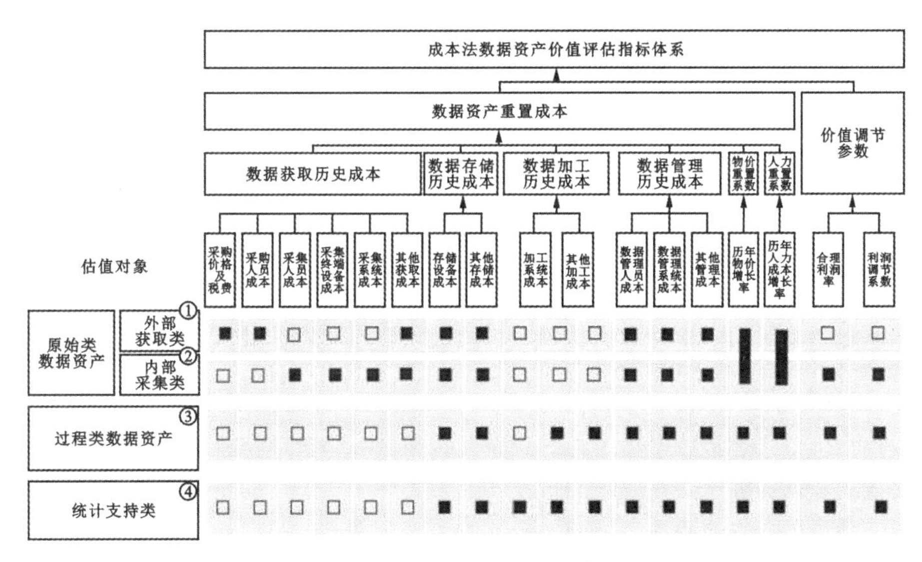

图 3-10 成本法估值指标体系

笔记

四、数据产品定价

数据产品是数据要素市场化流通的主要形式，也是数据价格的标的物。数据产品是数据要素与劳动相结合的形态演进，可以沉淀为企业内部的数据资产，通过市场评价来量化价值贡献。在数据要素市场中，依托市场规则、市场交易和交易竞价来评价贡献，数据产品的价值转化为价格。同时，数据产品的供求关系反映其“市场评价贡献”，进而影响和调节数据产品价格。

数据产品定价方法可以分解为两部分：一是基于数据产品类型定价，数据产品可以分为数据集、数据服务和数据应用等类型，不同的类型适用不同的定价方式；二是基于交易场景定价，博弈论是经济学的基本理论之一，可以成为数据产品确定价格的方法，拍卖则是数据产品交易中常见的形式。

（一）基于数据产品类型定价

在数据要素市场中，只要存在供需关系，交易价格就会形成。但对于不同类型的数据产品，定价模式和定价特点都会有所不同。对于数据集、数据服务、数据应用三类数据产品，分别存在三种典型的定价模式，即按件计价模式、按量计价模式和订阅模式（见表 3-4）。

表 3-4 三类数据产品及其定价模式

产品类型	数据集	数据服务	数据应用
产品组成	数据资源＋数据库	数据资源＋查询接口	数据资源＋应用客户端
需求特征	适合需要全量数据的客户	适合需要低频或精准查询特定信息的客户	适合需要高频更新数据和复杂应用功能的客户
定价模式	按件计价模式（一口价定价）	按量计价模式（按查询/查得数据条数定价）	订阅模式（按月/季/年等订阅时长定价）
定价特点	定价透明度低，多按“价格面议”方式差异化定价	定价透明度高，存在市场公允价格	定价透明度中等，多按照版本方式差异化定价

1. 数据集-按件计价模式

按件计价模式是将数据集作为计价单元按照“一口价”定价的模式。数据集适合于需要全量数据的客户，相应的定价模式非常类似于信息产品定价。数据集具有高固定成本、低边际成本的特性，可以无限复制给多个需方，从而给策略性、差异化定价留下很大空间。这一差异性定价模式的前提是缺乏公开、透明的价格披露机制，背后的原因是交易频率较低，缺乏可比市场价格。

例如，在典型的数据集交易中，供方企业甲按照需方企业乙的要求汇编形成数据集 A，按照 50 万元的价格交付完成后，数据集 A 依然留存于企业甲的服务器中。企业甲意识到，其可以继续挖掘数据集 A 的商业价值，因为企业丙、企业丁也有类似

笔记

的需求，企业甲可以以极低的边际成本复制数据集 A，并以较低的价格如 20 万元，售卖给企业丙、企业丁。

2. 数据服务-按量计价模式

按量计价模式是将数据服务按照查询或查得数据条数来计价的模式。数据服务适合于调用数据频率不高、不需要全量数据，但需要精准查询特定信息的需方。数据服务是市场上最常见的数据产品形式，相应的定价模式也较为透明、公允。对于按量计价模式，市场已经形成了一些共识性价格区间。按量计价模式下数据供方通常公开数据产品价格，且同类数据产品价格趋近，很容易形成市场公允价格。

例如，上海数据交易所研究院在《金融业数据流通交易市场研究报告（2022）》中指出，逐条查询的数据产品，包括工商、航旅、保险、反欺诈、动产、社保、地图、舆情、电力、不动产等数据产品。其中工商、航旅、保险、反欺诈、动产、社保、地图、舆情类数据产品单次查询费用从 0.1 元到 1 元不等；电力数据产品价格略高，单次查询费用为数元；不动产数据产品单次服务费用 300～500 元，由于不动产数据涉及对房屋估价，需要相关人员现场勘探核实，存在较高的劳动附加，价格相对昂贵。

3. 数据应用-订阅模式

订阅模式是将数据应用按照会员费的形式（包月、包季、包年等）基于使用时长进行定价的模式。数据应用适合于需要高频更新数据的用户，也可以定制化为用户提供复杂的应用功能，相应的定价模式体现了不同价值添附的版本区分。订阅模式在定价上的透明程度介于按件计价模式和按量计价模式之间，由于订阅模式通常体现为版本区分，因此其价格歧视较为隐蔽。

例如，在典型的数据应用交易场景中，供方企业甲基于市场需求调研开发了一款数据应用 B，并了解到：企业乙是大企业，对数据应用 B 的支付意愿较高，企业丙、丁是小企业，对数据应用 B 的支付意愿较低。企业甲为了最大化生产者剩余，向企业乙出售了年费 50 万元的高端版订阅应用 B_1，向企业丙、丁出售了年费 10 万元的基础版订阅应用 B_2。

案例 3-4

“中远海科船视宝”数据服务

中远海运科技股份有限公司在上海数据交易所挂牌一种名为“中远海科船视宝”的数据服务，提供全球船舶、港口及航线的全生命期行为动态数据，主要包括船舶当前动态、历史挂靠港口、下一港及预抵时间预测、船舶事件等船舶动态数据，港口动态、泊位动态、港口流量动态、港口拥堵指标等港口动态数据，全球历史航线、港口间距、任意点到港的航线规划、航线动态监控等数据，挂牌产品一般为船舶近 6 个月船舶历史挂港记录。购买方

笔记

式分为两种，一种为按次计算，1 元/次；另一种为订阅模式，20000 元/年。“中远海科船视宝”数据产品详情及定价如图 3-11 所示。

中远海科船视宝

提供全球船舶、港口及航线的全生命期行为动态数据，主要包括船舶当前动态、历史挂靠港口、下一港及预抵时间预测、船舶事件等船舶动态数据，港口动态、泊位动态、港口流量动态、港口拥堵指标等港口动态数据，全球历史航线、港口间距、任意港对航线规划、航线动态监控等数据。本次挂牌的产品为船舶近6个月船舶历史挂港记录。

产品挂牌代码：2000152801-ZHEII99ZP

基本信息

产品名称：中远海科船视宝

系列名称：中远海科船视宝

供方名称：中远海运科技股份有限公司

应用板块：综合,航运交通,国际

数据主题：海洋交通

产品类型：数据服务

产品描述：提供全球船舶、港口及航线的全生命期行为动态数据，主要包括船舶当前动态、历史挂靠港口、下一港及预抵时间预测、船舶事件等船舶动态数据，港口动态、泊位动态、港口流量动态、港口拥堵指标等港口动态数据，全球历史航线、港口间距、任意港对航线规划、航线动态监控等数据。本次挂牌的产品为船舶近6个月船舶历史挂港记录。

关键词：船舶，港口，航线

产品价格

价格范围：

购买方式	价格	使用次数
按次模式	1.00元/次	按需
按时长模式	20,000.00 元/年	不限次数

图 3-11 “中远海科船视宝”数据产品详情及定价

3-7 全国首个数据产品交易价格计算器的定价产品实现交易

（二）交易场景的数据产品定价

数据产品价值在应用和交易中变现，需要基于场景。数据产品的价值取决于经济主体的业务需求，而业务需求与应用场景密切相关。不同应用场景下影响价值的因素不完全相同，数据产品价值也会不同，商业价值创造与场景相互依赖、相互促进，价值实现方式也与应用场景密切相关，因此，数据要素创造价值和数据产品价值实现都必须依托场景。在数据要素价值形成的过程中，场景是指在价值创造和价值实现过程中涉及的，涵盖行为情境、空间环境和情感情境的一系列元素集合，数据产品在交易场景中实现价值。

笔记

贵阳大数据交易所线上交易

贵阳大数据交易所是全国第一家数据流通交易场所，经贵州省政府批准成立，于2015年正式挂牌运营，在全国率先探索数据要素市场培育。2021年贵州省政府对贵阳大数据交易所进行了优化提升，突出合规监管和基础服务功能，构建了“贵州省数据流通交易服务中心”和“贵阳大数据交易所有限责任公司”的组织架构体系。贵阳大数据交易所定位于建设国家级数据交易所、打造国家数据生产要素流通核心枢纽，围绕安全可信流通交易基础设施建设、数据商和数据中介等市场主体培育，积极探索数据资源化、资产化、资本化改革路径，努力构建产权制度完善、流通交易规范、数据供给有序、市场主体活跃、激励政策有效、安全治理有力的数据要素市场体系，打造数据流通交易产业生态体系。

在贵阳大数据交易所的线上交易市场界面（见图3-12），数据产品和服务按照不同的应用场景进行了分类，包括但不限于工业农业、生态环境、交通运输、科技创新、教育文化等。

图3-12 贵阳大数据交易所线上交易市场界面

1. 协议定价

协议定价是目前使用最广泛的定价方式，主要包含两种使用场景：一是当价格意见不统一时，买卖双方在数据交易平台的撮合下进行商议，双方讨价还价之后确定成交价；二是没有中介机构，买卖双方直接进行交涉。如果对某数据产品的估值定价意见不统一，买卖双方可以采取由中介机构撮合的协议定价方式，从而获得更大的定价自主权和商议空间。

协议定价的过程由博弈模型刻画，博弈是指由两个或两个以上的理性人或组织，参加一系列具有竞争或对抗性质的行为。参与博弈的各方会受到一系列的环境约束（即规则），各自拥有不同的目标或者利益，为了实现自己的目标或将利益最大化，参与者必须综合考虑所有对手的全部可行动方案，并在其基础上作出最有益于自己的决策。在基于博弈论数据定价的过程中有诸多参与者，根据当前的研究，可将参与者分为3类：数据拥有者（卖家）、数据消费者（买家）、中间人。通常情况下假定参与博弈的各方均为“理性人”，即参与人的每一个经济活动都是利己的，试图以最小的经济成本获得最大的收益。根据不同的博弈类型，可将现有常见的博弈论定价模型分为3类：基于非合作博弈（non-cooperative game）的定价模型、基于斯塔克伯格博弈的定价模型、基于讨价还价博弈的定价模型。

非合作博弈是指一种参与人之间不可能组成联盟或者达成一种具有约束力协议的博弈类型。由于参与博弈的各方均为“理性人”，参与者会将自己的战略建立在假定对手会将其收益最大化的基础上。非合作博弈的纳什均衡成立的前提是参与博弈的卖家之间彼此知道对方的策略，并且同时宣布自己的策略。然而，在现实生活中，这个前提成立的情况较少，参与者无法计算其纳什均衡，因此他们无法为数据设定合理的价格。

斯塔克伯格博弈在现实中更为常见。一个卖家（追随者）等待其他卖家（领导者）先宣布自己的定价策略，然后追随者在领导者作出定价策略的情况下，随即作出对应策略的优化，从而确定相对最优的定价策略，这种博弈模式被称为斯塔克伯格博弈。使用斯塔克伯格博弈进行数据产品定价的缺陷在于：在这种模型中，每个数据产品的拥有者需在主供应商宣布价格后宣布自己的价格，但在数据交易环境中，确定主要数据产品拥有者的方式困难且效率低下，使得该模型在数据交易市场中的实施难度较大。

讨价还价博弈指的是由两名或者更多的参与人就如何分配一个物品达成协议，为了达成这种协议所有参与人需要进行谈判。假设在一个简单的数据交易市场中，只有当数据拥有者和数据需求者对某种数据商品的销售价格达成一致时，交易才会发生。讨价还价博弈适用于复杂谈判条件下的谈判，且其最后的谈判结果就是合作博弈最终的解决方案，因此其常被用于诸多领域的资源分配，如无线体域网（wireless body area network，WBAN）、无线传感器网络（wireless sensor network，WSN）、频谱分配。但是在讨价还价博弈中，需要供需双方通过谈判达成协议，而谈判过程通常是耗时和浪费资源的，故将该模型应用于数据交易市场存在一定困难，可被用于数据拍卖。

2. 基于拍卖的定价

拍卖是流行的数据交易机制之一。一般来说，拍卖是一种经济驱动的方案，其目的是通过买卖双方的竞价过程分配商品，并建立相应的价格。在信息不对称的经济环境中，拍卖是一种形式简单却又具备完整定义，能够确保公平和效率，以及卖方的收益最大化的方案，因此在解决大数据交易问题方面拍卖机制显示出巨大的潜力。基于拍卖的大数据交易市场框架如图 3-13 所示。

拍卖涉及的主体包括投标方、拍卖商和卖方，投标方在市场上投标并以购买商品为目的，即买方。在大数据市场中，一般由数据需求者充当买方。拍卖商扮演的是代理角色，负责运行拍卖流程，确定获胜者，并进行支付和分配。卖方是希望通过售卖数据增加自身收益的个人或团体，如数据拥有者。

在拍卖过程中，投标方和卖方都对他们需要或出售的每一单位商品进行估价，此外，估价可以高于或低于最终清算价格，这是由拍卖商在拍卖过程中决定的。拍卖价格有两种类型，即要价和竞价。卖方提出一个要价（即出售该商品的价格），而投标

笔记

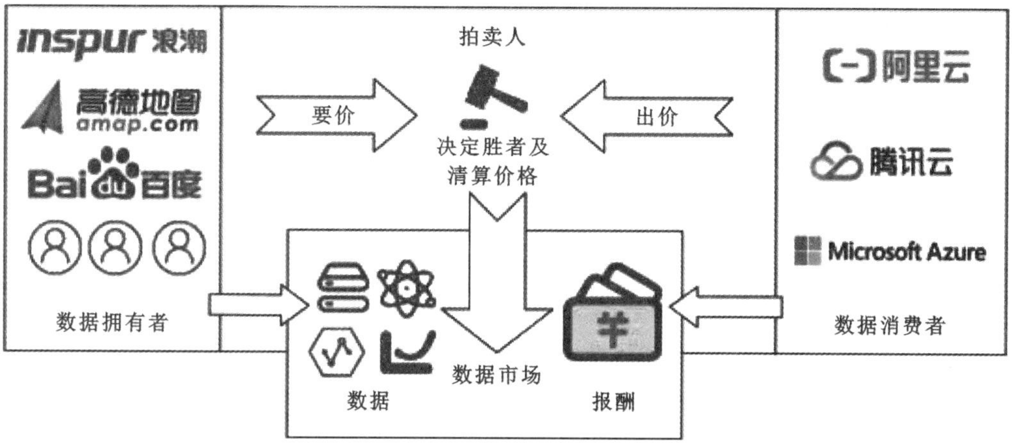

图 3-13 基于拍卖的大数据交易市场框架

方可以提出一个投标价格（表示他们为获得该商品所愿意提交的价格，即出价）。结算价格则是由拍卖商根据社会福利最大化等优化目标来确定的最终交易价格。根据参与拍卖的投标方和卖方人数的不同，可以将目前基于拍卖定价方式的数据市场的研究分为单边拍卖（单个卖方、多个投标方）和双边拍卖（多个卖方、多个投标方）。

拍卖的定价模型主要包括 VCG 拍卖、组合拍卖、双边拍卖等（见表 3-5）。拍卖方法作为博弈论中不完全信息博弈的一部分，在传统商品市场和数据市场中都有广泛的应用。三种拍卖方式各有侧重：以 VCG 拍卖为代表的密封拍卖侧重于保证交易的公平性和真实性，但是可能存在减少卖家收益、多个数据产品需要多次拍卖等缺点；组合拍卖则侧重于提供多种数据产品灵活捆绑销售的交易方式；双边拍卖中的拍卖人则能够以中介的身份在买卖双方之间进行协调，大大增加了数据交易时买卖双方的沟通效率。但是由于拍卖时为了保证真实性，往往需要投标方提交真实信息，因此存在泄露投标方隐私的风险。此外，虽然拍卖的适用性较强，但拍卖机制设计、如何设立可信的第三方拍卖平台等问题也是使用基于拍卖的数据交易方法时所必须要考虑的。

表 3-5 不同拍卖机制在数据定价中的应用

定价模型	市场结构			概述	适用场景
	卖家	中间商	买家		
VCG 拍卖	一个或多个	一个	多个	服务提供商可以由卖家自身充当，也可以由多个卖家选定一个中间商充当，服务提供商根据收到的投标价格提供不同的组合服务，买家根据服务提供商提供的组合服务，在满足质量约束和最小化社会成本的情况下，选择自己需要的组合服务	最小化买家的成本、“讲真话”

笔记

续表

定价模型	市场结构			概述	适用场景
	卖家	中间商	买家		
组合拍卖	多个	无	多个	设计一个数据市场和一个强大的实时匹配机制，有效地购买和出售机器学习任务的训练数据	公平、真实的零遗憾机制
可适用多种拍卖规则	一个或多个	一个	多个	提出了一种通用的隐私保护拍卖方案，其中拍卖商和中间平台两个独立实体组成了一个可信的第三方交易平台。通过同态加密和一次性填充，可以确定拍卖过程中的赢家，并对所有竞价信息进行伪装，解决了 CPS 中的隐私保护问题	隐私保护拍卖、安全性
双边拍卖	多个	一个	多个	首先根据数据量大小对大数据分析性能的影响定义了数据成本和效用，然后提出真实、合理、计算效率高的贝叶斯利润最大化拍卖。通过求解利润最大化拍卖，得到最优服务价格和数据量，解决了服务商的利润最大化问题。服务提供商收集卖家的数据，并对卖家进行隐私补偿，同时利用自身的专业性对收集的大量数据进行处理，以满足买家的需求，为买家提供的是服务而不是原始数据	中间商收益最大化
双边拍卖	多个	无	多个	提出了一种迭代拍卖机制来协调交易，以社会福利最大化为目标。其中，卖家与买家直接发生交易，交易的是原始数据	社会福利最大化
第二价格密封拍卖＋VCG 拍卖	一个或多个	一个	多个	因为在多赢家拍卖策略中，传统的 VCG 拍卖可能会减少卖家的收益且容易受到“合谋”攻击，所以修正了第二价格密封拍卖，使在多赢家拍卖策略中能够解决上述问题。修改了多赢家拍卖策略中的优化问题，并且拍卖商可以根据标准选择最终的赢家	“讲真话”社会福利最大化

笔记

第三节 数据要素确权与定价的难点与展望

一个数据主体所收集、生成、占有的数据，往往来自其他多个数据主体，同时也会向其他多个数据主体分发，将造成多个数据主体之间权利的冲突。这是数据要素确权难的表层原因；深层次原因是现有制度框架的构建源自大数据时代之前的立法，其对数据权属的探讨既没有触及数据运作的底层逻辑也没有涉及数据全生命运作周期的核心链条。同理，表面看数据要素定价的难点来自数据主体的多样性、数据管理复杂性和数据类型多样等方面，但数据要素定价难的根源在于没有理顺数据定价背后的数据权属及其利益相关者收益分配关系。

一、数据要素确权的难点与展望

数据要素的生成与价值实现涉及复杂的主体和环节。数据要素具有的价值稀疏性、价值未知性、分散性（碎片化性）等特性，直接采集得到而未经浓缩精炼、分析加工的数据往往是价值低且价值模糊的，同时也不是一般情况下数据要素的最终存在形态。实际上，数据的采集者、传输者、存储者、清洗者、标注者等数据“后道工序”的参与主体都可以归类为广义的“数据加工者”。信息提供者、数据加工者对于数据要素的价值实现都有着不可或缺的贡献，理应都分得一杯羹，但由于无法预料数据要素加工后的价值增长空间以及加工者对数据加工处理的模式，数据要素的获益难以在各主体之间分割。

数据要素侵权难以识别与追溯。数据要素具有无限复制性，其传播与使用则具有隐秘性，很难确认被授权方基于数据要素而获得的收益，也很难对是否使用了某一特定数据要素进行判别。

数据要素的确权面临着较高的协商成本。数据要素的生成是去中心化的，有着复杂多元的主体，因此数据要素确权需要协商的主体数量非常庞大，导致协商成本极高。数据要素的价值有着较强时效性，这是其与传统生产要素最大的差异之一，其价值会随着时间流逝而快速衰减。因此，数据要素确权协商所需要的时间成本本身也会对数据要素的价值造成显著损耗，从而造成协商各方“双输”或“多输”的局面。

针对这些难点，除了上文提到数据要素“三权分置”和分类分级制度方法外，可以考虑采用区块链、人工智能等技术辅助数据要素确权。既然数据要素是信息时代孕育和涌现的，那么将脱胎于信息土壤的新兴技术手段用于数据要素的确权，本质上就是“兵来将挡，水来土掩”的问题解决方式。区块链是按照时序将数据区块组合相连形成的链式数据结构，具有去中心化、不可篡改、不可伪造、可验证、可追溯等特性，是天然适用于数据要素权属确认的技术手段。随着人工智能等技术的发展，数据贡献与侵权的识别也将更加智能化、更加精确、更加高效。

笔记

二、数据要素定价的难点与展望

（一）不同的数据来源

随着数十亿智能个人设备和传感器的涌现，物联网驱动的智能系统已成为贡献数据的主要基础设施。不同的设备和相关的部署成本可能对评估收集成本构成重大挑战。同时，收集的数据类型多样，难以分类和评价。而如何激励这些设备的所有者贡献和共享收集的数据也是额外的挑战。

数据管理的复杂性。大数据创造了不断增长的巨大数据量，因此如何管理（分析、存储、更新等）数据是数据定价的另一个挑战。事实上，维护大数据的成本很高。从技术角度来看，大多数大数据都存储在云或边缘存储中，维护存储和数据可用性以及保护数据会带来高昂的成本，这些过程也很难评估和定价。同时，原始数据在可利用之前需要进行分析，开发分析数据集的高效应用程序也是评估数据定价的手段。

（二）数据的多样性

为了销售数据，供应商通常处理原始数据以满足各种需求。这种方法为定价评估提出了许多复杂的问题。例如，需要重新生成原始数据集，并将其按不同体积、精度和类型划分为不同级别。那么，如何评估不同产品的价格仍然是一个具有挑战性的问题。

数据要素估值和定价对于数据要素市场建设和市场化配置至关重要，是数字经济研究中的一个热点问题和重点问题，未来可以从以下四个方面进一步强化。其一，加强数据要素定价的基础理论研究，探索构建基于场景的数据定价理论体系，加强数据要素交易模式、交易机制、产业链、定价指标的研究，从理论上建立涵盖数据确权、算法定价、收益分配的数据交易全生命周期的价格体系。其二，数据要素的定价方法应该与数字技术的应用更好地结合起来，深入分析数字技术在定价中的作用机制，利用新技术手段构建自动定价和动态定价模型。其三，完善大宗数据资源交易平台的交易规则，探索根据使用场景和数据购买者设定个性化的交易合同，细化研究不同层次市场和不同交易场所的数据要素价格形成机制。其四，加强数据要素市场的会计和审计研究，提升数据定价的透明度和数据市场的效率。

思考题

1. 我国的数据确权方向与欧盟模式更接近，还是与美国模式更接近？请阐述你的理由。

2. 数据资产和数据产品的定价方法可以相互借鉴吗？请阐述你的理由。

3. 为何协议定价的数据产品定价方式实现难度大？除了本书提及的难点外，还有哪些其他难点？请结合实际阐述。

笔记

第四章 数据要素交易

数据要素参与交易环节可以促进数据的有效流通和共享。通过数据要素交易，能够更好地利用数据资源，拓展商业机会，提高数据的可用性和质量，推动创新和经济增长。本章主要介绍数据要素交易流通的标准与规范、数据要素服务生态、数据要素交易平台、数据要素与要素跨境流动，并结合数据要素交易流通的实践经验，剖析数据要素市场化的实现路径与发展概况。第一节概述数据要素交易流通的标准规范与国内外标准化现状等。第二节介绍数据要素交易服务生态，包括数据要素市场的参与主体、组织形式与交易模式。第三节从我国数据要素交易平台的设立发展入手，整理分析了国内外具有代表性的数据要素交易平台。第四节放眼全球数据要素市场整体的发展概况，并聚焦数据跨境流动的实践现状及其流通难点。

第一节 数据要素交易流通的标准与规范

数据要素经由生产并进入流通环节，通过资源化、资产化并商品化后，即可进行交易。数据产品交易可定义为，它是在我国法律规定范围内，以安全交易环境和交易合规监管为保障，数据需方向数据供方以货币购买或者交换的形式获取数据产品的行为。数据产品交易是数据要素市场化的关键环节，数据产品交易标准体系的构建、数据要素的安全与隐私保护是保障数据要素市场化顺利推进的重要前提。

一、重点标准化领域

标准化体系可以为数据交易提供一致性、可预测性和透明性，从而促进数据交易的有效进行。数据产品交易标准体系框架包括基础通用、数据产品、交易服务、交易保障、监管与治理五大类标准（见图 4-1）。

笔记

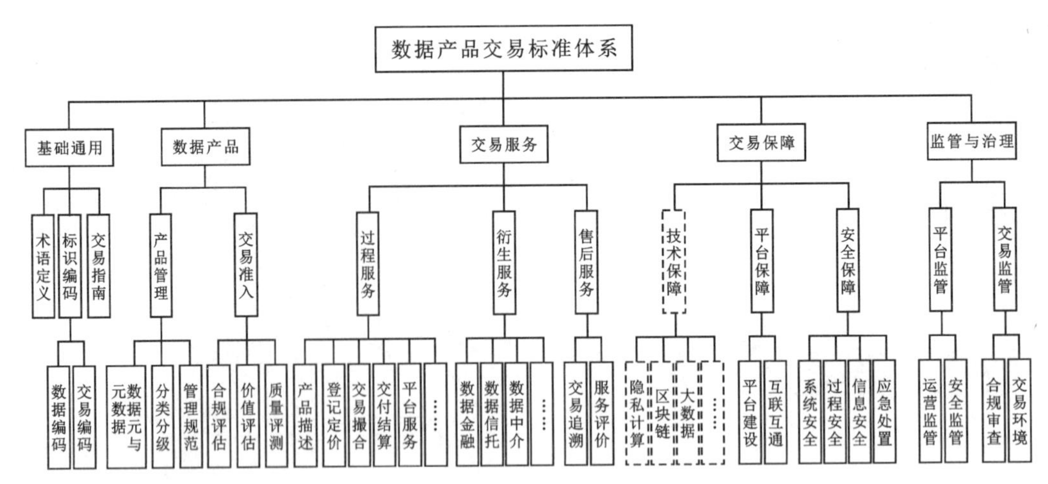

图 4-1 数据产品交易标准体系框架

（一）基础通用标准

基础通用标准是主要规范数据产品交易的基础性、通用性、指导性标准，包括术语、符号与标识、服务指南等标准。基础通用标准的构建可以确保交易参与者在数据交易过程中使用相同的术语、格式和规则，减少信息不对称和误解，从而降低交易的摩擦成本。

术语定义标准即制定数据产品及数据产品交易相关名词术语标准，用于统一相关技术语言和概念，为其他各部分标准的制定提供支撑，包括数据产品、交易服务、交易安全、交易场景等相关的术语、概念定义、相近概念之间关系等。符号与标识标准，即制定不同类型数据产品及数据衍生品的标识代码、数据产品交易代号等相关标准。交易指南标准，意指数据产品交易的整体流程和规范化运行标准。

（二）数据产品标准

数据产品标准可以通过明确数据的质量要求、格式规范以及数据的更新频率等，保证交易中所涉及的数据质量和一致性，促进数据可比性。同时对于数据供应商而言，标准化的数据产品规范可以使其更容易将数据产品推向市场，这有助于降低市场准入门槛，鼓励更多的数据供应商参与交易。

数据产品标准包括数据产品管理、交易准入等标准。产品管理是根据交易所需要的不同数据类型的数据产品进行管理，包括数据元和元数据，从数据来源、类型、层级等维度对数据进行分类分级、数据资产管理要求等。交易准入标准是针对数据产品交易所涉及的数据质量、数据价值、数据来源及数据合法性进行规范，包括数据产品质量要求、数据产品质量评估、数据产品质量特征、数据产品价值评估和数据产品质量测试等。

（三）交易服务标准

构建交易服务标准有助于确保交易的公平性、透明度和便捷性，降低风险，提高市场信任度，促进创新和竞争，为数据交易的健康发展创造良好的环境。

交易服务标准包括数据产品交易过程、数据产品交易衍生服务及售后服务等标准。制定交易过程服务标准，即在交易所涉及的数据产品交易流程中，对数据产品登记、交易申请、交易撮合等服务范围、服务要求、服务质量等进行规范。交易平台在交易供需双方、平台管理等方面提供的服务，形成包括用户认证与管理、商品上架与审核、交易需求管理、平台运营管理等在内的相关服务标准。交易衍生服务标准，即数据产品交易所涉及的第三方数据交易服务输出数据交易生态服务管理规范，并对撮合服务、交易代理服务、交易咨询服务、数据托管服务、数据审计服务、数据经纪服务以及数据金融衍生服务等细分领域输出相应的服务要求、服务质量评估等标准规范。售后服务标准是在数据产品交易完成后，对交易过程中产生的数据备份、交易存证、交易追溯以及交易纠纷的处置等售后环节进行规范。针对数据产品交易过程服务、数据交易平台服务、第三方交易生态服务输出相应的服务质量和服务机构信用评价标准和规范。

（四）交易保障标准

制定交易保障标准能够为数据交易提供保障和保护，降低风险，增强信任，为交易的顺利进行和市场的稳定发展创造有利条件。

交易保障标准应包括但不限于技术保障、平台保障、安全保障等相关方向。制定技术保障标准，针对数据产品交易全流程所涉及的数据安全、隐私保护以及交易合规性审查等需求，以及在平台建设和运营中运用的隐私计算、区块链、人工智能、5G等关键技术领域输出算法规范、测试方法、技术框架和要求、应用指南、互联互通等标准规范。平台保障标准，指的是针对数据产品交易平台所涉及的平台参考架构、功能、接口等方面输出架构指南、功能和技术要求、测试方法、平台互通指南等标准规范。安全保障标准是针对数据产品交易过程中涉及的信息安全、交易平台安全、用户隐私保护、交易应急管理等安全标准。

（五）监管与治理标准

制定监管与治理标准，可以保障数据交易合规、透明、安全，维护市场秩序，保护用户隐私，促进可持续发展，建立可信赖的数据交易生态。

平台监管标准方面，包括针对数据产品交易平台所涉及的平台风险分类分级、平台监管技术要求指南、平台反不正当竞争等标准规范。交易监管标准方面，包括输出数据产品交易过程、数据产品交易生态服务过程中所涉及的交易风险分类分级、监管要求、监管手段和流程指南等标准规范。

二、国内外标准化现状

（一）国际标准化现状

目前，国际上没有成立专门开展数据产品交易流通标准化工作的技术组织，相关工作主要由大数据相关的标准化组织进行研究，包括国际标准化组织（ISO）、国际

笔记

标准化组织和国际电工委员会第一联合技术委员会（ISO/IEC JTC 1）、国际电信联盟电信标准化部门 ITU-T、美国国家标准与技术研究院 NIST 大数据工作组 NBD-PWG、电气电子工程师学会 IEEE 大数据治理和元数据管理（BDGMM）等。具体的标准化现状体现在如下几个方面。

1. 大数据基础、框架等方面

ISO/IEC JTC 1/SC 42/WG 2（原 ISO/IEC JTC 1/WG 9）主要制定大数据基础性标准，目前已经发布和正在研制包括大数据参考架构相关的标准有十项左右，暂未涉及数据流通相关的标准。

美国国家标准与技术研究院 NIST 大数据工作组 NBD-PWG 的工作重点是形成大数据的定义、术语、安全参考体系结构和技术路线图等。工作组重要的输出成果是发布了大数据互操作性框架（NBDIF）报告，且在不断迭代发展，目前已经发布了三个版本。报告包括大数据定义、分类、用例和要求、安全和隐私、参考架构、标准路线、参考架构接口等内容。NIST 构建了一个具有较强参考性与适用性的大数据概念框架，着重体现了大数据范式的前后变化并鼓励挖掘大数据应用的可能性。其系列报告是国内外大数据标准化工作的重要参考。

IEEE 大数据治理和元数据管理（BDGMM）主导了大数据治理和大数据交换的标准化工作，帮助拥有大数据的组织作出如何存储、策划、提供和治理大数据的决策，BDGMM 的目标是能够整合来自不同领域的异构数据集，通过机器可读和可操作的基础设施，使数据可发现、可访问和可利用。

2. 数据管理方面

ISO/IEC JTC 1/SC 32 数据管理和交换分技术委员会（以下简称 SC 32）是与大数据关系最为密切的国际标准化组织之一。SC 32 致力于研制信息系统环境内及之间的数据管理和交换标准，为跨行业领域协调数据管理能力提供技术性支持。其标准化技术内容主要包括：协调现有和新生数据标准化领域的参考模型及框架；负责数据域定义、数据类型和数据结构以及相关的语义等标准；负责用于持久存储、并发访问、并发更新和交换数据的语言、服务和协议等标准；负责用于构造、组织和注册元数据及共享同互操作相关的其他信息资源（电子商务等）的方法、语言服务和协议等标准。SC 32 下设 WG 1 电子业务工作组、WG 2 元数据工作组、WG 3 数据库语言工作组、WG4 SQL 多媒体和应用包工作组。国际上数据资产领域的专家和学者成立了国际数据管理协会（DAMA），其编撰形成的《DAMA 数据管理知识体系指南（第 2 版）》阐述了数据管理各领域的完整知识体系。

3. 数据质量方面

到目前为止，国际上对于大数据质量标准化的研究和制定工作还处在起步阶段，主要是依赖数据技术体系，从基础、技术、产品和应用的不同角度进行分析，形成大数据质量标准化体系框架。主要有 ISO/IEC JTC 1 SC 42/WG 2 大数据工作组、国际电信联盟（ITU）以及美国国家标准技术研究院（NIST）等相关组织和机构开展此项研究和标准编制工作。国际货币基金组织发布了《数据质量评估框架》和《数据公布通用系统》对数据质量作了相应的规定。ISO 针对越来越重要的数据质量和数据管

笔记

理问题，成立了ISO TC 184/SC 4工业自动化系统与集成技术委员会负责制定工业数据的国际标准，并制定了ISO 8000数据质量系列标准。ISO 8000系列标准致力于管理数据质量，分为综述、主数据质量、事务数据质量和产品数据质量四个板块，包括规范和管理数据质量活动、数据质量原则、数据质量术语、数据质量特征和数据质量测试。此外，与数据质量相关的国际标准还有ISO/IEC 25012《软件工程—软件产品质量要求和评估（SQuaRE）—数据质量模型》、ISO/IEC 25024《系统与软件工程—系统与软件质量要求和评价（SQuaRE）—数据质量的测量》等。

2020年4月，在ISO/IEC JTC 1/SC 42/WG 2大数据工作组会议上，由我国提交的国际提案《信息技术 人工智能 用于分析和机器学习的数据质量 数据质量过程框架》（*Information Technology — Artificial Intelligence—Data Quality for Analytics and ML—Data Quality Process Framework*）得到工作组专家的一致认可，并以WG 2的名义向分委会申请发起新工作项目投票。

4. 数据资产方面

国际电信联盟电信标准化部门ITU-T SG 16下设的Q21/16（第21课题组）正在开展ITU-TF.743.21“数据资产管理框架”标准研制，该标准将对数据作为生产要素，形成数据要素流通市场产生重要作用。ISO/TC 251资产管理技术委员会设立WG 9（数据资产工作组），并立项《数据资产价值评价体系》国际标准。IEEE区块链和分布式记账标准委员会（IEEE C/BDL）P3200提出了IEEE P3207数字资产标识相关标准，建立通用的数字资产标识规范，为开发区块链数字资产应用程序、为数字资产服务的组织建立数据结构提供参考，为计划使用区块链数字资产服务的组织建立运营规范。

（二）国内标准化现状

国内关于数据要素流通的标准研究整体上仍处于起步阶段，在隐私计算等数据交易安全保障领域具备一定的领先优势。2014年，全国信息技术标准化委员会（SAC/TC28）设立大数据标准工作组，主要负责制定和完善我国大数据领域标准体系，组织开展大数据相关技术和标准的研究，目前已开展30多项大数据国家标准的研制。大数据标准工作组构建的大数据标准体系框架由7类标准组成，分别为基础标准、数据标准、技术标准、平台/工具标准、治理与管理标准、安全和隐私标准以及行业应用标准。

中国信息通信协会大数据技术推进委员会（CCSA/TC 601）下设WG 2数据资产管理工作组、WG 3数据流通工作组等负责相应的标准预研工作，主要集中在数据要素流通的相关安全技术、产品、测试等标准方面，目前已经发布隐私计算技术和产品多项团体标准和行业标准。在数据安全和隐私方面，还有全国信息技术标准化委员会（SAC/TC 28）以及全国信息安全标准化技术委员会（TC 260）大数据安全标准特别工作组BDWG，以及中国信息通信协会（CCSA）TC 8网络与信息安全标准化技术委员会等标准化组织研究相关标准的制定。具体的标准化现状体现在如下几个方面。

笔记

1. 基础通用标准方面

目前，深圳数据交易所制定了《深圳数据交易有限公司交易服务指南》《深圳数据交易有限公司交易规则》《数据交易技术服务框架》等一系列规则标准。《深圳数据交易有限公司交易规则》以国家政策和交易所建设原则为指引，从交易市场、交易标的、交易方式、交易监督等方面进行了明确，基于数据产品、数据服务、数据工具等交易标的，通过线上撮合、线下交易等形式，针对政府、企业、协会等市场主体提供数据交易服务。北京国际数据交易所发布《北京数据交易服务指南》，制定新型交易细则，探索建立大数据资产评估定价、交易规则、标准合约、数据交易主体认证、数据交易安全保障、数据权益保护及交易争议解决等政策体系。华中大数据交易所通过制定《大交易数据格式标准》《大数据交易行为规范》等推动大数据交易规范化发展。

2. 数据产品分级分类方面

截至目前，我国并没有正式颁布数据分类分级的国家级标准，但 2022 年 9 月数据分级分类的第一个国家标准《信息安全技术 网络数据分类分级要求》开始对外公开征求意见，该标准给出了数据分类分级基本原则、数据分类方法、数据分级框架和数据定级方法等。各行业和地区已经开始了数据分类分级制度的建设和实践，并取得了较大的突破和进展。

3. 数据质量方面

《信息技术 数据质量评价指标》（GB/T 36344-2018）从数据的规范性、完整性、准确性、一致性、时效性和可访问性等维度规定了数据质量评价指标框架及各维度的评价指标，《工业数据质量 通用技术规范》（GB/T 39400-2020）以 PDCA 循环为理论基础，定义了工业企业数据质量提升的闭环流程。现阶段我国对数据质量管理的标准主要分布于相应的行业中，如《全国生态状况调查评估技术规范——数据质量控制与集成》（HJ 1176-2021）、《林业数据质量 数据一致性测试》（LY/T 2923-2017）、《银行业金融机构数据治理指引》等。

4. 数据确权登记方面

目前，北京、上海、合肥、山东等地都在积极探索数据确权登记相关工作，但在标准规范方面还是处于空白，仅有山东数据交易流通协会在 2022 年 4 月发布关于《数据产品登记信息规范》和《数据产品登记流程规范》团体标准立项的通知。

5. 数据资产方面

我国已经出台了《电子商务数据资产评价指标体系》（GB/T 37550-2019）、《资产评估专家指引第 9 号——数据资产评估》等国家标准和指导性文件，《电子商务数据资产评价指标体系》是我国数据资产领域的首个国家标准，该标准规定了电子商务数据资产评价指标体系构建的原则、指标分类、指标体系和评价过程。由 SAC/TC 28 申报的《信息技术 大数据 数据资产价值评估》国家标准 2021 年正式立项，目前正在组织相关单位研制中。北京市大数据中心积极参与全国首批数据资产评估试点，联合中国电子技术标准化研究院、北京国际大数据交易所、国信优易数据股份有限公

笔记

司、中联资产评估集团有限公司、北京中企华资产评估有限责任公司成立评估工作组并开展试点工作，通过试点项目落地一批数据资产评估案例，探索形成数据资产评估团体和国家标准。

6. 交易服务方面

国家层面尚未出台数据交易服务的国家标准，上海数据交易所发布了《上海数据交易所数据产品登记规范（试行）》《上海数据交易所交易凭证申请指引（试行）》《上海数据交易所数据产品交易结算指引（试行）》《上海数据交易所数据产品交付指引（试行）》《上海数据交易所数据产品交易合约指引（试行）》《上海数据交易所数据产品挂牌指引（试行）》《上海数据交易所数据产品合规评估指引（试行）》等一系列交易指引。

7. 平台保障方面

2019年，贵阳大数据交易所牵头成立国家技术标准创新基地（贵州大数据）大数据流通交易专业委员会，积极推进数据开放共享、交易流通、数据确权与估值等标准化探索，目前已经和全国信息标准化委员会大数据工作组联合推出了两项数据交易平台国家标准。其中，《信息技术 数据交易服务平台 交易数据描述》（GB/T 36343-2018）是国内首个国家大数据交易标准，规定了数据交易服务平台中数据描述的相关信息及相关描述方法；《信息技术 数据交易服务平台 通用功能要求》（GB/T 37728-2019）规定了数据交易服务平台的功能框架及其应具备的通用功能。CCSA TC601大数据技术推进委员会组织制定了《大数据 数据管理平台技术要求与测试方法》（YD/T 3760-2020）、《基于可信执行环境的数据计算平台 技术要求与测试方法》等多项标准。2021年浙江省智能技术标准创新促进会组织成立了数据要素流通工作组，并发布了《数据交易平台架构指南》团体标准，山东省物联网协会发布《数据交易平台交易主体描述规范》，中国产学研合作促进会发布《国有企业电子商务数据交易平台管理规范》（T/CAB 0091-2021）、中国商业联合会发布《网络平台环境下数据交易规范》（T/CGCC 54.2-2021）等。

8. 服务保障方面

目前，数据交易服务保障还处于非常前沿的理论研讨阶段，实际落地的服务甚少，在标准方面也几乎是空白。针对数据经纪人，2021年12月，深圳市信息服务业区块链协会制定了《数据经纪人知识体系规范》团体标准。针对数据质押，2022年3月16日，杭州市高新区（滨江）市场监管局、浙江省知识产权研究与服务中心等7家单位发布了全国首个数据知识产权质押团体标准《数据知识产权质押服务规程》，标准包含了数据采集、信息脱敏、数据存证存储、数据评估等数据知识产权质押的基本流程。

三、数据要素安全与隐私保护

数据要素在流通过程中存在被二次传播和利用的可能，数据泄露和数据价值减损的风险不可小觑。要建立完善的数据产品交易市场，首先要解决的是数据安全保护、数据隐私保障等核心问题，从而促进数据要素安全有序地实现市场化，完善数据产品的应用落地。

笔记

具体地，数据要素安全与隐私保护可以从数据立法和技术保障两个方面来实现。

（一）数据立法保障数据安全

数据立法在保障数据安全方面发挥着重要的作用。数据立法可以制定和强制执行隐私保护和数据安全的规范。这些规范包括如何处理敏感数据、如何使数据匿名化或脱敏化，以及在数据传输和存储过程中需要遵循的安全标准，上述规范有助于确保数据在交易过程中不被滥用或泄露。

在明确数据的所有权归属方面，数据立法有助于防止未经授权的数据使用和滥用，同时促进合法的数据交易。在数据要素交易过程中，数据可能会在不同的边界和领域之间流动。数据立法可以定义数据跨境传输的规则和条件，确保数据的共享和交易在法律和合规框架下进行，这有助于避免数据在跨境传输中受到不当限制或违规使用。在数据安全和追责机制方面，数据立法可以要求在数据交易过程中采取一定的安全措施，如加密、身份验证等，以防止数据泄露和黑客攻击。此外，如果发生数据泄露或安全漏洞，数据立法可以规定相应的追责机制，以确保责任追究和受害者得到补偿。

近年来，我国数据立法不断向前推进（见图 4-2）。从整体来看，我国数据治理体系理应涵盖数据安全保障、用户权益保护以及数据价值释放三大阶段。当前，我国数据立法已基本完成前两个阶段的目标。在数据安全保障体系方面，我国已出台《中华人民共和国国家安全法》《中华人民共和国网络安全法》《中华人民共和国数据安全法》及相关配套规定；在用户权益保护体系方面，我国已出台《中华人民共和国民法典》《中华人民共和国个人信息保护法》及相关配套规定；但在数据价值释放体系方面，我国立法对此规则涉及不足，缺乏系统的、可复制推广的促进数据要素价值释放制度。下一步立法重点是促进数据价值释放，聚焦各部门在数据领域价值释放的衍生共性问题，整合传统部门要素，打破部门壁垒，形成具有内生性、协同性的数据管理法律制度。

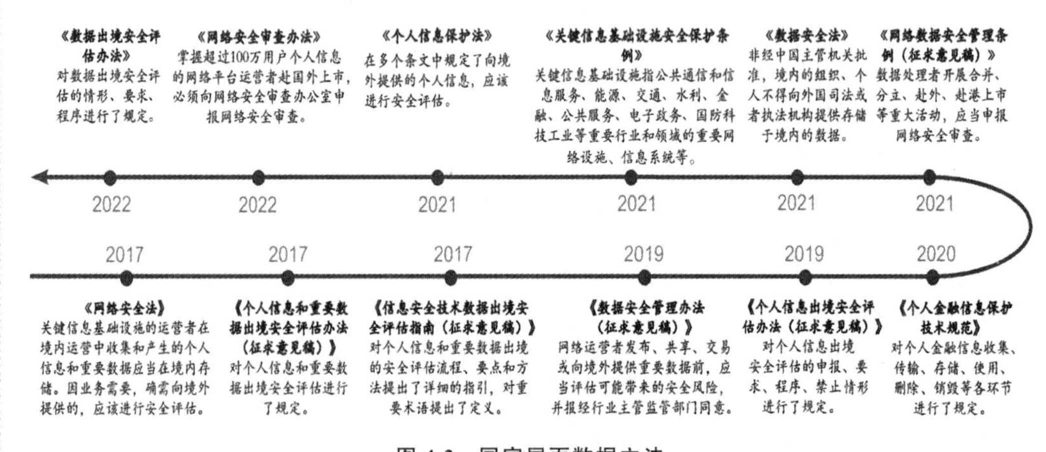

图 4-2 国家层面数据立法

资料来源：中国政府网，华西证券研究所

（二）数据安全与隐私保障技术全面发展

笔记

随着隐私计算、区块链等技术的快速发展，“数据可用不可见”已经成为数据产品交易 2.0 时代的核心技术模式。“数据可用不可见”是指通过隐私计算技术，实现数据在加密状态下被用户使用和分析，其核心是解决个人信息保护和“数据不动，计算动”的问题，是数据产品交易的基本保障。

隐私计算技术的出现能够很好地平衡数据价值挖掘与隐私保护间的矛盾，成为实现数据交易流通的有效技术手段。常见的实现隐私计算的技术路径包括联邦学习、多方安全计算、可信执行环境。隐私计算能够在处理和分析计算数据的过程中保持数据不透明、不泄露、无法被计算方以及其他非授权方获取。在隐私计算框架下，参与方的数据不出本地，在保护数据安全的同时实现多源数据跨域合作，破解数据保护和融合应用难题。

2018 年开始，隐私计算成熟度迅速提升，在我国加快培育发展数据要素市场、数据安全流通需求快速迸发的推动下，隐私计算的应用场景越来越多。在金融领域，隐私计算以营销、风控端（反欺诈、反洗钱等）为主要落地场景；在政务领域，隐私计算可以在一定程度上解决政务数据孤岛问题，提高政府治理能力；在医疗领域，隐私计算可以对不同数据源进行横向和纵向的联合建模，保证各方医疗数据安全。

数据脱敏可以在数据交易的前置环节降低参与主体的安全与合规风险，同时也可以辅助安全多方计算等隐私计算交易流程。

区块链可以通过去中心化存储、加密技术、智能合约、匿名性与身份保护、权限控制、链上存证与溯源功能等，实现数据交易安全与隐私保护。其分布式存储保障数据安全，加密保证传输安全，智能合约确保执行安全，匿名性与权限控制保护身份和权限，存证与溯源功能确保数据可追溯性与不可篡改性，可以实现数据产品交易的全流程记录和存证。

现阶段，隐私计算与数据脱敏，区块链的协调配合、融合应用已经成了突破数据交易流通障碍的重要方向。

第二节 数据要素交易服务生态

基于数据要素交易流通的标准与规范，进一步构建数据要素交易服务生态是促进数字经济发展的关键部分。数据要素交易服务生态体系主要由市场参与主体、组织模式和交易模式共同构成。

一、数据要素市场的参与主体

在数据要素市场中，数据资源提供方、数据产品需求方、数据交易平台方、数据交易服务机构、数据技术与应用服务机构、数据交易监管机构共同构成六位一体的参与主体格局。这些参与主体相互合作，形成了一个相互依存、协同发展的多元化生态系统，为数字经济的蓬勃发展提供了坚实的基础。

（一）数据资源提供方

数据交易中提供数据的组织机构、个人等主体被称为数据资源提供方。数据资源提供方主要由潜在数据资源持有者和垂直行业 IT 企业构成。

笔记

潜在数据持有者根据其是否能够凭借自身能力进行数据资源的开发利用而分为两大类别。第一类持有者涵盖政府、电力、交通、金融、医疗等多个领域，这类持有者往往缺乏数据资源的开发能力，需要借助技术外包来将数据转化为有价值的产品或服务。如属于政府机构的统计局、税务局、央行所持有的数据资源，航空公司、船舶、铁路所持有的交通方面的数据资源，银行、保险、信托所持有的金融方面的数据资源等。通过与技术外包企业的协作，它们可以将自身持有的关键行业数据化为切实应用，从而促进行业创新和发展。第二类持有者主要包括互联网企业和运营商，在国内，例如作为互联网企业的腾讯、百度、快手，作为运营商的移动、电信、联通等，这些企业具备强大的数据资源整合与开发能力，能够自主开发、整合和利用用户数据。它们的独特之处在于，不仅可以获取用户行为、兴趣等信息，还能够借助自身的技术优势，实现个性化数据应用，如精准推荐和数据分析等。

垂直行业IT企业是在特定行业领域内，专门从事信息技术（IT）开发、整合和服务的企业。这些企业在数据要素市场中扮演着关键的角色，它们为其所在行业的数据资源开发、整合和创新应用提供了支持。作为数据资源持有者的垂直行业IT企业如上海钢联、卓创资讯、航天宏图、中原海科、万达信息、同花顺等，也在大宗商品、卫星遥感、船舶航运、医疗、金融行为等各领域具备一定的数据资源开发和整合能力。这些企业在特定领域中已积累了一定的数据资源，有些甚至已形成了数据产品。为了实现数据的最大化价值，它们仍需与其他数据持有者合作，实现数据的跨领域整合，以满足多元需求，推动数据的创新应用，进一步提升数据的价值。

（二）数据产品需求方

数据要素市场的数据产品需求方是指那些有着明确数据需求的组织机构及个体，它们在数据交易中购买和使用数据，以支持业务决策、洞察市场趋势、提升竞争力等。这些需求方包括各类行业，以及各行业中的企业和组织。

具体来说，银行、保险公司、证券公司等金融机构是数据产品的重要需求方，它们需要市场数据、经济指标、交易数据等来评估风险、制定投资策略、进行市场分析等；零售商和电子商务企业需要数据来了解消费者行为、购买趋势以及市场需求，这有助于它们进行库存管理、定价策略和市场营销；制造业需要数据来监测生产效率、质量控制和供应链管理，通过数据分析，制造业企业可以优化生产流程、减少成本并提高生产效率；医疗机构和保健组织需要数据来分析患者健康情况、疾病流行趋势以及医疗资源分布，从而支持临床决策、疾病预防和资源配置。科研机构、大学和研究实验室需要数据来支持科学研究和学术创新，它们可能需要访问各种数据以进行实验、模拟和分析；能源公司和公共事业部门需要数据来监测能源消耗、基础设施运行情况以及环境影响，这有助于提高能源效率和实现可持续发展；物流公司、航空公司、运输企业需要数据来优化物流管理、航班调度和运输路径规划，以提高运输效率；媒体公司和广告机构需要数据来了解受众的兴趣和行为，从而制定更有针对性的内容和广告策略；农业领域需要数据来监测作物生长、土壤质量以及天气变化，以支持农作物管理和粮食安全；房地产公司需要市场数据和房产信息来了解房地产市场趋势；而房屋建筑企业可能需要建筑数据和材料信息。

笔记

数据产品在不同行业中的应用和需求广泛，涵盖了金融、医疗、互联网、零售、工业、交通、媒体等各类领域。数据产品在这些领域的广泛应用，为不同行业提供了更深入的了解、更高效的运营和更具竞争力的优势，推动了数字化时代的不断前进。

（三）数据交易平台方

在数据要素市场中，数据交易平台方能为数据的买卖双方提供各项信息化服务。数据交易平台方是数据场内交易主体，其在数据要素市场中汇总各行业领域的数据资源，进行信息的整合，促进数据的流通。

数据交易平台方能保障数据交易的顺利进行。通过运用信息化技术，它们为数据交易的买卖双方创造更为便捷的环境，使数据的查找、购买和出售变得更加容易，从而极大地促进了数据的流通和共享。为确保数据的交易和传输过程安全可靠，这些平台会提供身份认证、数据加密等多项措施，以维护交易的可信度和安全性。在保障交易过程的规范性和合规性方面，此类平台能促使制定交易规则和标准，确保数据交易的透明度和合法性，防止信息不对称和不公平竞争的现象出现。

数据交易平台方不仅仅是数据交易的桥梁，还能分别为数据供求双方提供相应的技术支持和服务。对于数据提供方，交易平台可以提供必要的技术与服务，帮助其高效地准备和处理数据，以提高数据在市场上的价值。对于数据需求方，交易平台可以协助其检索所需求的合适的数据产品。

通过提供便捷的交易环境，数据交易平台方吸引着越来越多的数据资源持有者和需求者加入数据要素市场中。部分数据交易平台方还积极追求创新和应用，尝试引入新颖的数据交易模式和技术应用，例如应用区块链技术以提升数据交易的效率和安全性。此类创新有望进一步推动数据要素市场的发展和创新。

（四）数商

数据交易服务机构、数据技术与应用服务机构这两类主体可以以“数商”的身份存在于数据要素交易市场中。

传统点对点流通模式下的数据供需匹配效率不足且缺乏信任，各地数据交易所的成立旨在帮助市场解决这一问题，但数据交易所仅靠自身很难承担数据交易中的全部服务角色。因此为数据供需双方提供撮合、托管、经纪、结算、评估、担保等服务的多元数商在各地数据要素市场培育中的作用开始受到更多关注。

“数商”是指以数据作为业务活动的主要对象或主要生产原料的经济主体。一个成熟完善的数据要素市场除了有数据资源的技术基础设施、生产集成、加工处理、安全防御、分析、相关人才培训以及咨询服务等传统 IT 服务市场所拥有的职能外，还需要涵盖交易主体、交易代理、合规咨询、质量评估、资产评估、交易经纪、合约交付等多个领域（见图 4-3）。换而言之，数商企业并不仅指传统 IT 服务市场中的各类大数据服务角色，还包括因数据要素市场的不断发展延伸出来的新的功能角色，即数据交易相关的服务商。

笔记

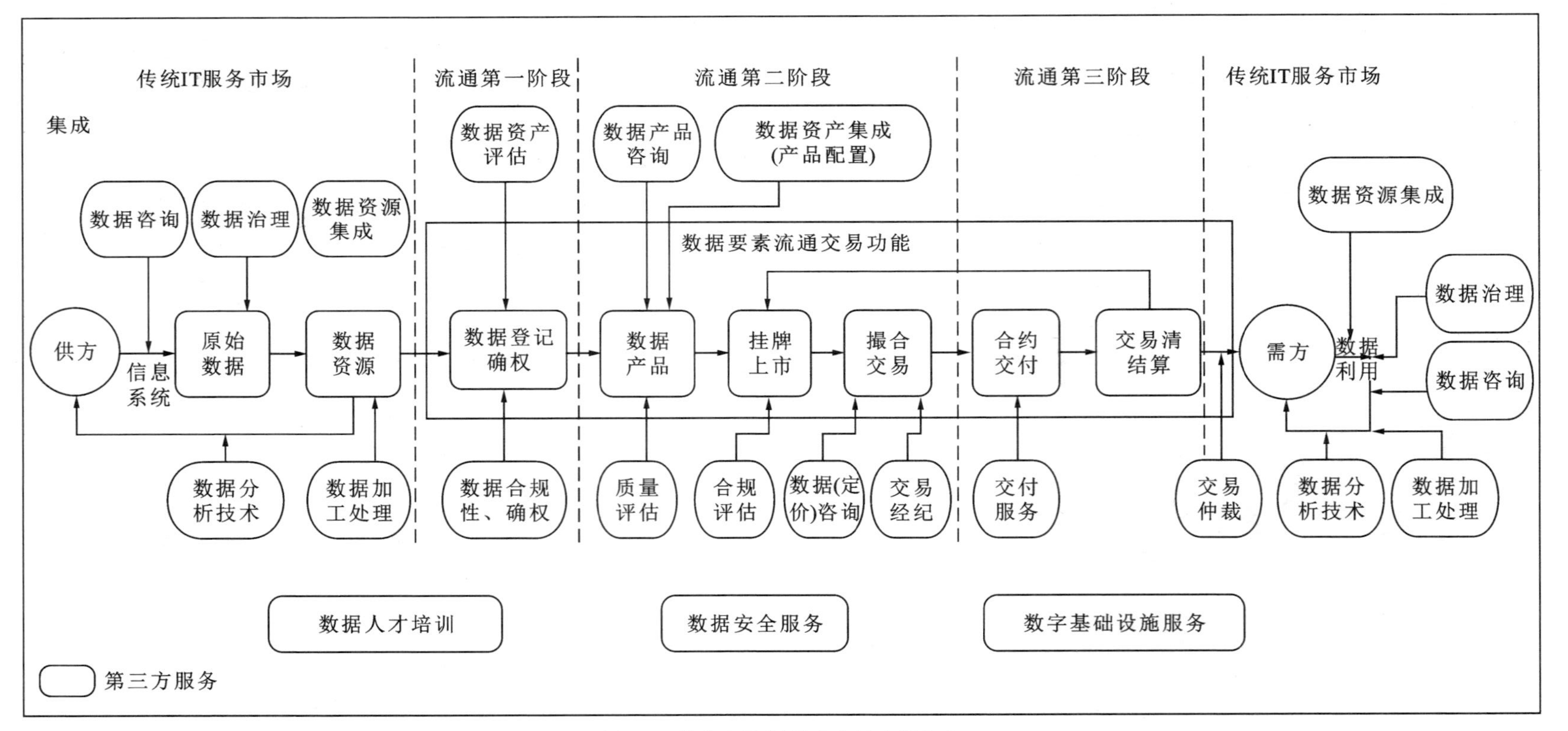

图4-3 数商在数据要素市场中的角色

笔记

按照数据要素从供应到需求的全链路，可以将数据要素市场划分为数据资源生成（将原始数据进行加工、处理生成数据资源）、数据资产化（对数据资源进行确权和资产化评估）、数据产品化和服务化（根据市场的数据需求定制数据产品）、数据交易（促进供需双方对数据产品的交易合约、交易清算和交易仲裁）、数据市场运维（保障数据市场运行的基本要素，如软硬件设施、相关人才支持、数据安全性）等各大核心业务环节。这些业务环节的执行者既来自传统IT服务市场的服务商，也来自数据交易相关的服务商。

这些数商企业贯穿于数据要素市场全链路，在数据产生、创新使用、数据流通与交易、数据技术创新、数据治理与管理等方面发挥不可或缺的作用。因此，如表4-1所示，可以将处于不同职能位置的数商企业具体分成数据基础设施提供商、数据资源集成商、数据加工处理服务商、数据分析技术服务商、数据治理服务商、数据咨询服务商、数据安全服务商、数据人才培训服务商、数据产品供应商（数据要素型企业）、数据合规评估服务商、数据质量评估商、数据资产评估服务商、数据交易经纪服务商、数据交付服务商，以及数据交易仲裁服务商等15类。

表4-1 数商分类和经营内容描述

大类	子类	经营内容描述关键词
传统大数据服务商	数字基础设施提供商	数据基础设施、数据流通技术、信息技术基础设施、云计算、区块链、云平台、操作系统、物联网、通信设备、量子计算、传感器、智能终端、服务器
	数据资源集成商	数据存储、数据中心、数据集成、数据湖、数据采集、数据中台、数据一体化、数据仓库、数据库、数据系统部署
	数据加工处理服务商	数据处理服务、数据标注、数据外包、数据清洗、数据脱敏、数据融合、数据标定、视频识别与标注、异构数据、图数据
	数据分析技术服务商	数据分析技术、商业智能、数据挖掘、数据可视化、人工智能、数据智能、AI建模、数据分析、机器学习、算法、模型解决方案
	数据治理服务商	数据治理、数据分级分类、数据标准
	数据咨询服务商	行业调研、市场研究、市场调研、信息咨询、专家咨询、技术咨询、咨询服务、数据咨询、数字化转型咨询、企业信息化咨询、数据管理、管理咨询、数字化服务
	数据安全服务商	信息安全、数据安全、安全防御、云安全、网络安全、移动应用安全、云平台安全、IT运维安全、云原生安全
	数据人才培训服务商	IT教育、IT培训、IT技术社区、IT学院、IT职业教育、IT人才、编程教育、编程培训、数据管理培训、数据分析培训

笔记

续表

大类	子类	经营内容描述关键词
数据交易相关服务商	数据产品供应商	金融（如银行、保险、证券、信托、金融科技等）、互联网、交通运输、医药健康、能源、工业制造、通信运营商等 7 大行业的 10 家头部公司（按规模）
	数据合规评估服务商	数据合规、知识产权、合规经营、公司治理、数据保护、互联网法律
	数据质量评估商	数据质量评估、数据质量修复、数据质量评价
	数据资产评估服务商	资产评估、财务咨询、资产审计
	数据交易经纪服务商	交易撮合、交易经纪、中介
	数据交付服务商	隐私计算、数据交付、联邦学习、多方安全计算、可信执行环境、融合计算
	数据交易仲裁服务商	仲裁、争议解决

数商的价值主要体现在数据要素市场建设中的主导作用，以及数字经济发展中的带动作用，前者偏重于数商在建设新兴市场体系中的创新性主导功能，后者偏重于数商运用新兴生产力在经济层面带来的提质增效功能。

（五）数据交易监管机构

数据交易监管机构主体确保了数据交易的合规性、公平性和可信度。这些监管机构有助于维护数据交易的正常运行，保护数据参与者的权益，促进产业的可持续发展。数据要素市场可能涉及的监管机构主体因地区和国家而异。不同国家的数据隐私法律、监管体系和市场发展情况都会影响数据交易的监管机构。以下是数据要素市场中可能涉及的数据交易监管机构主体。

1. 数据保护机构

这类机构负责确保在数据交易中保护个人隐私和数据安全。它们可能制定隐私政策、规则和法规，监督数据的合法收集、使用和共享，确保数据的处理遵循隐私权法规，例如欧盟颁布的《通用数据保护条例》（GDPR）、美国颁布的隐私法律《加利福尼亚州消费者隐私法案》（CCPA）等。

2. 竞争监管机构

这些机构关注数据交易市场中的竞争问题，以防止数据垄断和不正当竞争。它们可以监督市场参与者之间的公平竞争，维护市场的公正和透明。

笔记

3. 金融监管机构

如果数据交易涉及金融数据或与金融市场紧密相关，金融监管机构可能参与监管以确保数据交易的透明性和合规性，这有助于防止金融欺诈等不当行为。

4. 通信和技术监管机构

对于涉及通信、互联网和技术方面的数据交易，这些机构可能监管数据传输的安全性、网络基础设施的可靠性，以及数字服务提供商的合规性。

5. 行业监管机构

针对特定行业领域的数据交易，可能有专门的行业监管机构，它们负责确保数据在特定行业内的合法使用、共享和交易。

在国内，联合监管机制保障数据产品交易合法合规成为产品交易市场监管的发展趋势。国务院印发的《"十四五"数字经济发展规划》提出要"强化跨部门、跨层级、跨区域协同监管，明确监管范围和统一规则，加强分工合作与协调配合"，"探索开展跨场景跨业务跨部门联合监管试点，创新基于新技术手段的监管模式，建立健全触发式监管机制"，多跨协同监管机制已成为数字经济时代社会监管治理的必然要求。

二、数据要素市场的组织形式

数据要素市场的组织形式主要包括数据交易平台、数据银行和数据信托，其为数据的流通、共享和价值实现提供了多种途径。本部分将探讨这三种不同的组织形式，深入研究数据要素市场的变革。

（一）数据交易平台

数据交易平台是数据作为生产要素进行交互、整合、交换、交易的平台，是推动数据要素市场建设，探索数据要素资源化、资产化、资本化改革的重要"底座"。作为数据交易的典型模式，该模式通过构建数据交易平台，吸收第三方数据，撮合数据供给者和数据需求者发生数据所有权交易。

数据交易市场类似金融领域的直接融资模式。数据需求者直接从数据提供者处获得数据，两者之间具有直接经济关系。数据提供者有较强的自主性，可自行决定把数据提供给哪些数据需求者。与金融市场存在集中化市场和场外市场一样，数据交易市场也有集中化市场和场外市场之分，前者适用于标准化程度较高的数据交易，后者适用于个性化、点对点的数据交易。

在证券市场，存在场外交易（OTC 市场），投资者通过银行或券商的柜台完成证券交易。OTC 交易是一种一对一、交易的非标准化合约，优点是交易方式和交易标的物非常灵活。我国各地数据交易机构采用两种最主要的交易模式：一是以企业为主导的数据撮合交易模式，又被称为"数据集市"，以交易粗加工的原始数据为主，也称为直接交易模式；二是政府主导的数据增值服务模式，买卖双方交易经过加工之后的定制化的数据产品。第一种模式是场外市场，第二种模式是场内市场，当前场外市场的交易活跃度和交易量大于场内市场。

笔记

数据要素场外交易市场的利弊与证券市场高度相似。囿于数据确权的难题，只有标准化程度高的数据要素才适合集中化的交易市场，分散的、非标准化、点对点的场外市场更能满足多样化需求。建立分散式双边市场有利于私人数据转化为数据产品参与交易，但也可能造成过度收集和交易个人信息等问题。此外，这种交易模式存在过程不透明且非标准化、完整数据集的质量不可控等问题。多层次数据要素市场中，需要依托于掌握大宗数据资源的交易平台，将数据上传至交易平台的云端，由交易平台提供技术支持，开发更加多样化的数据产品和服务，场内交易是数据要素交易的主要方式。

由于数据类型和特征的多样性，点对点分散的 OTC 市场可以提供多样化的需求。从理论上说，基于区块链和隐私计算技术基础建立分布式 AI 平台，可以更好地收集散落在市场和民间的数据，实现数据隐私保护、数据资产确权、数据利益分配、数据治理。在实践中，我国“数据黑市”中的非法数据交易依旧存在，监管部门从数据采集、数据交易和数据滥用等环节对“数据黑市”不断开展集中整顿，但较难完全禁止。尽管场外数据市场可以满足一些企业的需求，但如何监管场外市场仍是一个巨大的难题，所以场外市场更多的是对多层次数据交易体系的补充。

（二）数据银行

数据银行即上文提到的场外市场的组织形式之一，是一个用于管理、存储和交换数据的概念，类似于金融领域的银行。它为个人、组织和企业提供平台，使之能够有效存储、管理和共享各种类型的数据资源，包括结构化数据、非结构化数据、机器学习模型和算法等。数据银行旨在促进数据的流通和共享，提高数据的可用性和价值，同时确保数据隐私和安全。

在开放数据银行生态中，银行持有客户数据，并在客户授权下通过应用程序接口（application programming interface，API）对外共享；不同银行的客户数据不同，但同一客户的数据可以通过 API 汇总。因为不同银行介入个人数据市场的程度和管理能力不同，个人数据在银行之间通过 API 流动，在市场机制的作用下最终流向能最大化数据价值并保证数据安全的银行。这些银行将在开放银行生态中居于枢纽地位——从其他银行、金融机构和互联网平台等处汇集个人数据，并对外提供数据产品。

日本从自身国情出发，创新了“数据银行”交易模式，以最大化释放个人数据价值，提升数据交易流通市场活力。数据银行在与个人签订契约之后，通过个人数据商店（personal data store，PDS）对个人数据进行管理，在获得个人明确授意的前提下，将数据作为资产提供给数据交易市场进行开发和利用。从数据分类来看，数据银行内所交易的数据大致分为行为数据、金融数据、医疗健康数据以及行为嗜好数据等；从业务内容来看，数据银行从事包括数据保管、贩卖、流通在内的基本业务以及个人信用评分业务。数据银行管理个人数据以日本《个人信息保护法》（APPI）为基础，对数据权属界定以自由流通为原则，但医疗健康数据等高度敏感信息除外。日本通过数据银行搭建起个人数据交易和流通的桥梁，促进了数据交易流通市场的发展。

笔记

案例 4-1

国内首个基于“数据银行”的政务数据授权运营模式——易华录

国内首个基于“数据银行”的政务数据授权运营模式落地于江西抚州。作为央企控股、实力出众的大数据公司，易华录转型成为数字经济基础设施的建设和运营商后，业务主要围绕政企数字化与数据运营服务，坚定以数据湖战略为中心，围绕超级储存和数据变现两大业务主线提升数据资产化服务能力。公司基于“数据银行”理念打造了数据资产化平台易数工厂，实现了数据所有权和运营权的分离，着重关注消除业务壁垒，为数据需求者与数据拥有者提供全链条的数据资产化服务。数据所有方以“受托”的方式提供受托存储、受托治理和受托运营服务；数据运营双方建立数据“可用不可见”数据要素共享新范式——数据实验室模式，并采用多方安全计算、可信计算、联邦学习和区块链等技术实现数据的隐私保护和数字经济的协调发展。

易华录打造并持续运营抚州数据资产交易中心，该项目采取“数据银行”政务数据授权运营模式，获抚州市委、市政府全域数据治理授权。目前，抚州“数据银行”已汇集工商、司法、税务、社保、公积金、电力、能源等 30 余家政府委办局共计 1500 余张表格，约 16 亿条政务数据，并实现了按时稳定更新，持续赋能金融、医疗、农业、交通、文旅等行业，推动城市建设。

（三）数据信托

数据金融服务是数据要素增值变现的延伸路径，服务主体通过开展数据资产质押融资、数据资产保险、数据资产信托、数据资产担保、数据资产证券化等金融创新服务，为相关主体提供咨询及技术服务。当前，由于各类关于数据的法规、确权及价值评估体系等尚未完善，因此基于数据的金融服务模式及实践多数尚处于探索阶段。

在数据信托方面，该模式基于我国相关法治建设及研究实践，将数据全部或部分权利与权益作为信托财产，由受托人对其进行管理、运营和收益分配，并以信托法律关系约束当事人之间的权利及义务，平衡各方权利义务关系，实现数据资产化，丰富数据产品提供方式，促进数据要素流通。数据信托作为制度安排工具，在数据的资产登记、委托管理、数据融合、数据开发利用、收益分配、权益保护等环节提供产品和服务。

数据信托的概念在欧盟和英国很受重视。英国开放数据研究所（open data institute，ODI）提出数据保管人（data steward）的概念。数据保管人决定谁在何种条件下可以使用数据，以及谁能从对数据的使用中获益。一般情况下，收集并持有数

笔记

据的机构承担数据保管人角色。在数据信托下，收集并持有数据的机构（即委托人）允许一个独立机构（即受托人）来决定如何为一个事先确定的目标（这里包含受益人的利益）而使用和分享数据。因此，数据信托扮演数据保管人的角色。数据信托中的受托人一方面有权决定如何使用和分享数据，以释放数据中蕴含的价值；另一方面要确保其决定符合数据信托的设立目标以及受益人的利益。

ODI 认为，数据信托具有以下六点好处。

第一，作为一个独立机构，数据信托的受托人能平衡不同委托人在使用数据以及如何使用数据等方面相互冲突的观点和经济激励。

第二，数据信托可以帮助多个委托人更好地开放、共享和使用数据。

第三，数据信托有助于降低数据保管和分享等方面的成本以及对专业技能的要求。

第四，数据信托为初创公司和其他商业机构使用数据并开展创新工作提供了新机会。

第五，数据信托能“民主化”数据使用和分享的决策权，使人们对自身数据有更大的话语权。

第六，数据信托有助于数据收益的分配更广泛、更平等且符合伦理道德。

案例 4-2

“航数空间”——数据信托与数字信任开放生态

国内关于数据信托的实践方面，中航工业产融控股股份有限公司（以下简称中航产融）发起成立“数据信托与数字信任开放生态”，围绕机制创新与服务创新，与合作伙伴共同发掘和培育数据要素的巨大价值，服务数字经济高质量发展。聚焦航空主业方面，中航产融下属中航信托股份有限公司、金网络（北京）电子商务有限公司联合相关单位，共同探索“航数空间”项目，促进行业数据要素全流程流通的可信数据集成服务平台。通过运用信托财产独立性原则构建可信数据管理制度基础设施，利用区块链、隐私计算等新一代信息技术研发应用构建可信数据技术基础设施，通过产融结合金控平台，导入产业资源、金融资源、技术资源，建立形成可信数据服务商集成服务平台，通过市场化手段，解决数据流通痛点与堵点。

三、数据要素的交易模式

从数据要素交易的供需关系的角度，数据产品交易可分为直接交易、单边交易和多边交易三种模式。

笔记

原始数据直接交易。数据产品根据市场需求生成，交易内容与形式较为开放，交易双方就数据类型、购买期限、使用方式、转让条件等均由供需双方自行商定，属于“一对一”的交易模式。

“一对多”的单边交易模式。数据交易机构以数据服务商身份，对自身拥有的数据或通过购买、网络爬虫等收集来的数据，进行分类、汇总、归档等初加工，将原始数据变成标准化的数据包或数据库再进行出售，一般采用会员制、云账户等方式，为客户提供数据包（集）、数据调用接口（API 接口）、数据报告或数据应用服务等，属于“一对多”的单边交易模式。

平台化多边交易模式。数据交易机构作为完全独立的第三方，为数据供应方、需求方提供撮合服务，属于多边交易方式。这种模式下存在两种情况：第一种情况是平台仅提供供需撮合服务，平台本身不存储和分析数据，仅对数据进行必要的实时脱敏、清洗、审核和安全测试，也不参与供需双方的数据交易、定价等过程；第二种情况是数据交易机构不只提供撮合服务，还会根据不同用户需求，围绕数据资源进行分析、建模、可视化等操作，为需求方提供定制化的数据产品或服务，实现交易流程管理。

具体地，数据要素交易模式可以从数据交易机构模式、产业数据上下游交易模式和数据要素服务创新模式三个方面进行分类。

（一）数据交易机构交易模式

1. 场内交易，灵活交付

如图 4-4 所示，此类数据交易机构的商业运营模式为：数据供需双方在数据交易机构达成数据交易合约，依照合约约定，完成交付及清结算流程，交易机构为双方提供交易凭证，对于交易主体交付地点不进行时空限制，对交付方式允许双方协商进行。数据交易机构交易标的物主要包括数据服务、数据集、数据项、数据产品等类别，交易方式的不同主要取决于数据的敏感级别和供方的要求（产品的特性）。如，大宗商品价格指数、企业信用记录等查询服务往往通过 API 接口，根据所查得的数据计费；指数报告、客群画像等产品通过一次性交付进行交易；房地产数据、产业数据等数据集则通过直接转移交付或者可信算法环境提供服务。

图 4-4 “场内交易，灵活交付”流程图

笔记

案例 4-3

上海数据交易所

上海数据交易所成立于2021年11月25日。上海数据交易所交易操作流程为：在交易准备阶段，挂牌前要求数据产品完成合规、数据质量等一系列评估，在上海数据交易所的全数字化系统完成线上挂牌；在交易合约阶段，交易主体根据交易规则，采用“供方定价、供需议价”等市场化定价方式，达成数据交易合约，依照合约约定，供需双方完成交付及清结算流程，数据交易完成后，上海数据交易所为交易方提供交易凭证；在数据交付阶段，根据敏感级别，将数据分成S1～S4级，不同的数据产品，根据其所属分类等级，对应不同的交付方式和交付技术，交付不受时空限制，可由交易主体双方进行协商，同时可选择第三方交付服务商，实现交付安全、合规、成本、效率等方面的最佳平衡。

2. 场内备案，灵活交付

此类数据交易机构的商业运营模式为：数据交易机构开展多种形式的数据及数据产品上架、登记、备案及交易，既支持API各类数据接口的交易，又支持各类数据产品的交易，同时还支持特定业务场景下数据使用权的交易。这类交易机构的典型特征是既支持场内交易交付，又支持场外交付后的登记备案。此类机构的创新点在于，对于重要数据及高价值数据的流动突破了未加工或粗加工的数据买卖初级模式，在支持使用权的数据交易场景下，依托交易平台，将数据和算法（含模型和参数）等资源组合成可被多方签署认可的计算合约，运用算力进行加工，并借助多方安全计算、联邦学习、可信执行环境等安全融合技术和区块链技术，在保证数据隐私的前提下，支撑数据处理服务、数据产品及其应用、数据集、衍生服务等交易活动。

案例 4-4

北京国际大数据交易所

北京国际大数据交易所（以下简称北数所）成立于2021年3月，定位于打造国内领先的数据交易基础设施和国际重要的数据跨境流通枢纽。相较于单一的居间服务商，北数所已从单纯数据交易扩展到提供算力、算法交易的数据综合服务商，进而发展到数据衍生品及数字资产交易商，从数据价值的等量交换扩展到金融价值的放大创造。其交易服务特点为：在交易标的物管理方面，实行数据分级分类管理，创新免费开放、授权调用、共同建模、

笔记

联邦学习、加密计算等多种融合使用模式；在数据流转方面，探索从数据、算法定价到收益分配的涵盖数据交易全生命周期的价格体系，形成覆盖数据全产业链的数据确权框架；在产业链延伸方面，培育数据来源合规审查、数据资产定价、争议仲裁等中介机构，推动产业链创新发展；此外，交易所还探索建立数据资产评估定价、交易规则、标准合约等政策体系，探索多层次的市场准入机制，在交付方面统一使用平台实现，并积极推动将数据创新融通应用纳入“监管沙盒”。

（二）产业数据上下游交易模式

1. 搭建“数据空间”，促进产业数据流通

“数据空间”概念最早于2014年提出，为解决工业4.0过程中数据互联和流通的难题，德国联邦教研部率先提出打造“数据空间”，即建立一种基于标准通信结构、促进数据资源共享流通和价值释放的虚拟空间。该模式结合数据使用者、数据提供者、认证中心、中间代理商等10种主体在数据共享流通中的作用，建立了一个涵盖五层架构、三个维度、四类主体、三大流程的国际数据空间参考架构模型。“数据空间”的数据集流通共享模式在德国工业领域试点使用后，逐步辐射到国家的整个产业链，后期逐步延伸至整个欧盟及世界有关国家。

“数据空间”模式在产业数据流通过程中具有可执行和操作性，究其原因主要有以下几点。

一是加强可信认证，确保数据生态环境的可信任，“数据空间”从静态和动态两个层面进行严格认证，使参与各方彼此建立信任。

二是运用数据连接手段，作为数据流通的重要技术设施，通过连接器定义数据流，把其作为完成数据空间分布式数据安全交换的一项重要网关设施。

三是机制建立标准化，通过智能合约方式灵活实施，在数据权属确立方面采取“数据自主权”理念，数据所有者有权决定谁能访问和使用其数据、数据使用限制要求，以及拟定数据使用合同具体条款、决定定价方式等，并且通过智能合约方式加以实施，以数字方式促进、验证或执行合同的谈判或履行，破解数据确权管理和定价机制难题。

当前，国内部分省市及有关机构也在探索“数字空间”有关理论的创新及应用，部分在健全公共数据管理和运营体系过程中，加强数据要素相关标准和技术研究，探索构建个人和法人数字空间，完善数据交易流通平台建设和机制创新；以场景应用需求为牵引，面向供应链管理、协同研发等场景，建设安全可信的数据共享空间。

2. 借助“数据链主”，牵引上下游数据流通

此类数据流通服务模式主要对标产业链“链主”思维，从数据链、价值链角度，选取具有产业生态主导力、数据体量大、数据运营及安全能力强的龙头企业（称其为“数据矿主”或“行业数据资源枢纽型”企业）作为数据流通试点牵头单位，发挥其产业链业务场景丰富耦合、生态伙伴关系信任度高的独特优势，构建行业领域数据供

笔记

需主体的信任关系，拉动产业链上下游数据融通。借助“数据链主”带动的数据流通交易，此类数据流通交易形式，一部分为借助工业互联网、产融合作等平台，带动产业链上下游数据撮合及人才、资本、知识、生态等供需对接；另一部分，通过借助自身对产业链企业的资源配置和影响力，引导通过交易服务机构实现数据挂牌、交易及交付。

汽车大数据共享服务平台

中汽创智科技有限公司通过搭建“汽车大数据共享服务平台”，探索异业合作场景，激活汽车行业数据生态，通过数据挖掘实现数据价值释放。公司通过探索自动驾驶领域关键基础数据的同业合作共享，加快基础数据的积累，推动技术的快速迭代。平台围绕数据流通制度建设、共享生态培育、核心技术应用与突破、应用场景驱动业务等四个方向进行建设与服务。在运营中基于区块链技术形成一套数据要素交易机制，为多方共同参与的数据要素的资产评估、登记结算、交易撮合、争议仲裁提供切实保障，探索以数据资产服务信托为可信数据流通制度，实现数据要素市场化配置的制度创新、产品创新、数据金融模式创新及运营模式创新。

（三）数据要素服务创新模式

大力发展数据资产评估、登记结算、交易撮合、争议仲裁等市场运营体系，培育一批数据交易服务商，为市场参与者提供专业化、体系化服务，已成为当前数据要素市场培育过程中的重要环节。以下梳理了数据要素市场目前开展的相关第三方服务的主要内容。

1. 数据合规评估

数据合规评估通过相关服务主体，建立一套高效可行的数据资产交易合规评估体系，帮助交易所在数据资产交易的不同阶段实现标准化、体系化的合规评估流程及规范（见图 4-5）。对于数据供应方而言，专业的数据合规评估服务会在交易流程中的数据准入、上架及交易阶段进行数据产品的合规评估和质量管理，通过诸如数据产品的分级分类和标签质量管理，使得资产更容易被买方接受并愿意提高成交价格，同时给出数据资产的行业公允交易数据，让其更加了解业务市场现状，从而进一步提升资产的竞争力；对于数据使用方而言，数据资产合规评估服务可以使得其在公允价值内购买到所需要的数据资产；对于第三方数据交易平台而言，专业的数据资产合规评估服务商通过建立一套科学普适的数据资产合规评估体系，帮助平台标准化、系统化地运行，促进数据资产交易的蓬勃发展。

笔记

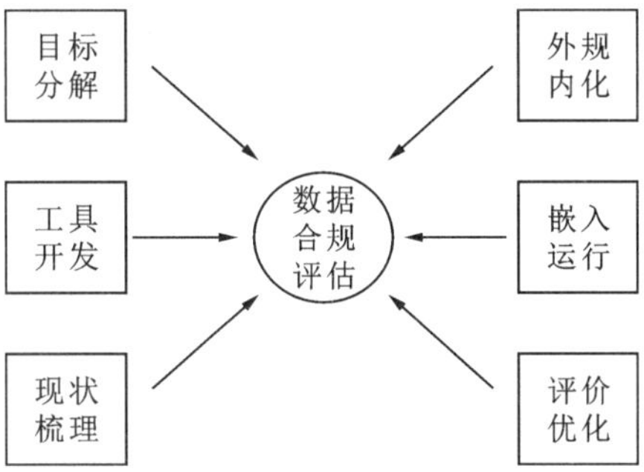

目标分解
外规内化
工具开发
数据合规评估
嵌入运行
现状梳理
评价优化

图 4-5 数据合规评估推进思路

目前该细分领域的服务提供商主要包括律师事务所和咨询服务机构等。随着行业数据应用场景的深度挖掘，在数据合规评估方面后期需有较深厚行业领域知识和经验的机构，以数据在行业的特定应用和价值呈现为导向，撮合数据需求方与数据供应方，设计数据产品的合规举措，更全面地服务于数据交易过程，帮助推进公共决策科学化、普适化，对数据资产交易市场建设和技术创新有积极的推进作用。

2. 数据资产评估

数据资产价值评估过程，需厘清数据资产在整个流通循环市场中的价值形成过程，数据资产评估主体需了解企业获取数据资源，经过判定、加工成为数据资产，通过数据应用实现数据价值并成为数据资产的过程，确定数据资产价值评估方法。当前常用的数据价值评估方法有收益法、成本法、市场法等。通过评估方法选取对不同的数据主题单元确定相应的属性值计价标准，要获得公允的“属性计量值”需要通过长期的积累和行业应用，模拟出指导定价，这也是价值评估难以实施和统一定价的难点。数据资产评估服务类别主要涵盖：设计适用于数据资产的估值框架和模型、数据资产估值方式确认、数据资产价值认定和价值计量等内容。目前该细分领域的服务提供商主要包括会计师事务所、资产评估事务所、咨询服务机构等。

3. 数据交易撮合

数据交易撮合主要为数据提供方和数据需求方提供数据供需对接过程中的咨询和信息技术服务。目前，随着数据要素市场的快速发展，除了数据交易机构基于自身平台开展撮合买卖双方在平台交易并收取佣金的撮合服务之外，不少数据加工及处理的第三方机构也逐步面向客户开展数据交易撮合服务。总体来看，数据交易撮合服务的模式主要有以下两种。

一是基于定制化数据处理技术服务，构建产品服务矩阵，此类机构多数基于 API（应用程序编程接口）技术的标准化数据接口服务、基于 API 技术的定制化数据处理技术服务等，建立丰富的数据产品服务目录，通过平台提供买卖双方的交易撮合服务；

二是基于数据要素服务商对数据资源的全面认知和业务经验积累，通过业务咨询的方式，提供定制化解决方案服务。

4. 数据交付服务

数据交付服务是指数据的供需双方基于数据产品交易平台或系统，进行数据产品

笔记

的交付服务。当前，交付服务提供主体主要包括数据交易机构及第三方数据流通技术提供商；数据流通常用的主流技术主要为多方安全计算、联邦学习、隐私计算等。多方安全计算主要联合利用多方数据的场景，在保证各方数据不出库的前提下，完成各类大数据分析任务，计算效果等同于将所有数据集中在同一台服务器上分析；联邦学习针对联合利用多方数据进行 AI 建模的场景，在各方原始数据不出库的前提下，完成横向或纵向的模型训练、模型评估等指标任务，实现“数据不动，模型动”的效果，同时支持进行多方数据联合推理、在线预测。隐私计算等技术作为数据要素流通的协议层技术，在一定程度上解决了权属模糊导致的流通难题，但是由于不同厂商间算法原理和技术实现的差异化，会在打破“数据孤岛”后形成“计算孤岛”，因此未来必须解决跨平台互联互通的问题。

5. 数据争议仲裁

数据争议仲裁服务主要是为数据交易全过程中供需方或相关数商等主体之间发生的冲突提供争议解决服务。通过仲裁形式解决数据交易争议具有一定优势：首先，仲裁以不公开为原则，参与仲裁程序的仲裁庭等非当事人方，也均对仲裁案件具有高度的保密义务，仲裁裁决书的内容也不会予以公示，相较于诉讼而言，仲裁更能迎合数据交易对交易事项高度保密性的需求；其次，当事人具有选择己方信任的仲裁员的权利，且仲裁员不仅仅可以是法律领域的专家，还可以是来自业务领域方面（如数据安全、数据交易板块）的专业人士，仲裁更为符合数据交易所需的行业专业性；最后仲裁在处理涉及出境数据裁决方面具有一定优势，例如，根据《纽约公约》的规定，通过仲裁这一争议解决方式得到的裁决相较于诉讼而言，更便于在所在国落地执行。

在优势凸显的同时，运用该方法处理数据争议问题还存在一定风险，即关于数据类证据的数据安全处理措施问题。在数据交易类争议案件证据中，往往会包含大量的数据资料，仲裁庭或其他非当事人方在办案过程会需要处理这些数据资料。然而，数据可能出现被黑客攻击等泄露风险，如何保障数据资料在仲裁过程中的安全性是目前亟须考虑的方面。需要与政府部门、监管机构或是数据要素市场主体共同协商，探索如何从技术方面保障数据类证据的数据安全处理。

6. 知识产权服务

数据本身不受知识产权法保护，但经过技术开发或者智力创作后所生成的内容则可能被纳入知识产权的保护范围，例如，由平台衍生的数据或数据集合，它们从原始数据中经过清洗、加工、分类、整理而形成的数据产品，只要数据控制者付出足够劳动，形成有价值的智力成果，体现人类的创新活动，未来便有可能受到知识产权的保护。数据知识产权服务需深入研究数据的产权属性，探索开展数据知识产权保护的相关著作权、专利等服务。在 2021 年 10 月国务院发布的《“十四五”国家知识产权保护和运用规划》中明确提出了要设立“数据知识产权保护工程”，要求深入研究数据的产权属性，支持有条件的地区开展数据知识产权保护和运用的试点，促进数据要素合理流动。

7. 数据金融服务

笔记

数据金融服务是数据要素增值变现的延伸路径，服务主体通过开展数据资产质押融资、数据资产保险、数据资产信托、数据资产担保、数据资产证券化等金融创新服务，为相关主体提供咨询及技术服务。当前，由于各类关于数据的法规、确权及价值评估体系等尚未完善，基于数据的金融服务模式及其实践多数尚属探索阶段，数据信托为代表性数据金融服务模式。

8. 数据安全服务

数据安全服务是数据要素稳定有序运转的保障，服务主体通过运用数据安全技术手段、加强数据安全产品研发应用、建立完善的数据安全机制，防范数据泄露等安全风险，促进数据要素在安全防护的条件下实现数据的高效、安全流通。目前该细分领域的服务提供商主要包括传统的大数据安全技术提供商、咨询服务机构以及有意向开展数据要素流通探索的央企、国企等。

第三节　数据要素交易平台

数据要素交易平台作为数据要素市场不可或缺的参与主体，其设立发展与实践经验对于未来深入数据要素市场化具有重要的参考价值。本节介绍数据要素交易平台这一主体的发展概况，并结合具体实例加以分析。首先概览了我国数据要素交易平台的设立与发展历程；然后归纳总结了国内交易平台的定位与功能；最后从实践案例出发，分别列举分析了国内外具有代表性的数据要素交易平台。

一、我国数据要素交易平台发展现状

在国家政策激励引导和市场主体的不断探索下，我国数据要素市场进入了快速发展期，数据交易场所经过多轮建设后，大批商业机构陆续入场，数据交易相关服务进入发展快车道。以下分析国内数据交易平台的设立历程、现有规模、盈利模式以及法律支撑与政策环境。

（一）阶段性发展历程

我国数据交易机构的发展至今经历了两大发展阶段（见图 4-6）。

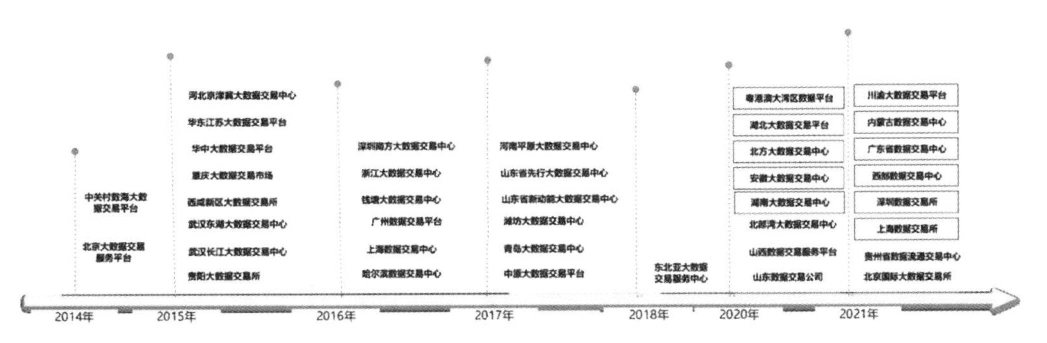

图 4-6　全国数据交易中心（所）建设历程

笔记

借鉴传统要素市场化的发展经验，自2014年开始，全国各地开始建设数据交易机构，提供集中式、规范化的数据交易场所和服务，以期消除供需双方的信息差，推动形成合理的市场化定价机制和可复制的交易制度。2015年4月，全国第一家大数据交易所——贵阳大数据交易所批准成立，标志着数据交易平台发展进入第一阶段。随着数据交易机构数量猛增，仅2015年成立的数据交易平台就有8家。2014—2017年是我国数据交易机构的第一轮快速发展期，这期间国内先后成立了23家由地方政府发起、指导或批准成立的数据交易机构。但由于数据交易上位法的缺失、数据确权困难等数据交易的核心问题尚未解决，2018—2020年数据交易平台处于缓慢发展期。

2021年以来，我国数据交易机构迎来新一轮的发展热潮。同年北京、上海、深圳等数据交易平台的成立标志着数据交易机构的发展迎来第二阶段的提升，数据交易平台建设浪潮再起。截至2022年8月，全国已成立40家数据交易机构，本次的数据交易平台多以政府牵头、国资引领和企业化运营为特征，更加明确数据要素的应用场景，多数平台的注册资本在5000万元～1亿元。

（二）设立规模与地域分布

随着数据要素地位的确立，数据产品交易的变现能力有所提升。在国家政策的推动鼓励下，数据产品交易从概念逐步落地，部分省市和相关企业在数据定价、交易标准等方面进行了有益的探索。随着数据产品交易类型的日益丰富、交易环境的不断优化、交易规模的持续扩大，我国数据变现能力显著提高。2019—2021年我国数据交易市场规模呈现快速增长趋势，2021年数据交易市场规模达463亿元（见图4-7）。

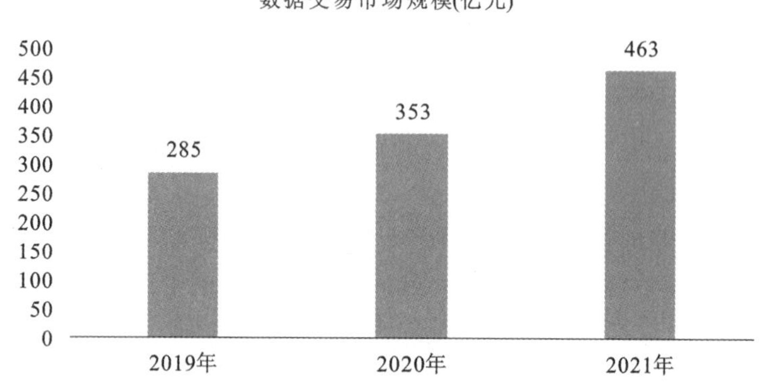

图4-7 2019—2021年中国数据交易市场规模

截至2022年8月，全国已成立40家数据交易机构，平台的注册资本多数介于5000万元至1亿元之间。近几年注册成立的数据交易公司融资力量雄厚，例如北京国际大数据交易有限公司注册资本为2亿元，上海数据交易所有限公司注册资本8亿元，郑州数据交易中心有限公司注册资本为2亿元。

数据交易所或交易中心多由国有资本控股，上市公司也是重要股东之一。40家数据交易平台中超过一半为国资主导公司制或100%国资公司制企业。贵阳大数据交易所计划股改为国资100%控股，北京国际大数据交易所由北京市国资委实控，深圳数据交易所由深圳市国资委实控。上海数据交易所和广州数据交易所也均采用国资主

笔记

导公司制。部分上市公司也持有交易所或交易中心股权，如安恒信息持有浙江大数据交易中心股权。

如图 4-8 所示，从数据交易机构的地域分布情况看，华东、华南、华中地区是数据交易平台的主要聚集地。

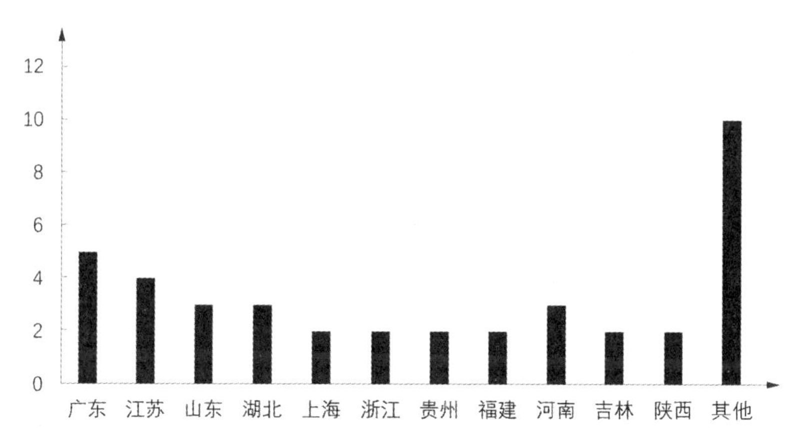

图 4-8 40 家数据交易平台所在省份分布

(三) 盈利模式

数据交易平台拥有佣金收取、会员制、增值式交易服务等多种盈利模式。

通过收取交易手续费创收的佣金模式具有简单易行、门槛低的优势，同时也存在可能抑制交易需求的弊端，数据的供求双方可能绕开平台进行交易。贵阳大数据交易所成立之时对促成的每一笔交易收取 10%佣金，于 2016 年 4 月宣布取消交易佣金制改为增值式交易服务模式。目前市场上佣金率不断降低，市场整体佣金率为 1%～5%不等。

通过收取会员费创收的会员制模式，有利于催生企业之间的长期数据合作，交易的安全性和交易质量更容易获得保障。例如华东江苏大数据交易中心的盈利模式主要是对会员收取年费，其目前拥有 6000 多家会员，从而实现平台盈利。

增值式交易服务模式下，数据交易平台已经跳出了“中间人”的身份，并部分承担了数据清洗、数据标识、数据挖掘、数据融合处理等数据服务商的职能和角色。当前大部分数据交易平台都提供相应的数据增值服务模式，且这一块业务在平台营收中的占比还不低。

(四) 法律支撑与政策环境

支撑数据交易的法律和政策环境日趋完善。从国家层面看，相关法律法规和政策标准助力数据交易长效健康发展（见表 4-2)。

一是以《中华人民共和国数据安全法》《中华人民共和国个人信息保护法》为代表的数据相关法律法规不断完善。

二是诸如《“十四五”大数据产业发展规划》《要素市场化配置综合改革试点总体方案》《关于加快建设全国统一大市场的意见》等相关政策的出台可以利好交易市场建设。从地方层面看，各地积极探索，先行先试，为数据交易营造了较好的政策环

笔记

境，如上海市推出《上海市数据条例》，广西壮族自治区推出《广西加快数据要素市场化改革实施方案》等。

表 4-2 国家层面数据要素交易政策一览表

政策名称	政策主要内容	颁布时间
《中共中央关于坚持和完善中国特色社会主义制度 推进国家治理体系和治理能力现代化若干重大问题的决定》	提出“健全劳动、资本、土地、知识、技术、管理、数据等生产要素由市场评价贡献、按贡献决定报酬的机制”	2019 年 10 月
《关于构建更加完善的要素市场化配置体制机制的意见》	首次提出将数据视为新的生产要素，并明确引导培育大数据交易市场，依法合规开展数据交易	2020 年 4 月
《中共中央 国务院关于新时代加快完善社会主义市场经济体制的意见》	提出进一步加快培育发展数据要素市场，建立数据资源清单管理机制，完善数据权属界定、开放共享、交易流通等标准和措施，发挥社会数据资源价值。推进数字政府建设，加强数据有序共享，依法保护个人信息	2020 年 5 月
《建设高标准市场体系行动方案》	提出“建立数据资源产权、交易流通、跨境传输和安全等基础制度和标准规范”“积极参与数字领域国际规则和标准制定”	2021 年 1 月
《中华人民共和国国民经济和社会发展第十四个五年规划和 2035 年远景目标纲要》	提出要对完善数据要素产权性质、建立数据资源产权相关基础制度和标准规范、培育数据交易平台和市场主体等作出战略部署	2021 年 3 月
《国家标准化发展纲要》	提出“建立数据资源产权、交易流通、跨境传输和安全保护等标准规范”	2021 年 10 月
《“十四五”大数据产业发展规划》	提出要建立数据价值体系，提升要素配置作用，加快数据要素化，培育数据驱动的产融合作、协同创新等新模式，推动要素数据化，促进数据驱动的传统生产要素合理配置	2021 年 11 月
《要素市场化配置综合改革试点总体方案》	提出完善公共数据开放共享机制，建立健全数据流通交易规则	2022 年 1 月

笔记

续表

政策名称	政策主要内容	颁布时间
《“十四五”数字经济发展规划》	提出要充分发挥数据要素作用、强化高质量数据要素供给，到2025年初步建立数据要素市场体系	2022年1月
《关于加快建设全国统一大市场的意见》	提出加快培育数据要素市场，建立健全数据安全、权利保护、跨境传输管理、交易流通、开放共享、安全认证等基础制度和标准规范，深入开展数据资源调查，推动数据资源开发利用	2022年4月
《国务院关于数字经济发展情况的报告》	提出加快出台数据要素基础制度及配套政策，构建数据产权、流通交易、收益分配、安全治理制度规则，统筹推进全国数据要素市场体系	2022年10月
《中共中央 国务院关于构建数据基础制度更好发挥数据要素作用的意见》	从数据要素、流通交易、收益分配、安全治理等四方面初步搭建我国数据基础制度体系提出20条政策举措。	2022年12月

二、数据交易平台的定位、功能与交易模式

（一）数据交易平台的定位

当前数据交易平台数量众多，从建设主体角度看，数据产品交易平台主要分为三种，即政府主导建立的大数据交易所和交易平台、企业主导型数据服务平台、产业联盟数据交易平台。

1. 政府主导建立的大数据交易所和交易平台

以贵阳大数据交易所、上海数据交易中心为典型代表，该模式下，以“国有控股、政府指导、企业参与、市场运营”为原则，交易平台一般采用会员制，制定一系列涉及数据交易和会员管理的规则，组织数据交易并提供数据储存、分析等相关服务。

2. 企业主导型数据服务平台

该类平台以提供数据产品或数据服务为主，一般是由自身拥有大量数据资源或者本身以技术为优势的企业主导建立，以数据堂、数粮等为代表的数据服务商和中国电信、国家电网、阿里巴巴等大型企业为代表，此类平台通过合作开发或购买获得数据以及在公开渠道收集、爬取数据和原始业务积累的海量数据为基础，通过开放接口或将数据加工处理后提供给数据需求方。

笔记

3. 产业联盟数据交易平台

以交通大数据交易平台和中关村大数据产业联盟为代表，为行业内的数据供需方提供开放的数据交易渠道，平台本身不参与数据交易的储存和分析，其服务和商业模式更为综合，涵盖数据汇聚、开发共享、投资等多种服务。

（二）数据交易平台的功能与交易模式

数据交易平台的功能包括解决效率问题、合规问题、安全问题和信任问题。首先，数据交易平台可以提高数据的交易效率。通过集成各种数据提供方和数据购买方，交易平台为数据交易创造了一个便捷的市场环境，这有助于数据更快速地传输和共享，节省时间和资源。其次，在涉及敏感信息和隐私的数据交易中，遵守法律法规和隐私保护要求至关重要。这些平台可以制定合同、隐私政策和数据使用准则，确保数据交易的合法性和合规性。数据交易平台关注数据安全，数据泄露和滥用是严重的问题，可能导致重大损失。平台方通常采取各种安全措施，如数据加密、身份验证和访问控制，以确保数据在传输和存储过程中的安全性。最后，数据交易平台有助于建立信任，通过提供透明的交易过程、评估数据提供方和购买方的信誉，以及建立反欺诈措施，有助于增强参与者之间的信任，从而促进更多的数据交易。数据交易平台的服务性质分为三种类型，分别是大数据分析结果交易模式、数据产品交易模式以及交易中介模式。

大数据分析结果交易模式下，交易所的服务内容不涉及基础数据的交易，而是根据数据需求方的要求，对目标数据进行清洗、分析、建模、可视化等操作后形成处理结果再进行出售。此类大数据交易平台具备权威性和公信力，更能吸引调动各方资源，汇聚高价值数据，包括政府部门数据和行业龙头企业数据等；由于交易数据分析结果不是原始数据，也暂时规避了困扰数据交易的数据隐私保护和数据所有权问题，有利于活跃数据交易市场。

数据产品交易模式下，交易所主要从事互联网基础数据交易和服务，建有交易平台，业务模式有以下三种。

一是根据需求方要求，利用网络爬虫、众包等合法途径采集相应数据，经整理、校对、打包等处理后出售，即数据定制模式。

二是与其他数据拥有者合作，通过对数据进行整合、编辑、清洗、脱敏，形成数据产品后出售。此类大数据交易平台完全采取市场化运营，对于数据的提供方和需求方来说，接触服务本身的门槛低，更能调动交易双方的积极性，有利于各类数据的汇聚和开发使用。

三是数据定制模式以需求为导向，使数据采集、交易更具针对性，减少了不必要的时间和人力资源浪费，提高了数据使用效益。

交易中介模式下，交易所属于开放的第三方，平台本身不存储和分析数据，而仅对数据进行必要的实时脱敏、清洗、审核和安全测试，作为交易渠道，通过 API 接口等形式为各类用户提供出售、购买数据（仅限数据使用权）服务，实现交易流程管理。这一模式同样完全市场化，可以调动企业提供、购买数据的积极性，促进供需方进行公平交易，并有依托产业联盟促进数据交易生态形成的优势。

笔记

三、国内外代表性的数据交易平台

（一）国外代表性的数据交易平台

1. Factual

Factual是一家总部位于美国加利福尼亚州洛杉矶的大数据交易平台公司。该公司成立于2008年，旨在为企业提供高质量的地理数据和位置智能解决方案。Factual的核心业务是收集、整理和分发丰富的地理数据，这些数据可用于各种不同的行业和用途，包括市场营销、广告、位置分析、商业智能和应用程序开发等。

Factual的数据来源涵盖了多个渠道，以确保数据的全面性和质量。Factual获取数据的渠道主要包括：与移动应用程序的合作伙伴建立联系，获得来自移动应用程序的位置数据；与多个第三方数据提供商合作，扩大数据的覆盖范围并提高数据的质量和准确性；与各种数据伙伴建立合作关系，以获取多样化的数据。

Factual提供多元化的产品和服务。Factual的地理数据包括详细的地点信息、商家数据以及地理区域边界等，通过分析Factual提供的数据，企业能够深入了解消费者的行为、位置趋势和偏好，从而有助于他们更精确地定位市场，并为客户提供更有价值的产品和服务。广告定位是Factual的另一个应用领域，广告投放者可以利用其数据精确定位广告受众，提高广告的效果和转化率。Factual的数据还用于商业智能分析。企业可以利用这些数据了解市场竞争情况，优化运营策略，并制定更明智的商业决策。Factual还可以提供强大的开发者工具和API，使开发人员能够轻松地访问和集成平台数据到自己的应用程序和解决方案中。如此，客户可以根据自己的需求和目标来自定义数据的使用方式。

2. Quandl

Quandl是一家总部位于加拿大的大数据交易平台，成立于2011年，专注于提供各种金融和经济数据。Quandl的使命是提供高质量的数据帮助分析师、研究员、投资者和企业作出更明智的决策。

Quandl的数据来源广泛，包括金融市场数据、宏观经济数据、财务数据等多个领域。这些数据涵盖了全球不同金融市场的信息，包括股票、期货、外汇、债券和指数等金融工具。Quandl还提供了各国和地区的宏观经济指标，如国内生产总值（GDP）、通货膨胀率和失业率等，为经济学家和政策制定者提供重要的数据支持。此外，财务数据包括公司财务报表、财务指标和股东回报数据，帮助分析公司的财务健康和投资决策。

Quandl提供多种类型的产品和服务。用户可以通过数据订阅获取实时和历史数据，以满足其各种信息需求。Quandl同样提供了便利开发人员的API访问，使开发人员能够将Quandl的丰富数据集成到自己的应用程序和分析工具中，从而更好地利

笔记

用这些数据进行自定义分析和应用开发。此外，用户还可以选择将数据下载，用于离线分析，并使用平台提供数据可视化工具，从而更高效地处理和使用数据。

（二）国内代表性的数据交易平台

1. 贵阳大数据交易所

贵阳大数据交易所是全国第一家数据流通交易场所，经贵州省政府批准成立，于2015年正式挂牌运营，在全国率先探索数据要素市场培育。贵阳大数据交易所属于综合数据服务平台，平台所有数据来自政府公开数据、企业内部数据以及网页爬虫数据。平台交易的产品类型包括API和数据包，数据包可以是原始数据，也可以是运用一定的技术手段处理之后的数据。平台交易产品涉及的主要领域包括政府、经济、教育、环境、法律医疗、交通、商业以及工业。

2021年贵州省政府对贵阳大数据交易所进行了优化提升，突出合规监管和基础服务功能，构建了“贵州省数据流通交易服务中心”和“贵阳大数据交易所有限责任公司”的组织架构体系，承担流通交易制度规则制定、市场主体登记、数据要素登记确权、数据交易服务等职能，支撑数据、算力、算法等多元的数据产品交易，依法依规面向全国提供便捷、安全的数据流通交易服务。

2. 浙江大数据交易中心数据交易服务平台开发

浙江大数据交易中心（以下简称浙数交）通过数据产品、数据技术、数据模型、供需匹配、数据流通平台建设实现数据流通服务，同时以数据加工、整合、脱敏、模型构建等服务提供额外配套数据增值支持。浙数交成立7年多来，先后在产业金融、消费金融、跨境商贸、数字营销等领域进行了多场景数据产品交易的试点和探索，2021年交易金额达6200万元，年交易数突破2亿次。

浙数交目前开发的浙江省数据交易服务平台，用户可在该平台上完成数据交易全流程操作（见图4-9）。数据供给方通过登记系统进行数据资产登记，登记成功后资产信息可以同步到交易平台，在交易平台上架。数据需求方可以上架其需求，交易平台和交易撮合服务者可以进行在线撮合，交易双方在线沟通后，可以提交订单、在线支付，支付成功后订单信息自动同步到交付系统，数据供给方通过交付系统进行数据交付。平台和生态服务者可以通过服务体系提供交易、业务、法律、财务、技术等服务，各级（省份、地市、县）各部门（网信、发改、大数据局、市场监管等）监管机构通过数据上报、区块链、隐私计算等方式进行全流程监管。

浙江省数据交易服务平台以“数据交易市场＋数据开发中台＋数据安全底座”为一体，集数据安全管理、数据应用开发、数据产品交易功能为核心的三位一体平台。平台上的数据产品包括金融科技应用、数据营销应用和政务数据开放应用等多类别。以该平台为基础，浙数交联合之江实验室、杭州金智塔科技有限公司、天枢数链（浙江）科技有限公司、浙江大学等单位发布了《数据交易平台 架构指南》等团体标准。

笔记

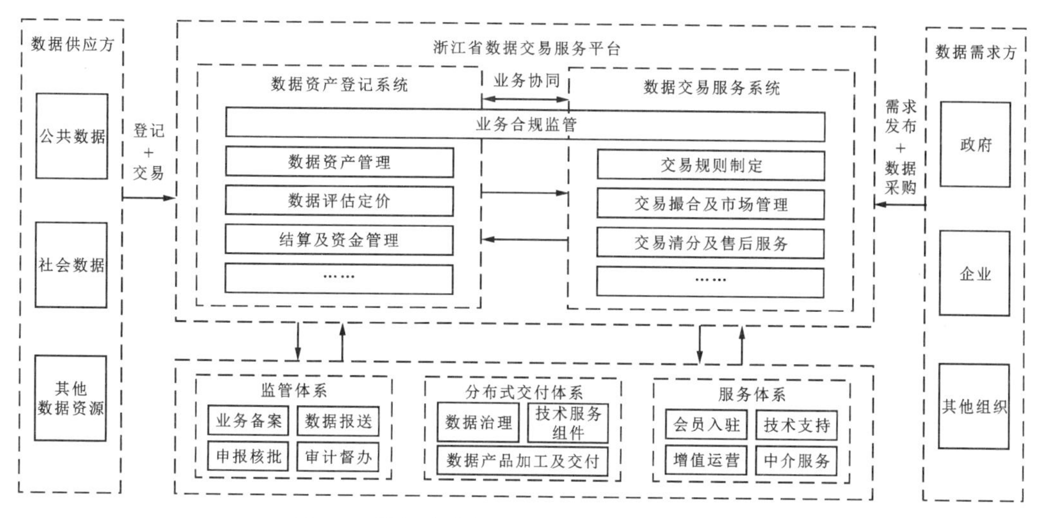

图 4-9 浙江省数据交易服务平台业务流程图

第四节 数据要素市场与要素跨境流动

第三节内容聚焦于数据要素交易平台的概念与现状，本节内容则放眼国内外数据要素市场的发展概况与实践经验，并且针对数据要素跨境流动分析其所面对的潜在问题与相应的监管措施等。

一、数据要素市场发展现状

（一）国外数据要素市场发展概况

1. 美国：数据市场政策开放，数据交易模式多样

美国发达的信息产业提供了强大的数据供给和需求驱动力，促进其数据交易流通市场的形成和发展。美国在数据交易流通市场构建过程中，通过数据交易产业推动政策和法律制定，开放的政策和法律又进一步规范了数据交易产业的发展。

首先，建立了政务开放机制。美国联邦政府自 2009 年发布《开放政府指令》之后，便通过建立“一站式”的政府数据服务平台 Data. gov 加快开放数据进程。联邦政府、州政府、部门机构和民间组织将数据集统一上传到该平台，政府通过此平台将经济、医疗、教育、环境与地理等方面的数据以各种可访问的方式发布，并将分散的数据整合，开发商还可通过平台对数据进行加工和二次开发。

其次，发展多元数据交易模式。美国现阶段主要采用 C2B 分销、B2B 集中销售和 B2B2C 分销集销混合三种数据交易模式，其中 B2B2C 模式发展迅速，占据美国数据交易产业主流。所谓数据平台 C2B 分销模式，即个人用户将自己的数据贡献给数据平台以换取一定数额的商品、货币、服务、积分等对价利益，如 personal. com、Car and Driver 等；数据平台 B2B 集中销售模式，即以美国微软（Azure）为首的数

笔记

据平台以中间代理人身份为数据的提供方和购买方提供数据交易撮合服务；数据平台B2B2C分销集销混合模式，即以数据平台安客诚（Acxiom）为首的数据经纪商（data broker）收集用户个人数据并将其转让、共享给他人。

最后，平衡数据安全与产业利益。在涉及数据保护等方面，目前美国尚没有联邦层面的数据保护统一立法，数据保护立法多按照行业领域分类。虽然脸书（Facebook）、雅虎（Yahoo）、优步（Uber）等公司近些年来均有信息失窃案件发生，但由于硅谷巨头的游说使得美国联邦在个人数据保护上进展较为缓慢。

2. 欧盟：数据立法顶层设计，加强数据主权建设

欧盟委员会希望通过政策和法律手段促进数据流通，解决数据市场分裂问题，将27个成员国打造成统一的数字交易流通市场；同时，通过发挥数据的规模优势建立起单一数字市场，摆脱美国“数据霸权”，收回欧盟自身“数据主权”，以繁荣数字经济发展。

首先，建立数据流通法律基础。2018年5月，《通用数据保护条例》（GDPR）在欧盟正式生效，特别注重“数据权利保护”与“数据自由流通”之间的平衡，这种标杆性的立法理念对中国、美国等全球各国的后续数据立法产生了深远而重大的影响。但由于GDPR的条款较为苛刻，使得推出后，欧盟科技企业筹集到的风险投资大幅减少，每笔交易的平均融资规模比推行前的12个月减少了33%。

其次，积极推动数据开放共享。2018年，欧盟提出构建专有领域数字空间战略，涉及制造业、环保、交通、医疗、财政、能源、农业、公共服务和教育等多个行业和领域，以此推动公共部门数据开放共享、科研数据共享、私营企业数据分享。

最后，完善顶层设计。欧盟基于GDPR发布了《欧盟数据战略》，提出在保证个人和非个人数据（包括敏感的业务数据）安全的情况下，有“数据利他主义”（data altruism）意愿的个人可以更方便地将产生的数据用于公共平台建设，打造欧洲公共数据空间。

3. 德国：率先打造数据空间，建立可信流通体系

德国提供了一个“实践先行”的思路，通过打造数据空间构建行业内安全可信的数据交换途径，排除企业对数据交换不安全性的种种担忧，引领行业数字化转型，实现各行各业数据的互联互通，形成相对完整的数据流通共享生态。数据空间是一个基于标准化通信接口并用于确保数据共享安全的虚拟架构，其关键特征是数据权属。它允许用户决定谁拥有访问他们专有数据的权利并提供访问目的，从而实现对其数据的监控和持续控制。目前，德国数据空间已经得到包括中国、日本、美国在内的20个多个国家及118家企业和机构的支持。

4. 英国：金融行业先行先试，促进数据市场交易

作为高度重视数据价值的国家，英国采用开放银行战略对金融数据进行开发和利用，促进数据的交易和流通。该战略通过在金融市场开放安全的应用程序接口（API）将数据提供给授权的第三方使用，使金融市场中的中小企业与金融服务商更加安全、便捷地共享数据，从而激发市场活力，促进金融创新。开放银行战略为具有合适能力和地位的市场参与者提供了6种可能的商业模式：前端提供商、生态系统/

笔记

应用程序商店、特许经销商模型、流量巨头、产品专家、行业专家。其中，金融科技公司、数字银行等前端提供商通过为中小企业提供降本增效服务来换取数据，而流量巨头作为开放银行业链的最终支柱掌握着银行业参与者所有的资产和负债表，控制着行业内的资本流动性。目前，英国已有100家金融服务商参与了开放银行计划并提供了创新服务，数据交易流通市场初具规模。

5. 日本：创新设立数据银行，释放个人数据价值

为最大化释放个人数据的价值、提升数据交易流通市场的活力，日本创新了“数据银行”交易模式。该模式的核心在于通过数据银行，以契约为基础，充分管理个人数据，并在获得个人明确授权的前提下，将数据作为资产，供应给数据交易市场进行开发和利用。数据银行通过个人数据商店（personal data store，PDS）对个人数据进行分类管理。数据银行主要从事数据保管、贩卖、流通等基本业务，并涉足个人信用评分业务，通过这些业务，数据银行在遵循日本《个人信息保护法》（APPI）的基础上，为数据权属界定提供自由流通的原则。在明确授权的情况下，这些数据可以成为流通和交易的资产。这一模式搭建了个人数据交易和流通的桥梁，促进了数据交易流通市场的发展。在法规的支持下，数据银行为个人数据的合理利用和市场交易提供了有效的机制。

（二）我国数据要素市场发展概况

1. 数据要素市场发展现状

当前，我国数据要素市场处于高速发展阶段，数据在国民经济中的地位不断突出，要素属性逐渐凸显。2020年4月，中共中央、国务院印发《关于构建更加完善的要素市场化配置体制机制的意见》，将数据列为生产要素，明确指出了市场化改革的内容和方向。数据要素市场的培育将消除信息鸿沟、信任鸿沟，促进数据资源要素化体现，推进各方对数据资源的合作开发和综合利用，实现数据价值最大化，以新动能、新方向、新特征开启数据生态体系培育新征程。

政策脉络方面，充分突显数据要素市场化配置是我国数字经济发展水平达到一定程度后的必然结果，也是数据供需双方在数据资源和需求积累到一定程度后产生的必然现象。2014年，“大数据”第一次写入国务院政府工作报告，标志着我国对大数据产业顶层设计的开始。在“十三五”期间，大数据相关的政策文件密集出台（见图4-10），为数据作为生产要素在市场中进行配置，提供了政策土壤，也推动了我国大数据产业不断发展，技术不断进步，基础设施不断完善，融合应用不断深入。各个地方积极先行先试，探索出了一条适合我国大数据产业发展的路径。

“十三五”期间，我国各要素市场规模实现不同程度的增长，以数据采集、数据储存、数据加工、数据流通等环节为核心的数据要素市场增长尤为迅速。据国家工信安全中心测算，2020年我国数据要素市场规模达到545亿元，“十三五”期间市场规模复合增速超过30%；“十四五”期间，这一数值预计将突破1749亿元，整体上进入高速发展阶段（见图4-11）。

笔记

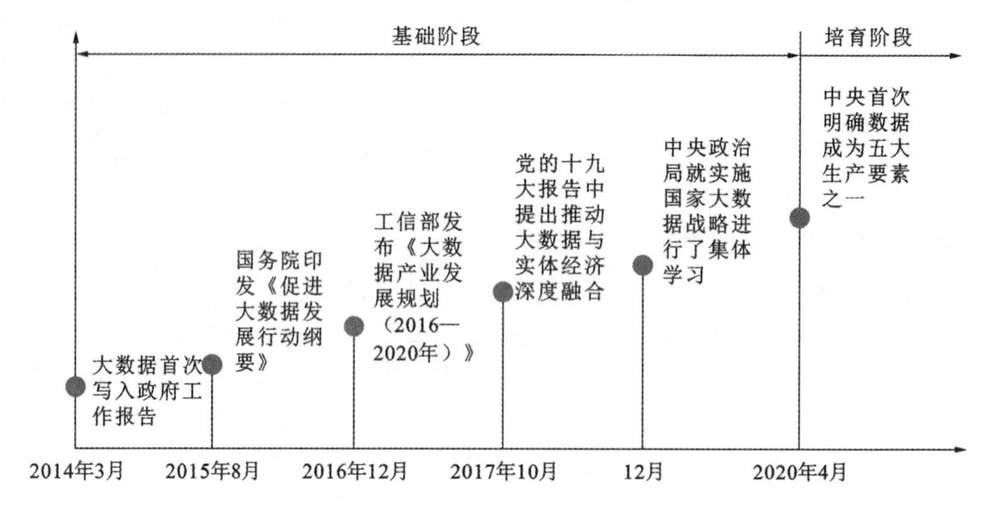

图 4-10 数据要素市场政策梳理

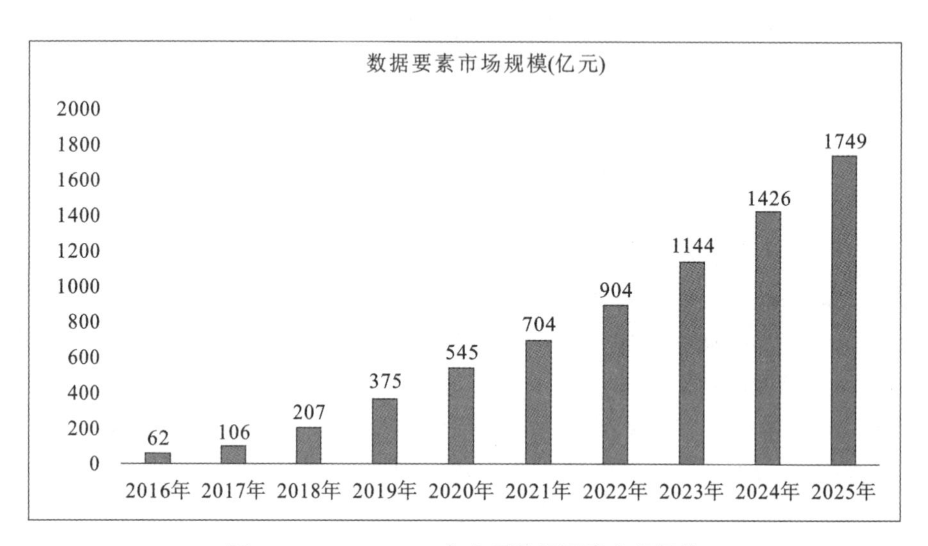

图 4-11 2016—2025 年中国数据要素市场规模

在国家政策引领、地方试点推进、企业主体创新、关键技术创新等多方合力作用下，我国数据要素市场不断探索和创新。据国家工信安全发展研究中心测算数据，预计“十四五”期间市场规模复合增速将超过 25%，整体将进入群体性突破的快速发展阶段。

在产业发展方面，全国数据交易机构逐步升级优化，服务模式和服务内容不断创新，各地围绕数据要素市场培育的路径和模式各具特色，数据要素市场交易机构、运营体系、保障机制初具雏形。

在技术应用方面，隐私计算技术从“产学研”向行业案例落地，并与区块链等技术进一步融合，在数据确权、计量、监管等方面实现了场景化应用。

在流通实践层面，数据资源基础较好的领域及行业基于先期优势，不断探索流通模式和技术手段创新，例如，以平台数据采集汇聚为特色的互联网数据流通利用，以行业数据流通交易平台为载体的强实时、高精度、高质量数据产品定制化服务，以工

笔记

业互联网场景为牵引开展的协同研发及供应链管控等，逐步形成细分领域数据要素市场差异化特征（见图 4-12）。

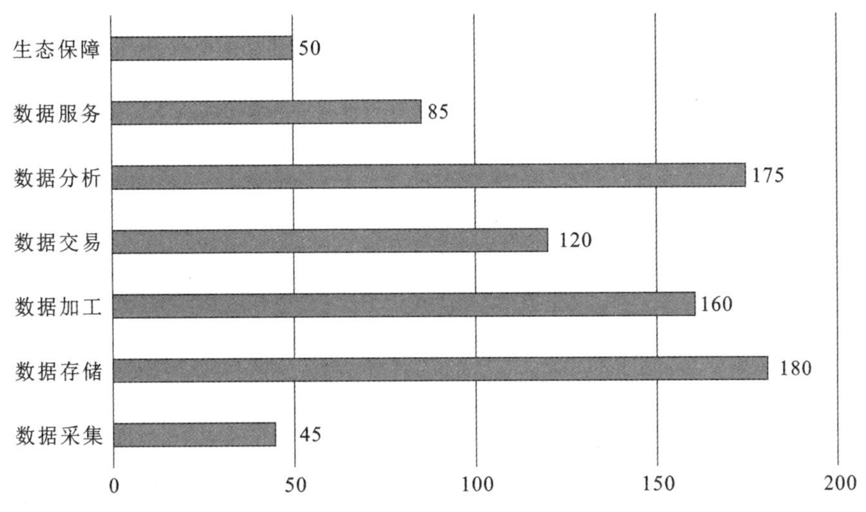

图 4-12 2022 年中国数据要素市场规模（单位：亿元）

2. 重点领域数据要素市场发展现状

（1）政务数据要素市场。

一是依托数据采集打造政务数据资源库。当前，覆盖国家、省（自治区、直辖市）、市、县等层级的政务数据目录体系初步形成，数据生产部门按照政务数据目录和相关标准规范，通过人工或系统方式采集基础数据、主题数据、部门数据，各地区依托全国一体化政务服务平台向上级数据平台或数据中心归集，由数据主管部门按数据属性建立数据资源基础库和主题库。

二是数据存储方式向集约化存储深化推进。目前，国内 31 个省（自治区、直辖市）政务云基础设施建设基本完成，超过 70%的地级市已经建成或正在建设政务云，北京、山东、重庆等多省市政务系统上云率超过 90%，各省市通过搭建集中的基础架构平台，将传统的政务应用迁移到平台，集中存储数据，提供政务数据资源管理服务。

三是多层级政务数据流通框架初步构建。针对政务数据共享交换，我国已基本建成国家、省（自治区、直辖市）、市多级数据共享交换体系，截至 2021 年 5 月，国家数据共享交换平台上线目录超过 65 万条，发布共享接口 1200 余个，累计提供数据查询/核验服务超过 37 亿次；针对政务数据开放，截至 2021 年 10 月，我国已有 193 个省级和城市的地方政府上线数据开放平台，其中省级平台 20 个，城市平台 173 个。以浙江省数据开放平台为例，目前已开放 18960 个数据集（含 9504 个 API 接口），97147 个数据项，621789.54 万条数据，平台下载调用次数达到 4148 万次。

四是政务数据融合分析以服务场景为牵引不断深入。各地区各部门依托政务大数据平台建立的政务数据仓库，围绕城市治理、环境保护、生态建设、交通运输、食品安全、金融服务、经济运行等应用场景开展数据分析应用，为多行业和多跨场景应用提供多样化共享服务。同时，围绕产业发展、市场监管、社会救助、公共卫生、应急

笔记

处理等领域，推动开展政务大数据综合分析应用，为政府精准施策和科学指挥提供了重要支撑。

五是政务数据要素市场生态保障体系加快建设。针对政务数据保障体系，目前国家以及各省市已经针对政务数据管理和安全保障制定相关标准规范，旨在促进跨部门、跨层级数据汇聚和共享，加强数据管理，提高数据质量，充分发挥数据资源价值。如贵州省依托“一云一网一平台”基础设施，已建立较为完善的数据管理、共享开放标准体系，并在数据质量方面先行先试，建立数据质量评估体系，开展共享交换平台的数据质量评估，强化数据高质量供给和保障。

（2）工业数据要素市场。

加快工业数据要素市场建设，是推动新型工业化发展的基石之一。当前，我国工业数据要素领域在加速发展，如工业数据在设备健康管理、供应链协同业务模式创新、覆盖工业全流程场景数据分析挖掘应用等诸多方面，发挥了较大作用。在工业领域，随着近几年数字化转型能力提升、产品升级等需求驱动，企业的关注点从数据中台本身转向了最终的数据变现能力。与此同时，企业内部及其上下游之间的合作越来越依赖各类数据平台和数字化工具，但又形成了新的痛点和症结。

一是亟须突破传统数据中台在面向复杂对象或复杂巨系统时，没有具体工程方法论及工具的难题。对于寻求数字化转型的工业企业而言，最为关注如何管理企业的数据要素资源，如何让数据要素产生价值并有效服务工业全流程。实践过程中，工业企业多数缺少用于处理来自复杂巨系统不同的组织域、职能域、业务域、数据域大数据的数据操作系统，即运营逻辑模型（operation logic model，OLM，）、工业信息模型（industry information model，IIM）、工业专脑（industry professional brain，IPB）、全球唯一资源编码标准（global unique resource encoding standards，GURES）等四项能力的赋能。其核心正是提高其建模的统一性、高效性和准确性，以此建立无歧义、无冗余、单一数据来源的、工业技术工程与管理工程的生产力数据库。

二是工业数据亟须从企业的生产力要素全局关联性、数据的逻辑性和多重关联性出发，形成新的“数据湖”。谈工业数据要素的前提，是从基于组织运筹学的系统工程、现代工业工程的顶层视角和全局眼光理解、应用数据。即，面向工业企业各组织域、各职能域、各业务域、各数据域的事务逻辑对象，建立其顶级模型及其直至叶子级的子模型，对应组织和处理好模型数据，并将它们进行全球唯一编码标识，形成反映复杂巨系统的各组织域、各职能域、各业务域、各数据域的无歧义、无冗余、单一数据来源的工业企业生产力数据库，形成新的“数据湖”。

三是生产力数据库缺失。工业数据多以工业现场控制设备采集数据为主，数据采集量巨大，具有较强的连贯性及关联性，工业协议互联互通也存在较大的瓶颈，等等。因此，在进行生产力要素优化配置的各种林立的应用系统软件发挥不了应有的作用，加之企业主体对工业技术工程和管理工程的事务逻辑认知有限，建设的应用系统软件越多，形成的数据孤岛、数据垃圾、数据烟囱就越多，工业数据要素无法在企业数字化转型中发挥应有作用，并造成了巨大的浪费。

笔记

四是数据安全可信的现状亟须改变。工业数据业务价值与敏感度较高，企业多明显倾向于数据本地化运行和存储，对数据安全性要求极高。国家战略引进建设的Handle标识解析体系的可信扩展、安全扩展没有完善，在工业企业实际应用推广不足，工业企业需要在数据的流通、价值转移中实质获益。

（3）互联网数据要素市场。

一是以线上线下相结合的方式进行多源异构数据采集。互联网数据涉及个人数据、经营数据、业务数据、开放平台数据等，多通过线上方式进行采集。其中，个人数据主要依靠信息主体主动上传，通过智能终端、API、SDK、IoT设备、浏览器、传感器等自动采集，抑或是通过交互、关联收集以及从第三方间接查询等方式获取；经营数据主要是在企业各管理系统中采集调取；业务数据从各类App、Web、小程序中采集；舆情数据、广告投放数据、公开金融数据等在开放网络平台中通过爬虫、API接口等方式进行采集。线下数据采集主要通过问卷调查、用户访谈、实地调研、焦点小组、用户反馈等方式，将数据沉淀、存储到企业数据库中，快速理解市场需求，敏捷迭代产品。

二是借助平台优势促进数据流通共享成为发展趋势。互联网数据流通可分为内部流通和外部流通两种。其中内部流通基于企业内部运营框架数据流，形成包含数据感知、数据决策、策略行动和效果反馈在内的数据流通闭环。外部流通主要体现为安全合规下的数据交易，通过API接口、隐私计算等技术，实现企业间的数据流通应用。目前，全国各地成立了不少数据交易机构，阿里、百度、腾讯、京东、美团、字节跳动等互联网平台型企业也基于自身的云平台产品在场内提供相关数据产品和服务。此外，聚合数据、数据宝等企业建设了数据开放平台，汇聚金融、征信、电商等多方数据，提供数据相关服务和应用。

三是海量数据分析处理能力进一步提升业务决策水平。互联网数据分析主要包括在线数据分析；离线数据分析和外部数据分析。在线数据分析通过数据采集、建模，进行多维度、海量、实时的数据分析；离线数据分析用于较复杂和耗时的数据分析和处理，每日分析处理海量数据；外部数据分析主要是通过抓取各个企业数据，分析研判市场发展趋势和行业竞争格局，进行同业竞争分析、营销投放检测等。通过数据分析并利用技术手段从海量用户行为数据中挖掘出有价值的信息，分析用户的生命周期及行为路径，建立数据指标体系、监控体系和用户模型，进行用户分层，并提供针对性产品和个性化服务，实现精准营销，促进业务增长，提升用户体验，打造数据驱动的业务新模式。

四是互联网领域数据要素市场生态保障持续加强。当前，随着海量互联网数据存储、分析、应用、流动，保障安全成为互联网数据的重中之重。配套《中华人民共和国网络安全法》《中华人民共和国数据安全法》《中华人民共和国个人信息保护法》三大法规，2021年11月，国家互联网信息办公室起草《网络数据安全管理条例（征求意见稿）》并公开征求意见，基于数据的全类型、全场景、全生命周期，对网络数据中的一般数据、个人信息、重要数据等提出具体要求，明确建立数据分类分级、数据交易管理、数据安全管理、数据安全应急处置、数据安全审计等方面的机制，构筑全面的网络数据安全保障体系。

笔记

（4）医疗数据要素市场。

一是医疗数据的存储方式目前相对单一。医疗数据作为医疗卫生行业的关键数据资产，为防止数据泄露，多数采取网络物理或逻辑隔离的方式，将数据存储在本地机房或政务云平台。依据国家卫生健康委员会（以下简称卫健委）统计信息中心发布的数据显示，98.8%的三级医院及96.1%的二级医院均建有数据中心机房，所有省级卫健委和82.3%的市级卫健委均拥有数据中心机房，59.0%的县卫健委拥有自己的数据中心机房，参与统计的医院的上云率不到一成。

二是医疗数据的加工处理逐渐智能化。医疗数据加工包括数据脱敏、患者主索引、主数据管理、数据清洗、数据映射、数据归一以及标准化和结构化处理。在此过程中，通过数据逻辑校验，对数据的完整性、准确性、一致性等方面进行质量管控，最终形成高质量的、可用的医疗数据资源。由于医疗数据治理工作繁杂耗时，利用人工智能手段，可进一步简化数据加工过程，高效地对原始数据进行脱敏、清洗、归一等，并对如诊断名称、检验/检查项目、用药名称等字段，基于ICD编码等标准完成数据标准化处理，对于自然语言描述的主观数据进行结构化处理，大大提高了工作效率。

三是政府机构主导下的医疗数据流通共享日趋成熟。近年来，国家卫健委一直在统筹推进全民健康信息平台等基础设施建设，支持医疗数据共享，制定了一系列医院和基层医疗卫生机构信息化建设标准与规范，电子病历评级、互联互通评级、智慧医院评级和检查检验结果互认等一系列措施的颁布有效地推动了健康医疗数据的互联互通。目前，全国性健康信息平台已基本建成，7000多家二级以上公立医院接入省级统筹区域平台，2200多家三级医院初步实现院内信息互通共享。

四是医疗数据的分析应用已取得阶段性进展。医疗数据的分析应用对加强运营管理、提高临床医疗水平、推动医药研究等都具有重要作用。在智慧医院领域，基于全院级临床数据治理的科研数据分析、临床辅助决策支持、医保支付，以及医院管理等应用场景纷纷落地；在医药研发领域，基于临床试验管理系统之上的自动化数据采集、数据分析以及临床试验和药物研发中的智能化应用逐渐推广；在疫情防控方面，多地利用医疗大数据和数据智能技术进行自动数据抓取、实时信息安全共享、多渠道监测预警，构建智慧多点触发预警监测平台系统，为整个疾病防控体系提供决策支持。

（5）金融数据要素市场。

一是依托业务流程采集汇聚海量数据。金融机构在其服务的全流程直接或间接从个人金融信息主体，以及企业客户、外部数据供应方等外部机构采集数据。采集方式可以分为传感器等边端设备采集、人工采集或系统采集和网络采集。银行业通过多种方式在信贷、理财、投行等多业务条线全流程采集海量企业金融数据、个人金融数据和外部数据，在中后台归集包括财务、审计等在内的银行核心数据。

二是根据数据分类分级结果匹配对应存储模式。金融数据广泛涉及个人、企业等方面数据，包含个人身份识别信息、个人隐私数据、企业敏感信息等，金融数据破坏可能对个人、企业、行业和国家安全造成重大影响。因此，金融数据存储将安全作为重要考虑因素。金融行业出台金融数据分类分级标准和安全标准，引导金融机构安全

笔记

存储数据。金融机构普遍采用私有云或混合云的方式部署数据存储载体，对于高敏感数据以私有云为主要存储载体，对于中低敏感数据则以公有云或混合云为主要存储载体。

三是以保障数据安全为前提开展数据流通探索。受监管政策影响，金融机构在数据流通共享体系中，一般充当数据的使用方而非数据的提供方角色，金融机构之间进行数据交易流通的较少。但监管政策鼓励在保证数据安全的前提下进行数据交换，对于低敏感数据，目前主要采用 API 接口的方式流通；对于较为敏感数据，目前主要采用隐私计算的方式交互，在保证“数据可用不可见”的前提下，开展数据流通探索，安全释放数据价值。

二、数据要素跨境流动的国际现状

数据跨境流动是指数据在不同国家或地区之间的传输和共享过程。数据跨境流动涉及隐私和安全等重要问题，不同国家和地区可能会有不同的法规和政策来管理和监管数据的跨境传输，以确保数据的安全和合法性。随着数字经济时代的到来，世界各国的数据流通越来越受到地缘政治、国家安全、经济发展水平和隐私保护等因素影响，对数据流通的认识不断深化，国际社会认识到数据流通能带来巨大收益。目前，已有 30 多个国家从发展数字经济视角推出了相关制度和政策，数据要素市场也日渐成熟，已经出现了多所综合性数据交易中心，在财务、商业、健康及消费者行为等细分领域建设了企业级的数据交易平台，呈现出完全市场化的状态。

（一）数据要素跨境流动规则共识

跨境数据流动正成为驱动数字经济增长的重要力量，全球数据流动规模大幅增长。据世界银行 2021 年报告估算，2022 年全球数据流动量将超过 153000 GB/s，是 2012 年的 9 倍。全球数据流动对经济增长有明显的拉动效应，据麦肯锡预测，数据流动量每增加 10%，将带动 GDP 增长 0.2%。预计到 2025 年，全球数据流动对经济增长的贡献将达到 11 万亿美元。

1. 国际组织推动跨境数据流动规则形成共识

近年来，多边机制和国际组织高度关注跨境数据流动的协调问题，G20 峰会于 2019 年发布《大阪数字经济宣言》，提出“可信任的数据自由流动”，建立允许数据跨境自由流动的“数据流通圈”，强调要在更好地保护个人信息、知识产权与网络安全的基础上，推动全球数据的自由流通并制定可靠的规则。2021 年 10 月，G7 贸易部长会议发表关于数字贸易的宣言，提出了可信数据流动的若干原则，包括：为支持数字经济和商品与服务贸易，数据应当在可信的个人和商业机构间进行跨境流动；高度关切出于保护主义和歧视理由，损害开放社会和民主原则的数据本地化措施；在反对跨境数据流动不当阻碍的同时，也要保护隐私、数据、知识产权和安全；应当就政府接触企业所控制的个人信息数据的基本原则形成共识，支持经济合作与发展组织（OECD）就此形成原则和制度蓝本；开放政府数据将在数字贸易中发挥重要作用，政府公开数据库应遵从匿名、开放、可携与无障碍使用等原则。“G7 倡议”不但拓宽了跨

笔记

境数据流动的内涵和监管适用范围，将传统上属于安全的议题扩展到若干发展事项上。更值得关注的是，G20、OECD 等国际组织可能积极响应这一倡议，利用多边机制的召集力和广泛影响力，迅速达成相关协议，推动全球跨境数据流动规则形成新共识。

2. 区域数字协定中的跨境数据流动规则不断演进变化

一方面，跨境数据流动规则形成了“允许数据跨境自由流动＋安全例外”的基本模式。条约中明确规定允许成员国有各自的监管模式，成员国应允许数据跨境流动，可出于合法保护公共政策和基本国家安全对数据流动采取一定限制；另一方面，数据流动和计算设施位置条款向鼓励数据自由流动方向发展。由于云服务的分布式业务属性，各国的数据本地化政策将大幅提高云服务等数字企业的全球运营成本，因此产生了限制各国采取“计算设施本地化”的协议内容。该条款是《跨太平洋伙伴关系协定》（TPP）中新增的一类规则，《全面与进步跨太平洋伙伴关系协定》（CPTPP）承袭了 TPP 下的跨境数据流动与计算设施位置条款。在以上协议中仍保留了成员方可以出于通信安全和保密要求进行规制，但在随后的《美墨加自由贸易协定》（USMCA）、《美日数字贸易协定》（UJDTA）中，大幅削减例外条款，限制各成员方政府因公共管理需要，对数据和设施位置进行管制的权力。

主要数字经贸协定中的跨境数据及本地化政策的比较分析，如表 4-3 所示。

表 4-3 主要数字经贸协定中的跨境数据及本地化政策

条款/协定	CPTPP	DEPA	RCEP
跨境数据流动（电子方式跨境传输信息）	第 14.11 条： 第一款认可“成员方关于跨境信息传输有其自身的规制要求”； 第二款是义务款，要求数据跨境自由流动； 第三款是“公共政策目标例外”，为实现公共政策目标可对跨境信息流动实施限制，但该措施的实施方式不构成对贸易的任意或不合理的歧视或变相限制且是适度的，不超过实现目标所需要的限制水平	与 CPTPP 相同	第 12 章第 4 节第 14 条认可各方对于计算设施位置所采取的各自措施。缔约方可以出于以下目的采取必要计算设施位置限制措施： 实现合法的公共政策目标； 保护基本安全利益
计算设施本地化（数据本地化）	第 14.13 条： 考虑各方监管要求，任何缔约方均不得要求被缔约方在该缔约方的领土内使用或定位计算设施，作为在该领土内开展业务的条件； 有各自监管要求，包括通信安全和保密要求； 不得以本地化作为开展业务条件； 为实现公共政策目标，该措施的实施方式不构成对贸易歧视，不超过实现目标所需的限制水平	与 CPTPP 相同	第 12 章第 4 节第 15 条考虑各方监管要求。缔约方可以出于以下目的采取必要限制措施： 实现合法的公共政策目标； 保护基本安全利益

笔记

续表

条款/协定	CPTPP	DEPA	RCEP
争端解决	适用争端解决机制	不适用争端解决机制	适用争端解决机制

（二）国别规则共识的潜在分歧

世界各国逐渐意识到数据流通可能对地缘政治、国家安全、经济发展水平和隐私保护等造成巨大冲击。利益的复杂性、价值观认同的差异性和国家安全所带来的信任缺乏，使得各国在短期内较难形成数据流通规则共识，国际范围内目前暂未形成统一的数据流通政策法规框架体系，采取的监管方式、倾向也各不相同。

美国基于数字经济和信息技术领域的全球领先优势，始终推崇和标榜全球数据的自由流通，秉承“谁拥有数据，谁就拥有数据控制权”原则，在限制自身数据的外流的同时，对域外的数据流通进行“长臂管辖”，允许政府跨境调取数据。美国在规则制定上主要集中在个人隐私保护领域，以隐私权为基础构建了个人数据保护法律体系。

欧盟倡导全球的数字单一市场战略，推行“欧盟数字新政”，为引领国际数据流动和保护规则作出努力，强调要确保欧盟成为“数据赋能社会”的榜样与全球领导者。一方面在内部积极推动成员国之间的数据自由流通，力促单一数字市场形成；另一方面对于境内数据向欧盟境外传输却有着严格的管控。

日本积极跟随美国的政策主张，推动跨境数据自由流动，积极参与《跨太平洋伙伴关系协定》（TPP）以及 APEC、CBPRs 等数据规则体系签署《美日数字贸易协定》（UJDTA）。同时积极弥合与欧盟在数据流通及数据保护规则方面的差异，实现与欧盟 GDPR 完成数据保护“充分性”的相互认定，签署“日欧 EPA 协定”等。

新加坡不限制数据入境，但对数据出境有要求，要求监管对象（涉及数据获取、使用、储存、传输和跨境转移的各类私人组织）建立完善的数据传输机制、审核机制以及相应的问责工具。

三、数据要素跨境流动的国内实践

近年来，数据跨境流通已经成为全球经济的重要驱动力。根据美国著名智库布鲁金斯学会的相关研究，2009—2018 年这十年间，全球数据跨境流动对全球经济增长贡献度超过 10%。我国数据要素市场需建立健全法律法规、完善监管制度以维护数据主权。

（一）数据跨境监管的立法支撑与政策背景

跨境流动监管是指对跨越国界或产生第三国访问的数据传输、处理及存储过程进行监督管控，以维护本国数据安全。跨境数据流动监管机构通过构建系统化制度体系，开展数据跨境流动双方信息采集及分析，对数据跨境流动进行审查和管理。由于

笔记

各国数据立法进展不同及对数据要素的重视程度存在差异，因此数据跨境流动监管面临着标准不统一、执行困难等问题，给国家数据安全带来挑战。因此，我国数据要素市场应完善数据跨境流动监管法律法规，扩大数据开放共享程度，积极融入国际数据跨境流动体系，并参与数据跨境流动国际法规制度制定，提升国际话语权。

2016 年 11 月 7 日，全国人大常委会表决通过《中华人民共和国网络安全法》（以下简称《网络安全法》），并于 2017 年 6 月 1 日起正式实施。该法是我国网络安全管理领域的基础性法律，对关键信息基础设施的运营者数据跨境传输的义务进行原则性规定。2019 年 6 月 13 日，国家互联网信息办公室发布《个人信息出境安全评估办法（征求意见稿）》（以下简称《办法》）。《办法》指出国家网信部门负责统筹协调数据出境安全评估工作，具体数据出境安全评估工作由各行业主管或监管部门负责，而将组织开展个人信息出境安全评估工作的职责统一归于省级网信部门。我国个人数据出境安全监督流程如图 4-13 所示。

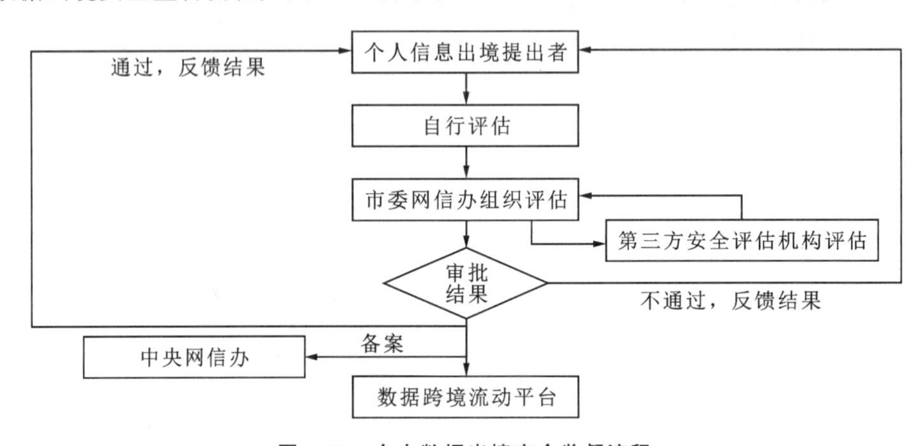

图 4-13 个人数据出境安全监督流程

4-1 保障数据出境安全与网络数据安全的规范性实践

中国积极对接国际数字规则，推动跨境数据流动监管政策不断与国际规则接轨。2020 年，我国发布《全球数字安全倡议》，阐释了汇聚全球安全共识，共享数字经济发展红利的中国主张。2021 年，我国相继颁布的《中华人民共和国数据安全法》《中华人民共和国个人信息保护法》，与《中华人民共和国网络安全法》共同构成个人信息保护和跨境数据流动监管的顶层制度。通过不断完善制度建设，对数据及个人信息在收集、处理、存储、共享、流通等各个关键环节的具体规制逐步清晰，数据跨境流动、安全评估等管理体系正在加速构建，有关地方积极开展试点、具体实施方案将进一步细化完善。我国总体上秉持促进数据安全、自由流动原则，注重参与个人信息保护的国际规则制定与规则对接。在数据流动方式上，通过立法确定了安全评估、专业机构认证、标准合同等可操作的具体措施。同时也确立了出于保护国家安全、公共利益的需要，对部分数据的跨境流动进行适度监管的制度。

（二）数据跨境交易的实践案例

深圳数据交易有限公司（以下简称深数交）广泛对接中央及地方各级部门及各类市场主体，积极探索跨境数据交易，与香港生产力促进局签订“跨境数据流通试点合作框架协议”，推进多笔跨境数据交易，场景覆盖金融、电商、互联网、医疗行业。

笔记

我国某数据科技公司通过自主研发的 NLP 算法把互联网已面向公众公开的高频非结构化新闻资讯转化为机器可读，且不包含任何个人信息的数据产品，该产品可有效预防市场风险，把握市场走向。该公司可以根据客户对数据实时性的需求，提供专业高效的数据服务。

深数交联合交易主体、第三方律师事务所等机构对该数据产品进行多方审查，对跨境数据交易业务中可能存在的风险进行识别及防控，经多方合规风险评估、审核，对潜在的风险进行剔除，形成不包含任何个人信息的、基于境外可获取公开资讯信息生产的标签类数据产品，并与分布在境外的资产管理公司进行数据产品交易（见图 4-14）。

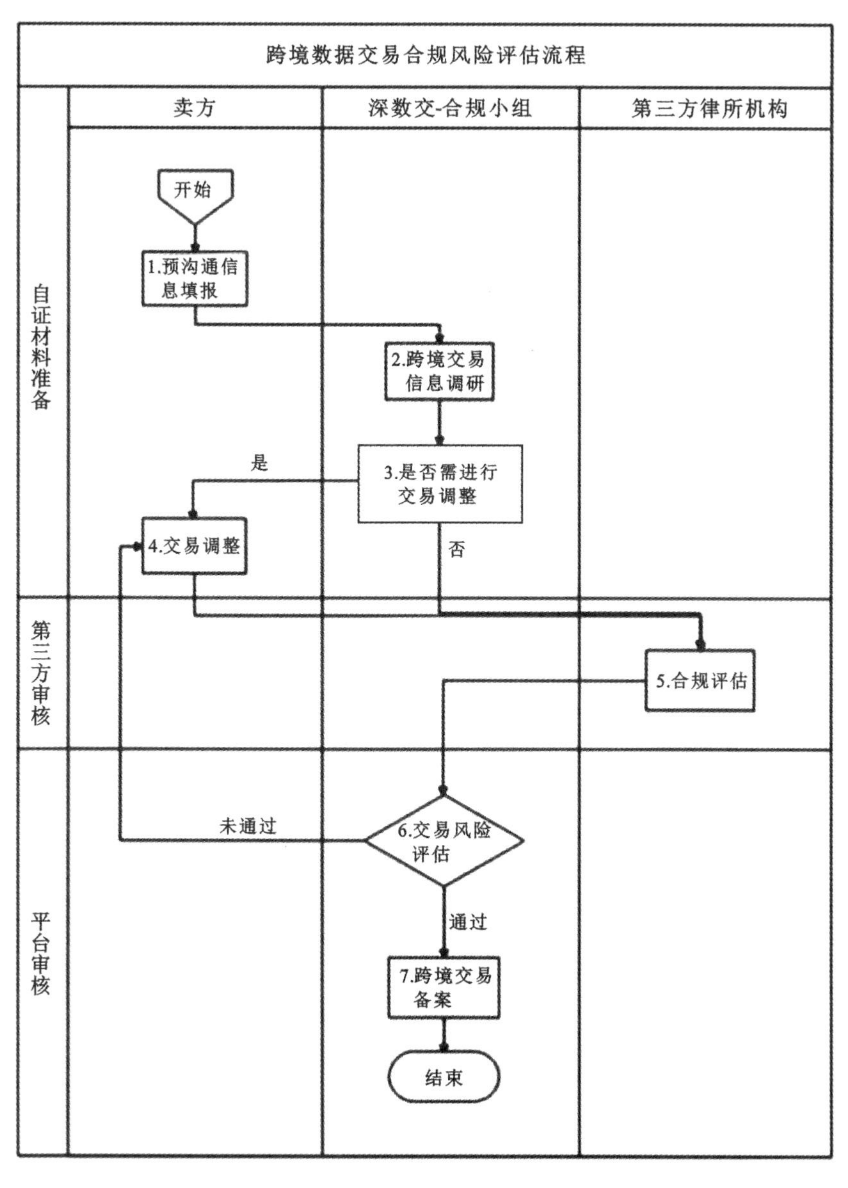

图 4-14 深数交跨境数据交易流程

笔记

思考题

1. 结合国内外数据要素交易流通标准化现状，如何平衡数据流通和个人隐私？

2. 数据要素交易流通标准与规范如何通过降低信息交易成本、提升交易效率，促进数据市场竞争和创新，进而推动数字经济的发展？

3. 在数据要素交易服务生态中，如何激励数据资源提供方与数据产品需求方之间的合作，促进数据要素市场的健康发展？

4. 数据要素交易服务生态中的监管机构如何有效平衡促进创新和保护消费者隐私的责任？

5. 结合数据交易平台发展现状，国内数据交易平台的未来发展还面临哪些难点？

6. 在国际数据要素市场中制定统一的数据跨境交易标准有哪些障碍？如何克服这些障碍？

笔记

第五章

公共数据的流通交易与应用

公共数据与公共生活紧密相连、与社会效益息息相关。作为数据资源的重要组成部分，公共数据承载着与社会效益和产业需求密切相关的丰富信息，具备赋能经济发展的强大潜能。因此，公共数据不仅是当前数据要素市场建构的重要支点，同时公共数据的开发利用也是释放数据要素价值，促进数字经济高质量发展的关键举措。本章主要介绍公共数据的流通交易与应用，并结合推进公共数据开放共享的探索经验，剖析公共数据流通交易的实践案例与应用场景。第一节概述公共数据的定义、特征与公共数据要素市场参与主体等。第二节介绍公共数据流通交易的发展历程与主要模式，包括国内外公共数据开放共享的发展历程以及中国特色数据开放的公共数据授权运营模式。第三节从我国各地探索公共数据开放共享的实践入手，整理归纳了包括政务服务、市场监管、数字乡村、智慧城市、智慧环保、智慧治理等公共数据流通交易的实践案例与应用场景。

第一节　公共数据的定义、特征与参与主体

一、公共数据概述

公共数据是指党政机关、企事业单位在依法履职或提供公共服务的过程中产生的数据。准确把握公共数据的概念本质和数据范畴，是实现公共数据要素化的前提和基础，既要避免公共数据范围的无限扩大化，更要避免应该纳入公共数据的数据要素被雪藏。

（一）公共数据的定义

近20年来，从“政府信息公开”到“公共数据开放”，我国公共数据相关制度建设取得了长足进步；与此同时，随着数据在国家发展战略层面被确认为生产要

笔记

素，推动数据流通利用以释放其价值，日益成为政策的优先目标。然而，有关“数据共享开放”的规范、实践及学术研究中，存在“政府数据”“公共数据”“公共机构数据”“公共信息资源”等多种概念，这些概念存在内涵不清、范围不明、相互混同等问题。

概念混同在地方实践中更为常见。有关数据共享开放的地方立法，法规名称或采用“政府数据”或采用“公共数据”；有的则是在政府数据的基础上，纳入承担公共管理和服务职能的企事业单位；有的则是以列举的方式，将供水、供电、供气、公共交通等公共服务机构的数据纳入“公共数据”范畴。其中对于公共数据的定义基本都涵盖了以下共同关键词：公共管理和服务机构、依法履行职责、提供公共服务。

《浙江省公共数据条例》将公共数据界定为“本省国家机关、法律法规规章授权的具有管理公共事务职能的组织以及供水、供电、供气、公共交通等公共服务运营单位（以下统称公共管理和服务机构），在依法履行职责或者提供公共服务过程中收集、产生的数据”。

《上海市公共数据开放暂行办法》将公共数据界定为“本市各级行政机关以及履行公共管理和服务职能的事业单位（以下统称公共管理和服务机构）在依法履职过程中，采集和产生的各类数据资源”。

《深圳经济特区数据条例》对公共数据的定义是“公共管理和服务机构在依法履行公共管理职责或者提供公共服务过程中产生、处理的数据”。

《苏州市数据条例》将公共数据的定义是“本市国家机关，法律、法规授权的具有管理公共事务职能的组织，以及其他提供公共服务的组织（以下统称公共管理和服务机构）在履行法定职责、提供公共服务过程中产生、收集的数据”。

《关于构建数据基础制度更好发挥数据要素作用的意见》（以下简称“数据二十条”）对公共数据同样是从履职和提供公共服务两个方面进行界定，即“各级党政机关、企事业单位依法履职或提供公共服务过程中产生的数据”。同时明确提出，要“建立公共数据、企业数据、个人数据的分类分级确权授权制度”，进一步为我国全方位培育数据要素市场，最大化释放数据要素价值提出了最新指引。

公共数据作为数据要素中权威性、通用性、基础性、可控性、公益性较强的数据类型，是数据要素的重要组成部分，也是推进数据要素作用充分发挥的有机组成部分和有力落地抓手。各级政府掌握了海量公共数据，但是存在数据孤岛、数据闭环等现象。公共数据共享受限主要是因为公共数据与国家数据安全密切相关，颗粒度较细的公共数据也往往涉及民众的各类隐私。分类分级的数据授权机制是实现数据共享的基础，根据公共数据敏感程度的高低制定分级授权机制，根据公共数据使用场景的差异化制定分类授权机制。通过分类分级的数据授权机制，可以在保证公共数据安全的前提下，一方面推动公共数据在不同政府部门、不同行政区域的流动，赋能数字政府的“数治”和“数智”能力；另一方面向数字经济实体共享公共数据，促进公共数据作为数据要素进入数字经济各行各业的生产活动。

笔记

二、公共数据的特征

（一）公共性特征

公共数据定义明确了公共数据的涵盖范围，即两类主体（各级政府部门、企事业单位）与两类过程（依法行政履职、提供公共服务）中产生的数据，因而公共数据在拥有数据要素共性的基础上，兼具公共性特征。公共数据的公共性特征主要体现在以下三个方面。

首先，公共数据产生主体具有公共性，除各级党政机关外，定义中提到的提供公共服务的企事业单位，通常包括教育、卫生健康、供水、供电、供气、供热、环境保护、公共交通等领域的公共企事业单位。

其次，公共数据产生过程具有公共性，公共数据是在依法履职或者公共服务过程中产生的，整个过程的出发点是提升公共部门的公共服务效率和水平。

最后，相较于其他类型数据要素，公共数据具有鲜明的开放共享特征。公共数据的开放共享是各级党政机关和企事业单位为享有数据权利，应承担的一项义务。公共数据的开放共享旨在为全社会提供可机读、可复用的数据要素，进而促进生产效率的提升。公共数据与公共生活紧密相连、与社会效益息息相关。政府事务始终与公众生活中的方方面面紧密相连，因而在政府公务中产生的公共数据承载着与社会效益和产业需求密切相关的丰富信息，具备赋能经济发展的强大潜能。

（二）多源性特征

由于公共数据在采集、存储、使用、加工、传输、提供和开放等处理过程中涉及多源主体，决定了公共数据的多源性特征。以采集为例，公共数据的采集者涉及政府、企事业单位、社会组织和团体等多源主体，其采集对象（被采集者）涉及法人和自然人等多源主体。主体的多源性决定了公共数据是以分散、开集、变动、多样、海量的状态存在。

（三）权威性特征

公共数据管理持有主体涉及政府、企事业单位、社会组织和团体，本身具有较高的公信力，公共数据采集、存储、使用、加工、传输、提供和开放过程须严格遵循相关业务规范和标准，具有较高的准确性、严谨性和权威性。

（四）稀缺性特征

由于公共数据是在提供公共管理和公共服务的过程中产生的，大多数主体履行的公共管理或者公共服务的职能都是依法依规产生或者依法依规授权获得的，具有垄断性、排他性甚至唯一性（如公安、社保）的特征，决定了公共数据只有少数来源甚至唯一来源，具有较大的稀缺性和不可替代性。

（五）高价值性特征

公共数据涉及政治、经济、社会、文化、生活的各领域和各层面，严格按照一定

笔记

的公允标准采集、存储、使用、加工、传输、提供和开放，使数据呈现体量大、质量高、门类齐全、体系完整等特点，应用场景覆盖面较广，与现实的政治、经济、社会和文化生活相关性高，价值密度较高，融合应用效果好，具有较高的开发利用价值。

（六）敏感性特征

公共数据反映整个国家政治经济社会文化运行整体情况，数据经汇聚融合后，可用于公共决策分析，涉及国家安全和个人权益，具有较高的敏感性，须统一授权、统一管控、全程覆盖，确保公共数据开发利用全流程可监管、可记录、可追溯、可审计，确保公共数据依法依规使用。

三、公共数据要素市场参与主体

“数据二十条”将公共数据要素市场各参与方分为数据来源者和数据处理者。其中，公共数据来源者包括自然人、法人和非法人组织等，公共数据处理者包括各级党政机关、企事业单位及依法取得授权的公共数据运营服务商等，主要参与数据的采集、加工、交易等活动。双方在公共数据要素市场扮演的角色如图 5-1 所示。

公共数据来源者通过向数据处理者提供数据或者让渡数据权利来获取公共服务，公共数据处理者采集原始数据，并进行数据清洗、整理，形成数据资源，进一步通过脱密脱敏、数据建模、加工分析等生产活动，将数据资源以模型、接口、核验等数据产品形式向社会提供，从而实现公共数据的开放共享和流通交易。

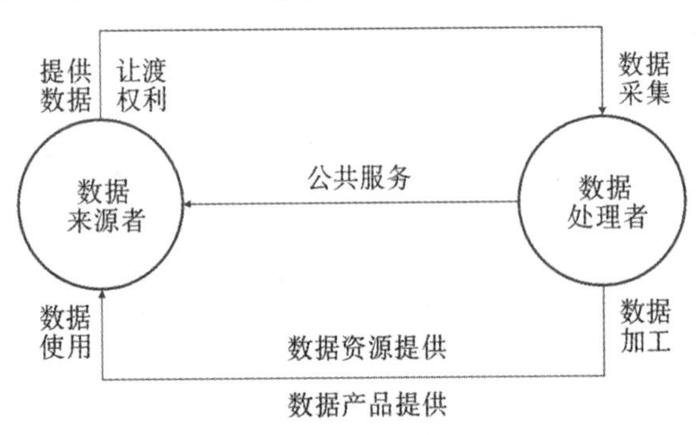

图 5-1　公共数据要素市场主体关系

第二节　公共数据流通交易的发展历程与主要模式

一、公共数据流通交易的发展历程

（一）国外率先入局，数十年探索可行公共数据开放范式

通过开放政府数据，允许企业和公众对政府数据的提取和运用，进而实现政府、企业和公众的合作治理，成为大数据时代的一个重要发展趋势。欧美积极探索公共数

笔记

据开放模式，入局较早。以美国为首的发达国家纷纷建立统一的数据门户网站，集中开放可机读、可加工的数据集、应用程序等政府数据资源。自2009年1月17日时任美国总统的奥巴马签署《透明与开放政府备忘录》起，一场声势浩大的政府数据开放运动开始席卷全球。在这一年，奥巴马先后签署了3份有关政府数据开放的备忘录，宣布实施“开放政府计划”，并正式开通政府数据开放的门户网站Data. gov。2010年1月，英国政府数据开放平台Data. Gov. uk也正式上线。2011年9月，英国、美国等八个国家联合签署《开放数据声明》，成立“开放政府联盟”（OGP）。2013年6月，八国集团首脑签署了《开放数据宪章》，参与国家发布宣言承诺以自身行为树立开放数据典范，及时主动地向社会开放高质量、重复使用的原始数据。这些国家为实现公共数据开放做了一系列的准备工作，具体措施包括建立规范与标准、出台政策、建立政府数据开放平台等，致力于促进政府数据的开放、获取、共享和利用，极大地推动了数据的汇聚共享和政府透明度的提升。

国外经过多年探索，已探索出三种主流公共数据开发利用模式。不同国家根据自身情况，采用适宜的方式推进公共数据共享。从主导角色的视角来看，可以分为政府主导型、公众参与型和政企合作型数据开放模式，这同时也是国外最具典型性和影响力的三种模式，其中具有代表性的国家分别进行了先导探索。

1. 政府主导型数据开放模式：以加拿大为例

由政府掌舵领航，政府主导模式具有强大前进动力。政府主导模式是指在数据开放活动中由政府占据主导地位进行统筹规划。政府从构建顶层设计着手、并在之后不断推出并完善相关的法律法规，自上而下层层推进，从中央到地方、从概况到具体，逐渐部署更加具体和底层的法律法规与基础设施，最终建立起健全的公共数据开放体系。由于有来自政府的大力支持，政府主导模式相比而言具有强大的发展动力，可以在较短时间内使公共数据开放步入正轨，并以更快速度建立起完备的底层支持基础。

采用政府主导模式的典型国家是加拿大，从它的政策举措中可以看出这种模式的建设方法。在政府主导模式中，政府负责的主要工作包括建立和完善政策法规、发布开放动议与行动规划、建设并向社会提供数据开放平台、实现区域间协作和成立开放数据机构等。

在建立和完善政策法规方面，加拿大相关法律法规的建设从2011年发布《开放政府协议》开始，之后《加拿大开放政府行动计划》的推出标志着体系构建步入正轨，该计划的特色在于它并不是静止不变的，而是跟随情况变化，每两年进行一次修订和更新，逐渐形成多层次、多维度的管理架构。这为加拿大政府数据开放的执行和推进提供了有力的法律保障。

在政府统一规划方面，加拿大政府从2011年开始将开放数据纳入开放政府工作当中，并将其与开放信息、开放对话进行统一的整合，形成了新的开放政府框架。加拿大在开放政府网站中分别设立开放数据、开放对话和开放信息模块，予以重点运营和维护。2014年发布《开放政府宪章——加拿大行动计划》，以默认开放、注重数据质量、无差别利用、改善治理、激励创新这5项内容为基础，设定了8项开放数据目标，并设置了相应的活动与时间节点。这些统一性的规划与行动，使加拿大政府开放数据迅速成为国际上的领跑者。

笔记

在建设并向社会提供数据开放平台方面，加拿大建立了政府数据开放门户网站 data. gc. ca，提供包括核心数据集和数据使用工具在内的多项服务，各省市也建立了与国际平台互联互通的开放平台。除了国家级平台外，安大略、温哥华等省市也都建立了开放平台，并与国家平台互联互通。另外，加拿大还通过《加拿大开放政府指令》，要求政府部门上报相应的开放目录，供用户免费下载。

在国际合作方面，加拿大政府很早便成为开放政府合作联盟（OGP）成员国，在 2013 年签署加入 G8 峰会《开放数据宪章》，并与他国在搭建元数据方案、共享平台技术源代码方面作出了贡献。

2. 公众参与型数据开放模式：以英国为例

公众参与模式由民众同心协力共同探索监督，自下而上推动政府实施。与政府主导模式截然不同，公共参与型数据开放模式以公众为主要驱动力。作为数据开放共同体，社会公众对政府、公共机构的开放数据需求更强，也具有更强烈的监督意识。因此，形成了由社会公众推动政府建设和实施数据开放的模式。与其他两种模式相比，公共参与模式中用户具有更高的数据开放参与度，机构与社会公众的协同互动、数据的宣传与利用也同样是模式中的重中之重，致力于鼓励更多的主体投身于数据的开发利用。

英国是世界上最早开展政府数据开放的国家之一，其在数据开放领域一直处于领先地位。由于社会公众参与的积极性较高，英国在开放数据晴雨表中的“公众与社会团体”和“影响力”评价因子方面，也曾排名全球第一。社会公众参与政府数据开放的本质是将不同的利益相关者引入数据开放全生命周期的交互过程，在交互过程当中，社会公众参与的价值定位、主体与权责以及实现机制是了解社会公众参与开放数据过程的核心维度。

从社会公众参与数据开放的价值定位来看，英国曾努力将社会公众参与数据开放活动上升到政策意志。在英国发布的数据开放政策中，都将社会公众参与放在较为显眼的位置。比如，2013 年发布的《英国开放政府联盟行动计划》就将“公民赋权”一项作为重要内容而单独列出。同时，政府也在着力推动社会公众实质性参与数据开放的全过程。

从公众参与的主体与权责来看，作为政府数据开放先行者的英国，其较早成立了公共数据工作组、数据战略委员会及开放数据研究所等数据开放促进机构，并为不同机构赋予不同的权力和职能，从不同角度吸引不同类型的社会公众参与数据开放活动中来。公共数据工作组主要负责公共数据资源的开放共享工作；数据战略委员会主要负责开放数据市场的拓展工作，其下设的开放数据用户组已经成为英国开放数据需求与供给的重要桥梁；开放数据研究所则主要聚焦于开放数据的商业化运作，其核心职能是牵头各类创新型中小企业、民间社会组织、数据产品研发者等不断创新开放数据的相关业务，利用开放数据创造更多的商业价值。

从公众参与的实现机制来看，英国采取的是“制度保障—政府治理—执行操作”三位一体的实现机制来推动社会公众参与数据开放活动。首先，英国政府通过在系统化的政策规范中明确社会公众在数据开放中的地位来保障他们的参与权利。其次，英国在政府治理机制层面为用户参与数据开放提供了基础，对公共财政制度进行结构性

笔记

调整，通过数据开放提高财政透明度，让社会公众参与政府治理，实现更有效的公共支出效益，这为数据开放共享提供财政支出保障，也让社会公众的参与实现了价值。同时，政府也向公众提供社会购买服务，从而提升社会公众参与数据开放的积极性。最后，英国在社会公众参与数据开放方面已经逐渐形成了一套较为合理的执行操作方案，例如，通过“Pilot Examination”“Solution Exchange”等项目让企业或研发型用户直接参与数据的研发与反馈，从而增加数据的透明度。利用“用户参与启动活动”吸纳用户观点与利益诉求，实现了多元用户的数据开放共建机制。同时，英国政府在开放平台上构建的评价与问责模块进一步促进了社会公众的不断参与。

3. 政企合作型数据开放模式：以美国为例

融通政府主导与公众参与两种模式的优点，政企合作型实现政府与企业的有利互补。政企合作型数据开放模式中，政府向合作企业或第三方机构开放数据，借助企业丰富的人才储备和技术水平开发出高使用价值的数据产品与服务，通过提供给社会公众实现商业化、获得经济效益，实现政府、企业与民众的三赢。与前两种模式相比，政企合作模式既拥有政府引导的强劲推力，又具备市场竞争赋予企业的蓬勃活力，实现有利互补，不仅可以让公共数据发挥更大的价值，还可以实现该数据与企业数据之间的互联互通、促进整个数据产业的良性发展。此外，政企合作还有效解决了数据确权问题、有效保障了数据安全。

采用政企合作型数据开放模式的典型国家是美国，其为开放数据的增值服务提供了非常好的外部环境。在政策方面，从《阳光下的政府法》到《开放政府指令》，都允许和鼓励企业或第三方机构对开放数据进行复制、开发、出售等增值活动。美国在数据开放方面的政企合作方式主要有三种，分别是政府主导型、企业主导型和政府主导市场化运作。

政府主导型的政企合作，主要通过开展开放数据创新应用竞赛和合作共建试点项目等形式来实现。2015 年，美国纽约市政府举办了一场名为 Big Apps 的移动程序设计大赛，通过高额的奖金吸引相关的专家、企业家、研究团队等利用开放数据开发新的应用 App，同时解决纽约市政府面临的 4 个挑战性问题，该项比赛还吸引了大型企业赞助。另外，美国政府举办的“美国公民黑客日”活动也吸引了大量技术公司、软件开发者等参与，以解决美国政府、各州市及社区面临的挑战。

企业主导型的政企合作模式是指企业主动向政府全部或部分开放其所拥有的各类数据，以便政府利用这些微观的数据来实现宏观的决策。企业主动开放其相关数据的目的是推动数据的共享和流动，只有不同的数据实现互联互通，才能实现数据的价值。2015 年，Airbnb 公司主动向社会开展有限的数据开放活动，将匿名者提供的上千份租房数据信息贡献出来，包括房间类型、出租频率、房东收入等，这些数据开放的主要目的是宣传共享经济模式，并与政府和社会各界一起商讨创新的监管模式。

政府主导市场化运作方式是指政府作为数据开放主体，通过与相关企业签订共享合作协议、授予特许经营权、制定相关的激励政策等，鼓励相关企业开放自身所拥有的各类数据，完成政府与企业数据的双边开放，实现互利互惠合作共赢。政府主导市场化运作主要通过签订共享协议、召开政企合作研讨会等形式实现。

笔记

（二）国内布局数年，推进公共数据开放共享

1. 我国推进公共数据开放共享的政策设计：地方先行再顶层设计

我国现在所采用的数据开放模式更接近于政府主导模式，但与其他国家又略有不同。我国最初是由各级地方政府率先尝试开放，先后建立了各省市级的公共数据开放平台，并出台各省市级的公共数据开放规则，然后国家层面结合地方探索经验出台了一系列相关的政策法规（见表 5-1）。因而，我国的公共数据开放实践是从地方政府先行试验发展为国家层面的顶层设计。

表 5-1　我国推进公共数据开放共享的主要政策梳理

发布时间	政策名称	主要内容
2015 年 8 月	《促进大数据发展行动纲要》	要推进公共数据资源的开放，同时加快建设政府数据统一开放平台，探索公共数据价值释放
2016 年 12 月	《大数据产业发展规划（2016—2020 年）》	要支持企业充分利用公共数据资源，进而提供包括数据分析、数据咨询等数据服务模式
2018 年 1 月	《公共信息资源开放试点工作方案》	圈定北京市、上海市、浙江省、福建省、贵州省作为试点地区，探索公共数据开放可行模式
2020 年 4 月	《关于构建更加完善的要素市场化配置体制机制的意见》	要推动各地区、各部门政府间的数据共享交换，同时研究制定促进公共数据开放和有效流动的制度规范
2021 年 12 月	《“十四五”数字经济发展规划》	对公共数据开放进行了全局部署，提出要建立健全国家公共数据资源体系，为实现更高水平的开放共享、更充分释放数据红利奠定制度基础
2022 年 12 月	《关于构建数据基础制度更好发挥数据要素作用的意见》	要根据数据用途确定不同的开放程度，同时坚持“原始数据不出域、数据可用不可见”，在保障个人信息安全的前提下充分释放数据价值；创新提出公共数据定价，要针对不同种类的数据分别定价，有偿与无偿提供相结合；鼓励全社会参与数据价值释放的同时，提供更具个性化与商业性的公共数据开放服务，适应市场对不同数据的多样化需求

从省市区层面看，2011 年，上海市政府率先开展了政府数据开放的可行性研究，并于 2012 年 6 月推出全国首个政府数据开放门户网站“上海市政府数据服务网”（datashanghai. gov. cn），正式对外提供一站式的政府数据资源。同年，北京市也开通了本市政府数据开放门户网站“北京市政务数据资源网”（bjdata. gov. cn）。此后全国范围内区级、市级、省级三层级地方政府相继开展了政府数据开放的实践探索，包括宁波市海曙区、武汉市、青岛市、贵州省、浙江省等省市区都陆续开通了各自的政府数据开放平台。同时，各省市区陆续落实公共数据的共享与开放，包括建立各级统一数据共享交换平台、公共数据开放平台，出台公共数据相关的管理办法与法律条

笔记

例，以此指导与规范公共数据共享开放的实现路径。

从国家层面看，近年来，我国政府通过制定法律法规、完善管理机制、规范标准体系等手段全方位、立体化促进数据开放共享，相关政策的主要内容如表 5-1 所示。

2. 我国推进公共数据开放共享的实践方式：平台开放与授权运营

目前，国内公共数据开放主要有两种方式，即平台开放与授权运营。公共数据平台开放与公共数据授权运营的对比情况如表 5-2 所示。

表 5-2 公共数据平台开放与公共数据授权运营的对比情况一览表

比较项目		公共数据平台开放	公共数据授权运营
联系		基本目标一致：都是为了促进公共数据的开发利用，更好地释放公共数据的价值	
区别	概念内涵不同	将公共数据面向社会公众开放，以便流通	将公共数据依照法定程序授权给第三方经营
	承担主体不同	面向全社会公众开放数据	具有数据开发资质和能力的第三方
	收费方式不同	绝大多数情况下是免费	遵循市场价格监督，合理收费
	承担风险不同	风险相对较少，且可控	授权运营中可能会产生各种风险，注意规避
	提供对象不同	向全社会公众提供数据，用户可浏览、下载	不直接提供数据，只提供数据产品或服务

平台开放是政府通过平台、以无条件自由开放与通过协议有条件提供等方式，向社会无偿开放公共数据，这种方式大大丰富了数据开发主体，但由于具有高价值的公共数据往往其承载的信息也较为敏感，难以实现最大范围的公共数据开放，且这种方式是由政府单向向社会开放数据，因缺少收益反馈而难以得到快速发展。

因此，公共数据授权运营应运而生，成为最大限度释放数据价值的可能解法。公共数据开放的新兴方式为授权运营，“十四五”规划明确提出，要“开展政府数据授权运营试点，鼓励第三方深化对公共数据的挖掘利用”，同时也对政府数据授权运营试点这一名词进行了解释，即“试点授权特定的市场主体，在保障国家秘密、国家安全、社会公共利益、商业秘密、个人隐私和数据安全的前提下，开发利用政府部门掌握的与民生紧密相关、社会需求迫切、商业增值潜力显著的数据”。

“数据二十条”明确建立公共数据分类分级确权授权制度，探索公共数据授权使用，并指明了我国要建立公共数据的分类分级确权授权制度，界定生产、流通和使用过程中各参与方享有的合法权利，从而为激活数据要素价值创造提供基础性制度保障。要全面了解公共数据授权运营，有必要了解其与公共数据开放的关系。

相比平台开放模式，公共数据授权运营可以更大程度激活公共数据价值，有望在未来成为主流。通过授权运营，政府将具有高价值、但由于其承载的信息不适宜向社会开放的公共数据授权给可信的企业进行开发利用，从而在保护个人信息与国家安全

笔记

不受侵犯的前提下，实现最大程度与最大范围的公共数据开放。公共数据授权运营的重点任务在于建设完备的授权机制，构建健康的公共数据开放生态。公共数据授权运营具有许多优点，不仅可以促进公共数据的共享和开放、从而促进数据的再度利用和开发，还可以通过指导政府部门作出针对性的决策，提升服务的质量和效率。由于各地对公共数据运营的实践探索发展阶段各有不同，因此需要因地制宜、因时制宜，充分发挥试点对公共数据授权运营制度完善的突破和带动作用，为公共数据授权运营提供符合当地发展规律，可复制、可推广的经验做法。

二、公共数据流通交易的主要模式

目前，各地方政府及各主体先行先试，探索了不同的公共数据授权运营道路。在多地多主体探索公共数据授权运营可行模式中，比较突出的模式有：区域主导模式、场景牵引模式、行业主导模式。

（一）区域主导模式

区域主导模式以区域内（省、市、区）数据管理方统筹建设的公共数据管理平台为基础，整体授权至综合数据运营方开展公共数据运营平台建设，具体运行过程见图 5-2。基于统一的公共数据运营平台，按行业领域划分，引入行业数据运营机构开展行业领域内公共数据运营服务。此外，第三方机构主要开展公共数据治理、价值评估、质量评估等共性服务。数据交易机构提供可信的数据服务供求撮合平台。

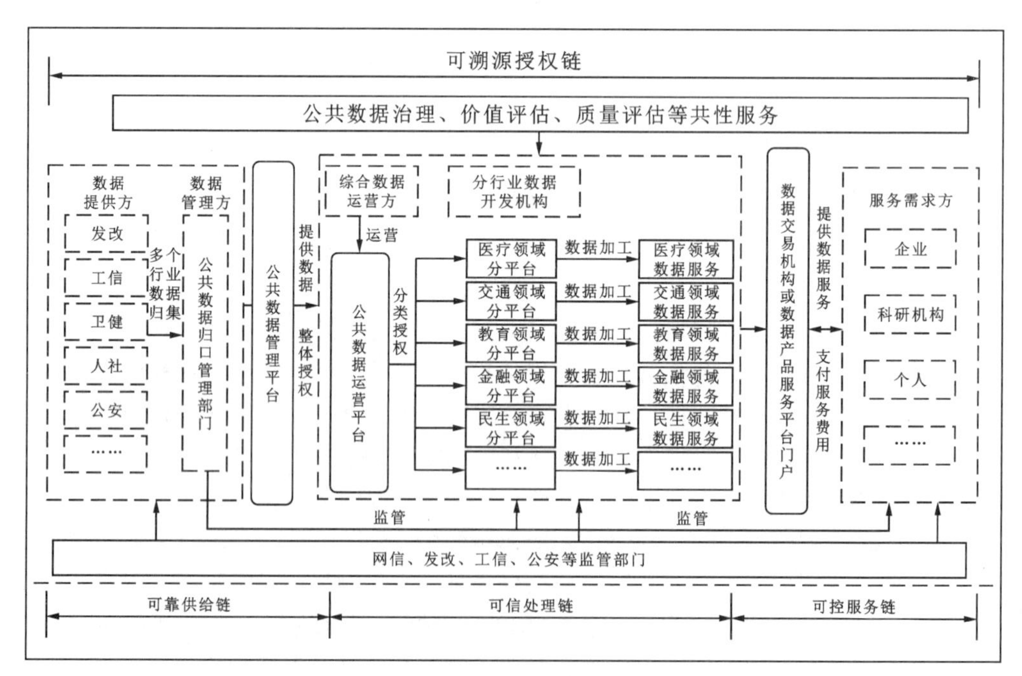

图 5-2 区域主导模式运行过程概览

区域数据集团陆续成立，承担地方公共数据运营职能。多地建立大数据集团，政府将公共数据开发利用权统一授权给大数据集团。大数据集团搭建公共数据运营平台

笔记

并承担运营职能。其中，福建大数据集团、成都大数据集团、上海大数据集团、河南数据集团、湖北数据集团等进程较快。数据集团是以数据为核心业务的具有功能保障属性的市场竞争类企业，其职责功能涵盖开发应用数据资源、授权运营开发数据、保障数据安全流通和推动数据市场投融资等。为在保障安全的前提下实现公共数据价值释放，数据集团多为地方国资委下属企业。例如福州大数据集团股权结构由福州新区管理委员会出资80%与福州人民政府国有资产监督管理委员会出资20%构成，上海数据集团则由上海市国有资产监督管理委员会及其全资子公司共同设立。其他数据集团，如成都数据集团、河南数据集团等的股权结构也全部由当地国资委构成。

案例
5-1

湖北省以政府数据授权运营为引擎加快数据开发利用

当今社会，数据已是数字经济高质量发展的核心引擎。湖北数据集团贯彻落实湖北省委、省政府战略部署，率先在数据要素市场化配置改革领域先行先试先闯，成为“数据二十条”发布后全国最新一批具有功能保障属性的数据要素市场运营主体。

目前，湖北数据集团正集中优势资源力量推进核心业务发展。集团自主研发的“湖北公共数据授权运营平台”和“湖北数据要素流通交易平台”月底上线后，将为全省数据要素市场构建数据基础设施，搭建公共数据资产化运营和多元化数据融合的“大平台”，推动湖北省数据要素市场高效配置，释放数据红利。

湖北公共数据授权运营平台是以政务数据、公共服务数据汇集为基础，通过隐私计算对数据资产进行安全处理，实现政府国有数据资产市场化应用和价值挖掘。形成数据服务产品后，面向政府、社会、产业及个人提供服务，实现数据资产价值变现。同时，配合政府部门探索新型数据监管模式。

湖北数据要素流通交易平台，即通过建设统一的交易规则、交易标准、交易机制、交易平台、交易监管等体系，促进各类主体之间的数据共享、开放、交易与合作，激发数据资源的创新活力和社会效益。

当前，湖北数据集团已明确“1＋2＋3＋N”战略布局，即立足于省数据要素市场化运营“1”大主体；搭建“2”大平台；推动“数据资源-数据资产-数据资本”“3”级联动开发；在北斗产业、城市基础数据、国资国企、金融、光谷、鄂州等“N”个行业和区域开展试点工作。

湖北数据集团已正式获得湖北建设信息中心官方授权并开展相关研究工作，探索一套安全可行的数据授权运营模式。例如，在住建数据领域，技术团队针对住建数据资源特点和银行涉房业务需求，联合交通银行湖北省分行，研发住建领域数据产品，对不动产权证证书编号、坐落位置、交易面积、

笔记

交易金额等近20个标准字段进行指标加工和数据建模，将房产基本信息、房产交易信息等数据脱敏加工，实现金融服务数字化转型。房屋期转现信息验证产品、房产交易动态指数报告2项数据产品已进入终试环节。

通过建立新的数据运营模式，沉睡的数据将实现深度价值挖掘应用、隐私安全保护以及数据产品融通，为数据持有者、数据需求者和生态技术服务商提供数据产品、交易撮合和数据融通安全服务。此外，新的数据运营模式也将为湖北省数字化治理、产业数字化转型和区域数字经济招商引资引才增添新活力，有利于打通华中数据要素市场上下游，形成全生命周期产业链闭环，推进数字经济与实体经济深度融合加速向前。

（二）场景牵引模式

场景牵引模式以政府及公共服务部门信息化设施为基础，由省（自治区、直辖市）政府中数据归口管理部门制定实施公共数据开放共享及开发利用管理制度，统筹建设公共数据管理平台，并通过多次分类授权引入垂直领域高质量数据运营方运用公共数据管理平台数据资源开展相关数据服务（见图5-3）。第三方机构主要提供公共数据治理、价值评估、质量评估等共性服务。监管部门依法依规监管公共数据运营相关主体行为。数据交易机构提供可信的数据服务供求撮合平台。地方公共数据按行业场景授权给国资企业进行运营。例如，北京市授权北京金控集团建设运营公共数据金融专区；以电信运营商数据为基础融合政务数据、第三方社会数据，设置位置数据专区；设置有空间数据等行业专区。

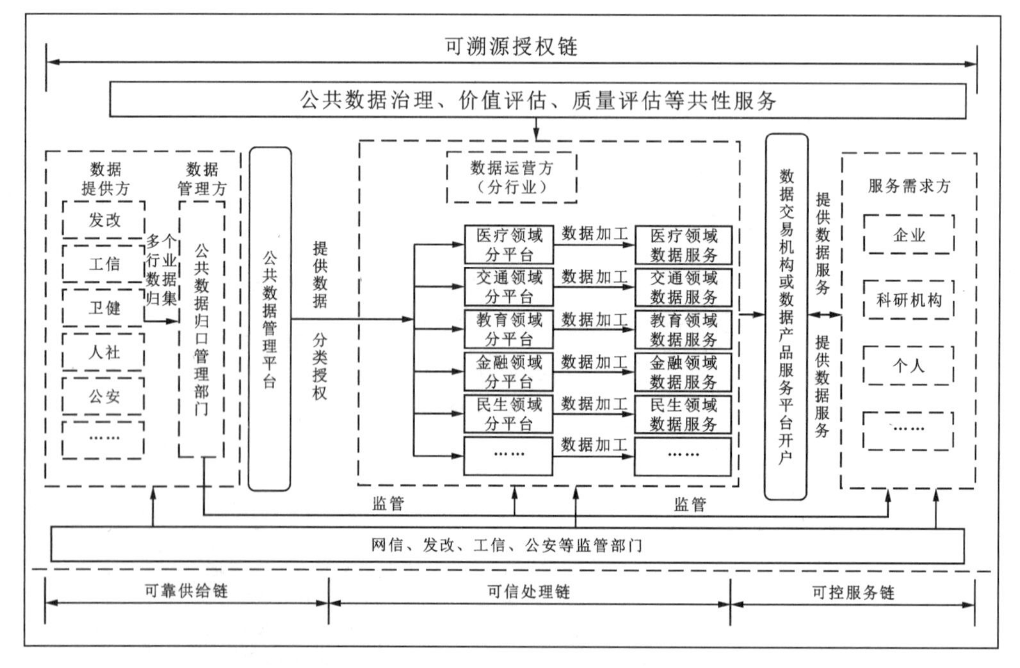

图5-3　场景牵引模式运行过程概览

笔记

案例 5-2

北京金融公共数据专区助力金融“活水”精准“滴灌”

2020年9月，北京市经济和信息化局与北京金融控股集团签署协议，携手开展金融公共数据专区的授权运营管理。北京金融大数据有限公司作为北京金融控股集团的全资子公司，负责金融公共数据专区具体运营工作。这也是北京在全国率先构建的以场景为牵引的公共数据授权运营模式。

北京市金融公共数据专区主要提供信用信息查询、准入分析、风险洞察、竞争力分析、企业守信分析等7大类公共数据产品与服务，已经初步形成公益服务和定制化相结合的多元数据产品体系。

目前，专区已汇聚工商、司法、税务、社保、公积金、不动产等多维数据超过34亿条，覆盖14个部门机构、270多万个市场主体，实现按日、按周、按月稳步更新，持续更新的数据每月有7000万～8000万条，公共数据汇聚质量和更新效率均处于全国领先水平。

同时，授权托管和有条件开放的数据针对性更强、数据量更大、维度更多元，能够极大便利金融机构迭代数据模型、优化服务产品、提升服务质效。金融大数据公司通过数据筛查核验，建立精准帮扶企业名单库和“直通车”机制，提高了金融服务的针对性和精准度。以传统担保等方式难以获得贷款的高新企业、科技型企业、中小微企业，通过“直通车”机制受益匪浅，成为最重要的纾困主体。

经过3年多的创新实践，北京市金融公共数据专区正在推进全方位、深层次、多领域的制度体系建设，形成“技术保障+制度建设”的公共数据安全治理体系，持续稳定提供高质、高效、普惠的金融服务。

（三）行业主导模式

行业主导模式主要由垂直领域行业管理部门统筹开展行业内公共数据管理、运营、服务等各项工作（见图5-4）。垂直领域政府或中央（国有）企业中数据归口管理部门开展公共数据管理平台建设，国资背景、具有行业应用场景的公司得到授权，进行公共数据运营。同时，网信、发改、工信、公安等部门依法依规履行数据安全管理职责，对公共数据运营各参与方行为进行安全合规监管，对防范数据泄露、保障全程闭环的数据安全和隐私服务有积极作用。例如，依托中国民航信息网络股份有限公司（国有控股上市企业），“航旅纵横”App受中国民航信息网络股份有限公司委托，通过签订协议的方式，对民航运行、旅客航空出行数据开发，形成数据产品服务。

笔记

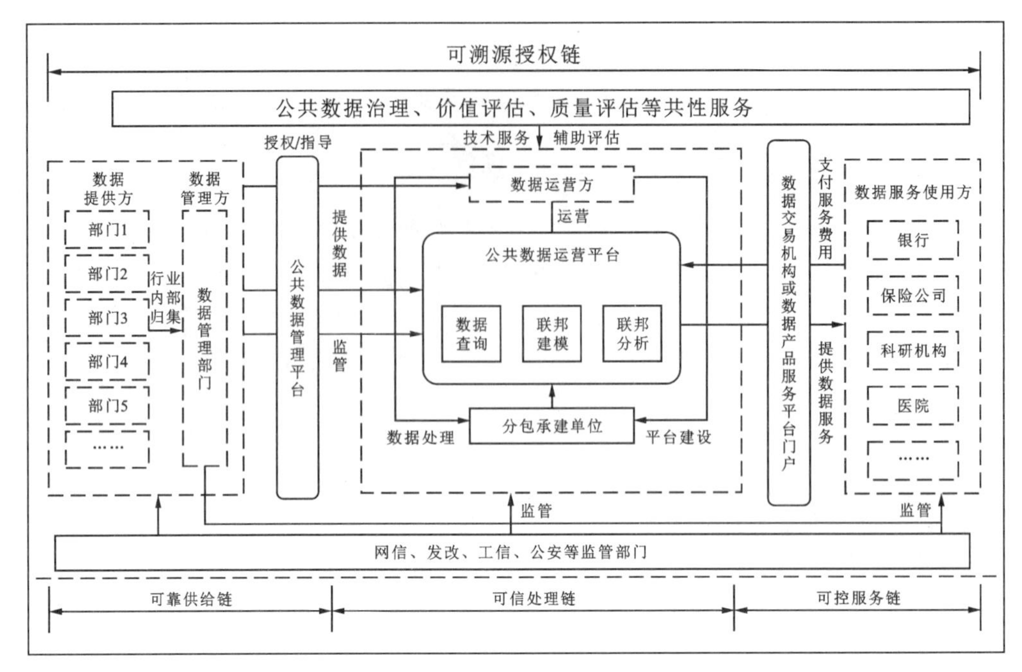

图 5-4 行业驱动模式运行过程概览

案例 5-3

航旅纵横依托国资背景合理有效利用公共数据

依托中国民航信息网络股份有限公司（国有控股上市企业），“航旅纵横”App受中国民航信息网络股份有限公司委托，通过签订协议的方式，对民航运行、旅客航空出行数据进行开发利用，并形成专业化产品或服务。在数据使用过程中，作为数据开发利用主体，一方面受中国民航信息网络股份有限公司委托开发利用数据，另一方面，通过旅客授权方式（用户注册、功能使用）获取并使用“航旅纵横”App用户数据，在数据获取渠道和时效性方面具有天然集聚优势。航旅纵横构建形成“互联网+民航”移动出行智能服务平台，面向航班管理、机场保障、群智机场三大场景，打造了机场专区和航司专区两大服务板块，既为旅客提供机场、航班、天气等方面的实时信息，更提供了电子登机、失物招领、爱心通道、自助退改机票等个性化精准服务，不断延展基于航空出行场景的服务内容，有效助推民航领域公共服务效能提升。

第三节 公共数据流通交易的实践案例与应用场景

近年来，各地高度重视公共数据开放共享和利用，探索公共数据治理路径，公共数据运营价值加速凸显。从政策引导到制度规范，从数据共享到开发应用，各地以促

笔记

进公共数据价值释放为目标，推动数字经济全面发力，加快数字社会建设步伐，提高数字政府建设水平。

一、政务服务：广东省数据资源一网共享平台案例

政务数据共享是指政府部门之间或政府与社会各界共享政务数据资源，实现政务数据的集成、共享和利用，为决策、管理和服务提供科学、准确、高效的数据支撑，提高政府管理效率和服务质量。深入推进政务数据共享，实现政务数据治理全覆盖，是当前政务数据治理的重要任务之一。

具体而言，充分发挥一体化政务服务平台“一网通办”枢纽作用，推动政务服务线上线下标准统一、全面融合、服务同质，构建全时在线、渠道多元、全国通办的一体化政务服务体系，提升智慧便捷的服务能力。推行政务服务事项集成化办理，推广“免申即享”“民生直达”等服务方式，打造掌上办事服务新模式，提高主动服务、精准服务、协同服务、智慧服务能力。提供优质便利的涉企服务。以数字技术助推深化“证照分离”改革，探索“一业一证”等照后减证和简化审批新途径，推进涉企审批减环节、减材料、减时限、减费用。强化企业全生命周期服务，推动涉企审批一网通办、惠企政策精准推送、政策兑现直达直享。探索推进“多卡合一”“多码合一”，推进基本公共服务数字化应用，积极打造多元参与、功能完备的数字化生活网络，提升普惠性、基础性、兜底性服务能力。围绕老年人、残疾人等特殊群体需求，完善线上线下服务渠道，推进信息无障碍建设，切实解决特殊群体在运用智能技术方面遇到的突出困难。

根据广东省“数字政府”改革建设部署要求，以省政务大数据中心为依托，打造系统架构统一、省市分级建设管理、全省共建共享的政务大数据中心和技术体系，提高政府智慧化服务水平和群众办事满意度，推动政府职能转变和服务型政府建设。一是实现政务部门线下数据需求逐步向线上迁移，进一步压缩共享时长；二是实现指尖数据，构建移动端数据应用，支持数据资源随时查看、需求申请秒级审批；三是实现从数据汇聚、质检、入库到共享服务全流程自动化；四是盘活政务数据资产，深化数据开发应用，赋能政府智能决策。

1. 建设数据资源一网共享平台

广东省数据资源一网共享平台主要包括业务平台、管理后台、移动端，建设共享交换、数据资源、服务目录、服务构建、服务总线等5大数据支撑系统，以及电子证照、粤政图、高分遥感、数据普查等10多个应用支撑系统（见图5-5）。按“省市两级部署，省市县三级管理”的模式布局，重点解决以下几大问题。

一是统一维护数据资源，统一管理新增、变更、挂接数据资源目录。

二是实时同步数源部门数据资源，使用共享交换的方式对接数源部门前置数据资源。

三是实现便捷共享，有需求的用数部门快速申请无条件共享数据，如有条件共享数据，需要按正常审核流程申请，平台全流程记录和处理，实施交付自动化。

笔记

四是数据类型丰富，包含了库表、接口、电子证照、电子地图、视频，提供库表、接口、文件、证照等多种数据提供方式。

五是实现统一把控和监管政务数据，使各政务部门能够便捷使用共享数据，避免重复申请、无法申请等问题，打破不同部门间数据壁垒。

图 5-5 “开放广东”全省政府数据统一开放平台

2. 构建数据共享交换体系

广东省数据资源一网共享平台目前已构建“数据编目挂接体系”“数据共享交换体系”“数据质量检测体系”“数据加密解密体系”“数据智能推荐体系”等 18 个省市一体化体系架构（见图 5-6），通过统一技术标准、规范管理制度、优化共享流程等多项举措，将各类数据资源、数据服务、数据应用依托省数据资源一网共享平台进行规范管理、高效共享，进一步推进大数据与政务服务的深度融合，打造一站式数据资源服务体验，加快促进跨部门协同应用。

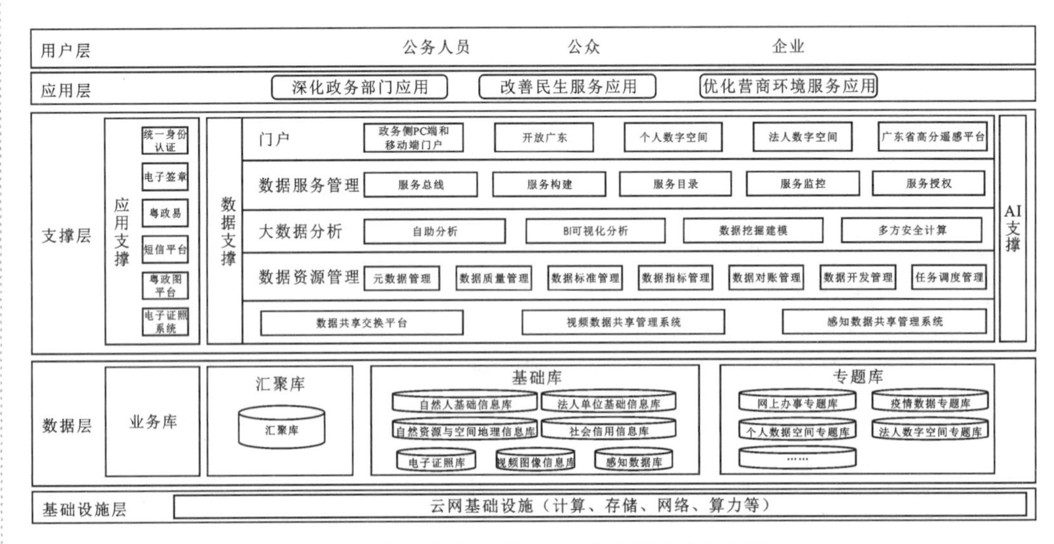

图 5-6 广东省数据资源一网共享平台总体架构

笔记

3. 搭建各类政务服务数据库

广东省数据资源一网共享平台在统一技术标准的基础上，整合人口、法人、社会信用、空间地理和电子证照等基础数据资源，搭建了各类政务数据基础库、主题库和专题库，形成共用共享的政务大数据基础库资源池，为各级政务部门开展数据共享工作积累全面、鲜活的数据资产。目前已完成由基础库、主题库和专题库组成的政务数据库框架设计和省、市两级部署，完成自然人、法人单位、空间地理、社会信用和电子证照等5大基础库设计和建设，并在汇聚整合省级部门基础库的同时，建设了“数据中心运行”“政务服务效能”“市场监管”和“互联网+监管”等省级主题库。

4. 完善数据共享机制建设

按照“全省一盘棋”的工作思路，省数据资源一网共享平台（见图5-7）根据“两级平台、三级管理”的模式布局，搭建了省级共享交换平台和市级共享交换平台（覆盖县区级资源），打通了政务数据跨部门、跨层级、跨地区、跨业务、跨系统共享的传输渠道。同时，开创性地建立了“数据物流”运营管理模式，将互联网电商运营理念与政府管理制度相结合，实现“数据申请”“需求审批”“数据共享”“服务评价”等全流程闭环管理，并实现全流程可溯源、可监控、可查询。升级优化数据共享功能。为提高广东省数据资源一网共享平台的可用性、实用性和易用性，省政务服务数据管理局不断对系统进行升级优化，并完善数据共享相关功能。

一是确立了数据100%质检合格、数据共享100小时内完成的“双百计划”，对全省政务数据与共享服务进行统一质检、统一管理、统一授权、统一共享。

二是利用“购物商城”“批量选数车”“需求工单自流转”“全流程区块链化监控”“多渠道通知”“智能客服”“智能推荐”“数据中台”等创新技术手段，在审批环节做“减法”，在服务环节做“加法”，打造一站式、智能化数据共享服务新体验。

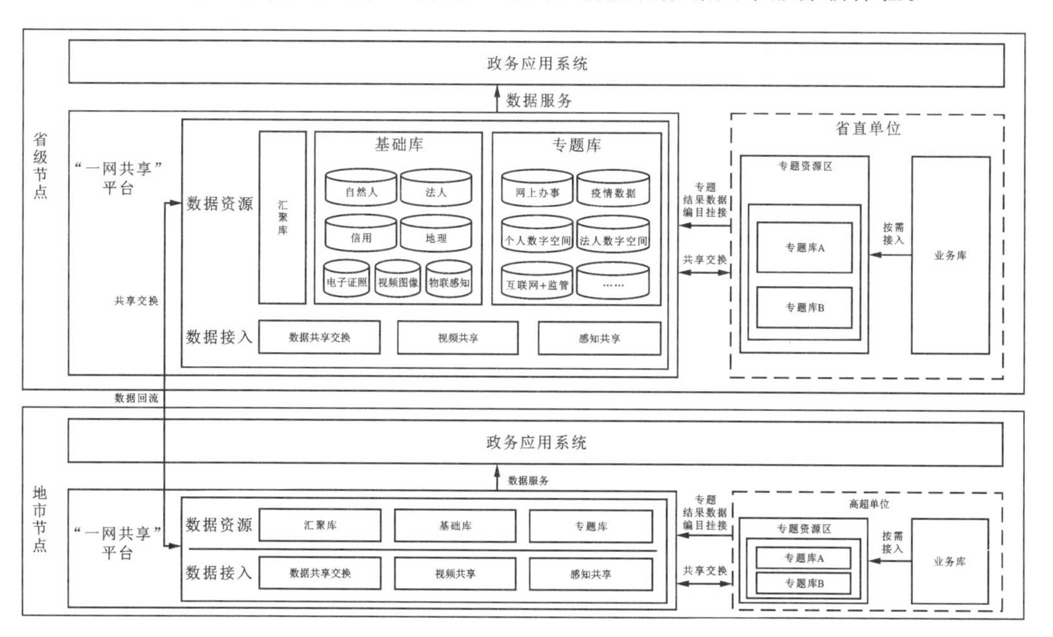

图5-7 广东省数据资源一网共享平台数据架构

笔记

二、市场监管：天津市“互联网＋监管”系统应用案例

公共数据共享开放是做好市场监管工作数字化建设的重要抓手。充分运用数字技术支撑构建新型监管机制，加快建立全方位、多层次、立体化监管体系，实现事前、事中、事后全链条全领域监管，以有效监管维护公平竞争的市场秩序，以数字化手段提升监管精准化水平。加强监管事项清单数字化管理，运用多源数据为市场主体精准“画像”，强化风险研判与预测预警。加强“双随机、一公开”监管工作平台建设，根据企业信用实施差异化监管。加强重点领域的全主体、全品种、全链条数字化追溯监管。以一体化在线监管提升监管协同化水平。大力推行“互联网＋监管”，构建全国一体化在线监管平台，推动监管数据和行政执法信息归集共享和有效利用，强化监管数据治理，推动跨地区、跨部门、跨层级协同监管，提升数字贸易跨境监管能力。以新型监管技术提升监管智能化水平。充分运用非现场、物联感知、掌上移动、穿透式等新型监管手段，弥补监管短板，提升监管效能。强化以网管网，加强平台经济等重点领域监管执法，全面提升对新技术、新产业、新业态、新模式的监管能力。

天津市大力推进“互联网＋监管”工作。作为第一批试点城市及系统多级联动应用建设试点，天津市“互联网＋监管”体系已初步形成，有力支撑全市数字政府建设，同时立足天津地方特点和监管业务的需求，积极探索规范监管、精准监管、智能监管新模式，为构筑数字时代竞争新优势提供基础支撑。

天津市“互联网＋监管”系统以计算平台为基础、大数据分析和人工智能技术为手段，目前已完成“11227”监管全流程体系及 8 大基础主题库建设，完成全市各相关单位监管事项目录和实施清单的梳理工作，全面归集汇聚市区两级 500 余个部门相关监管数据。在推动数据应用落地方面，借助信息化、大数据分析挖掘等技术手段，实现监管态势感知的数据汇聚、融合、洞察、仿真，其中交通新业态领域“非法营运车辆”风险预警模型为全市交通运输领域建立有效安全风险监测预警机制提供有力信息化支撑。

天津市“互联网＋监管”系统的“11227”体系，即：编制“1”覆盖市、区两级的监管事项目录清单；建立“1”个监管大数据中心；建设“2”个系统界面；建设“2”个支撑体系；建设监管事项目录、监管投诉举报处理、综合监管、监管效能监督评价、风险预警、监管数据综合管理、监管移动端 App “7”个应用系统。

一是监管事项目录系统，实现天津市本地监管事项规范化管理、标准化应用。

二是监管投诉举报处理系统，接收国家“互联网＋监管”系统转来的投诉举报信息并与本地投诉举报处理系统实现业务联动，对监管投诉举报信息进行受理、转办、督办、反馈等全流程管理。

三是综合监管系统，为本地专项协同监管任务（专项任务、联合执法、协同任务）提供数据支撑，接受国家“互联网＋监管”系统分发的跨省联合监管任务，并全周期记录系统监管过程，实现任务执行全过程“看得见”“可追溯”。

笔记

四是监管效能监督评价系统，依托大数据中心，汇聚监管业务、投诉举报、社会

舆情、群众信访、重大事故、群众评价等监管数据资源，构建可计量、可检索、可追溯、可问责的综合评价指标体系。

五是风险预警系统，利用数据分析比对、关联计算、机器学习等多种技术手段，加强风险研判和预测预警，及早发现防范全市范围内的苗头性风险，为开展重点监管、联合监管、精准监管及辅助领导决策提供支撑。

六是监管数据综合管理系统，实现对全市监管对象、执法人员、监管知识库等基础信息进行统一的管理，实现对监管对象全生命周期监管检查数据的汇聚应用。

七是监管移动端 App，打造以监管对象查询、双随机抽查任务、风险核查任务、跨省联合任务、本市协同任务、投诉举报任务、移动执法反馈、信息采集等为全流程的监管移动端。

三、数字乡村：宜昌市秭归县脐橙大数据平台案例

我国“十四五”规划、2035 年远景目标纲要和 2022 年中央一号文件都提出了要加快“推进数字乡村建设”，数据成为驱动农业高质量发展和建设数字乡村的关键要素。数据改变农业“靠天收”传统模式有了先行探索并形成了三项有益经验：一是通过运用传感器、物联网、区块链、AI 等新一代数字技术，以数据流改造农业业务流，以数据链打通农业产业链、资金链、创新链和政策链；二是政府、企业、个人共同参与，构建共建共享的数据驱动农业农村发展的新格局新生态；三是数据驱动农业生产、组织、运营、销售、金融服务等全流程业务重组、农业制度重塑和组织变革，实现多领域和全方位的集成改革效应。

公共数据的授权运营模式的应用，以公共数据为载体建设平台，将公共数据与产业相结合，推动当地产业的发展。湖北省秭归县为推动脐橙全产业链联动、高质量发展，与人民数据管理（北京）有限公司（以下简称人民数据）合作，定制化开发“脐橙数据库及大数据平台”。实现公共数据与产业的融合，也为公共数据的利用带来了新的模式探索路径。

湖北省秭归县是“中国脐橙之乡”，于 2020 年 10 月成为首批国家数字乡村试点县。近年来，秭归县委、县政府高度重视秭归柑橘产业数字化发展，与人民数据共同启动了“秭归脐橙数据库及大数据平台”。该平台建立了“天空地”一体化的脐橙资源全面盘点与监控体系，通过土地确权对当地的脐橙种植主体数据进行全面采集，为当地政府主管部门精准管理农业企业、家庭农场、合作社、农户等各类涉农主体提供数据依据，为柑橘全产业链数字化改造打下了坚实的基础。

“秭归脐橙数据库及大数据平台”实现了成果数字化、数据资产化、投融资数据化、产业可视化，达成了“一张图看懂秭归县脐橙产业发展”的精准化、精细化管理目标，也实现了政府与柑农“面对面、键对键”，强化了乡村治理。“秭归脐橙数据库及大数据平台”聚焦秭归核心脐橙产业，将农业土地资产、农产品、农户等数据要素资产化，推进秭归农业农村数据资产管理稳定实施；推进农业农村数据资源以通促产的方式转变，激活农业数据资产的融资潜能；推进“天空地”一体化技术在农业生产中的应用，提升数字化生产能力。

笔记

“秭归脐橙数据库及大数据平台”包括展示系统、辅助决策系统以及后台管理系统。展示系统展示脐橙种植分布、品种、产量、长势、种植适宜区、种植区域耕地质量、核心主产区以及新型经营体等数据；辅助决策系统能够监测气候变化、脐橙价格，为秭归县相关部门制定应对措施提供数据支撑；后台管理系统可以促进全县脐橙的标准化管理，政府部门可利用大数据平台发送技术培训、通知公告等相关信息，确保柑农及时接收到消息，也可在 web 端上传新数据。

5-1
秭归脐橙
大数据
平台展示

在已有“秭归脐橙数据库及大数据平台”的基础上，建立 N 个秭归脐橙应用场景，强化农业生产性服务业对现代脐橙产业链的引领支撑作用，构建全程覆盖、区域集成、配套完备的新型农业社会化服务体系，并围绕脐橙生产的产前、产中、产后服务，加快构建和完善以生产销售、科技服务、信息服务和金融服务为主体的农业生产性社会化服务体系。

秭归脐橙大数据平台还入驻人民数据联合农业农村部大数据发展中心共同研发的农业农村大数据公共平台基座。通过农业农村的大数据管理服务平台，对“智慧农业”业务数据进行全面梳理，从脐橙产业出发，建立全覆盖，实现数据全采集、业务全监测、主体共分享，推进秭归脐橙产业高质量发展，为全国数字化赋能农业产业链探索“秭归样板”。

四、智慧城市：成都市应急大数据应用平台案例

数据治理是智慧城市治理现代化的关键。2022 年 9 月，国务院发布《加强数字政府建设的指导意见》，提到“五大体系”，其中包括“构建开放共享的数据资源体系”。2022 年 10 月，国务院办公厅印发《全国一体化政务大数据体系建设指南的通知》，对数据管理作出一系列重要规定。数据治理，简单来讲是组织对数据事务采取的行动，其核心是组织中与数据事务相关的决策权及相关职责的分配。

在城市现代化过程中，提升数据治理能力的意义主要体现为：其一，提升公共数据治理能力是实现城市治理现代化的重要路径，数据资源的高效配置和利用是精细治理的基础；其二，加强公共数据治理能极大地整合公共数据资源，提高公共数据的共享水平；其三，加强公共数据治理能更好地造福社会，体现以人民为中心的施政理念。

5-2
成都市应急
管理一张图
安全生产
平台展示

成都市应急大数据应用平台在监测预警、指挥救援等 5 大领域，以及事故规律挖掘等 16 个方面发挥出重要功能，全面提升城市风险综合防控与应急协同处置能力。平台以数据为核心，以业务应用场景为抓手，构建成都应急大数据应用支撑体系，实现“一图式指挥、全域感知、综合研判、辅助决策”，为成都市突发事件综合分析研判和指挥调度提供智能可视化支撑，进而有效落实风险防控，将风险隐患消灭在萌芽状态。

1. 深度融合集成，搭建应急管理基础支撑框架

依托成都市浪潮政务云构建应急大数据平台数据存储、计算、应用云资源池，通过部署容器管理平台、微服务管理平台、大数据开发服务组件完成了应急管理综合应用平台基础支撑框架的搭建，提供应用快速部署、快速构建、统一运维管理等服务，

笔记

整合集成都市与城市安全和应急管理相关联的应用系统，覆盖“监督管理、监测预警、指挥救援、决策支持和政务管理”5大业务应用领域。

2. 汇聚多源异构数据，分析挖掘数据价值，推动数据资源共享应用

以数据为核心，将各类结构化和非结构化的数据，经过预处理、清洗、转换、关联、比对、标识、标准化之后，变为有价值的信息资产，并以目录、档案、服务等多种方式对外发布，实现横向集成、纵向贯通、全局共享的信息资源平台。首先根据应急管理部相关标准并结合成都市应急管理数据实际，完成了数据资源接入、分类及系统集成整合等标准规范的编写，初步形成成都市应急管理大数据标准规范体系。然后通过汇聚成都市本级、协作部门、区（市）县、社会单位采集等数据资源，对接入数据进行清洗、转换、关联、存储，形成了成都市应急管理数据资源池。按照数据服务要求对数据资源进行统一管理、统一服务发布及对外共享，实现“数据可知、数据可控、数据可取、数据可联”。

3. 数以致用，挖掘数据价值，助力业务革新、监管模式创新

成都应急大数据应用平台以浪潮政务云为支撑，以“平台＋生态”模式为依托，构建应急大数据集群、应用集群和信息资源数据库集群，为客户、生态赋能，目前已支撑成都应急管理局内多家生态合作伙伴进行上层应用建设，同时，此平台将作为成都应急管理局基础支撑框架，提供容器、微服务、技术和业务组件支撑，面向全局已建、在建、未建的应用系统提供应用开发、应用集成等基础支撑服务组件环境，为后续生态伙伴信息化建设提供统一平台支撑服务。

4. 依托基础设施，融合监测预警系统，开发应用场景

5-3
成都市应急管理一张图自然灾害平台展示

针对严峻的防汛形势，成都市依托卫星遥感、物联感知、EGIS等基础建设，融合各类事故灾害监测预警系统，开发建设防汛专题应用场景，“一图式”呈现雨量站、河道、水库、地质灾害点位综合监测以及应急救援力量分布等情况，对气象、雨情、水情进行多维度分析，为决策提供参考。当汛情出现时，迅速建立水文模型、水动力模型，模拟洪水产流、汇流、淹没时空动态演进过程；也可建立统计评估模型，基于历史洪水淹没范围、历史雨量、流量数据，对成都市历史洪水灾情进行时间序列动态可视化展示；还可以通过对实时雨情、水情以及灾害点周边脆弱目标、应急资源等数据多维度研判分析，一键生成周边“五情”（雨情、水情、工情、灾情、险情）综合分析快报，为指挥长、指挥部第一时间提供灾情预判和指挥决策支撑。在2020年“8·16”等5场区域性强降雨应急处置中，成都市防汛专题场景发挥了重要支撑作用。

五、智慧环保：西安市智慧环保综合指挥中心案例

近年来，我国秉承加快构建“智慧环保”体系，打造推动高质量发展“生态引擎”，用大数据守护绿水青山，开启“智慧环保”新时代的宗旨，大力发展智慧环保，不断推动污染治理信息化和智慧化转型。

笔记

具体而言，全面推动生态环境保护数字化转型，提升生态环境承载力、国土空间开发适宜性和资源利用科学性，更好支撑美丽中国建设。提升生态环保协同治理能力。建立一体化生态环境智能感知体系，打造生态环境综合管理信息化平台，强化大气、水、土壤、自然生态、核与辐射、气候变化等数据资源综合开发利用，推进重点流域区域协同治理。提高自然资源利用效率。构建精准感知、智慧管控的协同治理体系，完善自然资源三维立体“一张图”和国土空间基础信息平台，持续提升自然资源开发利用、国土空间规划实施、海洋资源保护利用、水资源管理调配水平。推动绿色低碳转型。加快构建碳排放智能监测和动态核算体系，推动形成集约节约、循环高效、普惠共享的绿色低碳发展新格局，服务保障碳达峰、碳中和目标顺利实现。

智慧环保依托现代物联网技术，通过对监测地区的环境信息进行感知、分析、整合，同时对环保需求进行智能反应，使决策者能够更好地作出契合环境发展需要的各项举措，进而实现环境保护的精细化管理。在陕西，生态环境建设正依托互联网和大数据技术走向精细化、智能化。卫星遥感、随手拍微信小程序、工地扬尘在线监测仪、环保烟火监控系统、遥感监测管理系统……数据、云计算、物联网等数字技术发展迅速，赋能经济社会的方方面面。

西安市智慧环保综合指挥中心平台包括 219 个空气质量监测站、38 套地表水水质自动监测站、8 套有机废气在线监测系统、网格化监管系统、空气质量预报预警系统、工地扬尘监测系统和数据对接归集、卫星遥感监测、环保烟火监控等系统。

以西安市环保烟火监控系统为例，该系统能通过构建技防体系加强环境保护，有效防范烟花燃放、秸秆焚烧等引发的空气污染。利用通信铁塔这样的高空资源布控热成像双光谱云台摄像机，实现 24 小时 360 度全方位监控。智能摄像机一旦捕捉到“热点”，就会锁定目标的经纬度。

目前，西安市布置了 467 个前端监控点位，利用 30 米以上的高空资源加装可见光和热成像双光谱云台摄像机，实现 24 小时 360 度巡航监测，基本不受雾霾、烟尘、雨雪、黑夜等恶劣环境因素影响。环保烟火监控系统能第一时间发现火情、扬尘等问题，锁定目标经纬度，通过手机短信和 App 通知的方式及时将火点告警信息推送至相关的二、三级网格负责人。目前，告警及时、信息通畅、定位准确、处置快速、流程闭环的工作机制已基本形成。同时，结合智能算法，环保烟火监控系统不仅可以严密监控烟花燃放、秸秆和垃圾焚烧，还可以对生活垃圾及建筑垃圾堆放、建筑工地黄土裸露、非法钓鱼等情况进行智能识别。

此外，网格化监管系统将 200 余个网格、1200 余名专职网格员、3 万个固定污染源有效结合，定人定岗定责定标，常态巡查动态监管。目前，西安市 3 万余个固定污染源单位已经被纳入巡查范围。专职网格员进入污染源单位后进行巡查，通过手机 App 填写巡查记录并上传至指挥中心平台。

西安市智慧环保综合指挥中心平台的建设和运行，有效提升了西安市生态环境保护工作的规范化、标准化和智能化水平，加快了业务协同化、管理现代化和决策科学化的步伐，为西安市生态环境部门分析环境污染成因和环境治理决策提供了科技支撑。

笔记

六、智慧治理：公共安全视频监控建设联网应用案例

推动社会治理模式从单向管理转向双向互动、从线下转向线上、线下融合，着力提升矛盾纠纷化解、社会治安防控、公共安全保障、基层社会治理等领域数字化治理能力。一是提升社会矛盾化解能力。坚持和发展新时代“枫桥经验”，提升网上行政复议、网上信访、网上调解、智慧法律援助等水平，促进矛盾纠纷源头预防和排查化解。二是推进社会治安防控体系智能化。加强“雪亮工程”和公安大数据平台建设，深化数字化手段在国家安全、社会稳定、打击犯罪、治安联动等方面的应用，提高预测预警预防各类风险的能力。三是推进智慧应急建设。优化完善应急指挥通信网络，全面提升应急监督管理、指挥救援、物资保障、社会动员的数字化、智能化水平。四是提高基层社会治理精准化水平。实施“互联网+基层治理”行动，构建新型基层管理服务平台，推进智慧社区建设，提升基层智慧治理能力。

“雪亮工程”即公共安全视频监控建设联网应用，是以县、乡、村三级综合治理中心为指挥平台、以综合治理信息化为支撑、以网格化管理为基础、以公共安全视频监控联网应用为重点的“群众性治安防控工程”。因为“群众的眼睛是雪亮的”，所以被称为“雪亮工程”。

在乡村主要道路口、人群聚集地建设高清摄像头，是以固定视频监控、移动视频采集、视频联网入户、联动报警系统为基础，以县、乡镇、村三级监控平台为主体的信息服务项目。利用农村现有电视网络，将公共安全视频监控信息接入农户家庭数字电视终端，发动群众、依靠群众、专群结合，通过实时监控、一键报警、分级处置、综合应用，实现农村地区社会治安防控和群防群治工作无缝覆盖。

“雪亮工程”视频联网共享应用解决方案如图 5-8 所示。

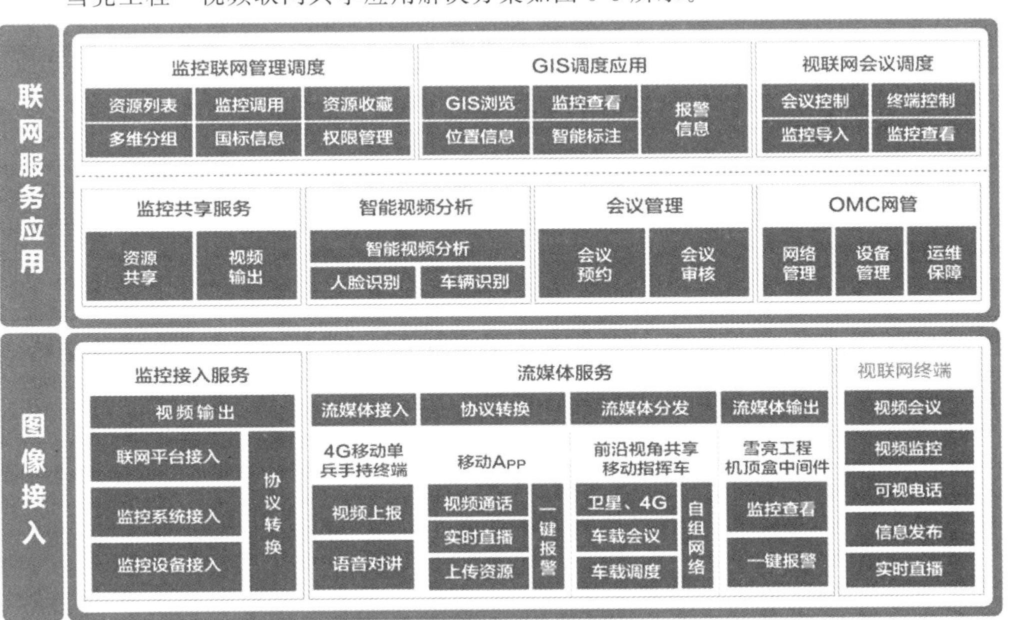

图 5-8 “雪亮工程”视频联网共享应用解决方案示意架构

笔记

1. 优化资源，提升治安管理

“雪亮工程”将学校、小区等公共场所及社区网络化等资源进行整合，实现村、镇、区三级综治平台可看、可查、可接警，并将“雪亮”视频资源与当地派出所共享，优化社会资源，增点扩面、联网融合，避免重复建设。在城乡接合部，流动人口众多，治安管理困难，通过授权居民在自家机顶盒和手机 App 上查看附近点位视频，发现问题及时报警，成功破获多起治安案件，提高了案件预警、处置和侦破效率，进一步提升群众参与的积极性。正是因为“雪亮工程”的护航，过去信息不对称、巡逻防范人员不够、技术预防措施不足等多种老大难的问题得到有效解决，人民群众安居乐业。

2. 有效解决偷盗等治安问题

某地连续发生多起摩托车被盗案件，作案手段及时间十分相似。侦查民警通过对接入的“雪亮”视频分析研判，锁定了嫌疑人的外貌特征及作案过程，在嫌疑人的活动区域定点布控，成功抓捕并追回被盗车辆。与之类似，某村发生多起耕牛被盗案件，经分析嫌疑人利用车辆作案。通过人脸识别、车牌识别智能应用对村、镇附近“雪亮”点位视频进行智能筛选，大大节约了断案时间，迅速、准确掌握了嫌疑人的作案规律并将其成功抓捕，有效保护了人民群众的财产安全，“雪亮工程”的效果也深受当地村民的称赞。

3. “雪亮工程”帮助人民群众解决生活实际困难

例如，工作人员通过“雪亮”客户端，发现一个年龄四五岁的小男孩独自在广场徘徊，十分无助。根据电子地图网格员实时定位信息，工作人员立即通知附近的网格员到现场问询，得知是小孩与父母走失，并帮助孩子回到父母身边。

4. “雪亮工程”充分减轻了基层工作人员的压力

自从工作人员利用“雪亮工程”中的 IP 音柱播放禁烧宣传的录音，加上“雪亮”App 上的政策发布，有效减少了巡逻车的出勤次数，节省了社会资源。

思考题

1. 现阶段，我国公共数据开放共享存在哪些方面的障碍？
2. 有哪些举措可以促进公共数据开放与隐私保护并重？
3. 你还知道哪些公共数据开放共享的实践经验？

笔记

第六章

企业数据的流通交易与应用

在信息时代，数据被认为是企业最为宝贵的资产之一。通过对数据的收集、计算和分析，企业从中掌握市场趋势、用户偏好、消费倾向和需求，作出具有前瞻性的决策，这不仅使得企业可以从中获益，而且可以提高经济社会整体的生活工作效率。在数字经济时代，为充分释放企业数据价值，国家对企业数据的流通交易日益重视并持鼓励态度。企业数据的流通既激发了数据权利人开发数据的积极性，又极大地释放了企业数据要素的应用价值，推动了数字化经济高质量发展。本章主要介绍企业数据的流通交易与应用，并结合推进企业数据流通交易的中外实践，剖析企业数据流通交易的实践案例与应用场景。第一节概述企业数据的定义、特征与分类。第二节介绍企业数据流通交易的中国实践与国外经验，包括企业数据流通交易的中国最新实践和国外企业数据流通交易模式及经验借鉴。第三节从我国企业数据流通交易的实践入手，分别从金融行业和供应链管理两个角度整理归纳了包括金融支付、融资、采购管理、集中仓储、库存管理、智慧物流等企业流通交易的实践案例与应用场景。

第一节　企业数据概述

一、企业数据的定义

企业数据从广义上来讲主要包括企业自身生存发展的数据以及在生产经营过程中产生的数据，比如公司概况的基本信息、产品介绍、生产信息、客户数据等；企业数据从狭义上来讲，一般通过搜索都能直接获取的企业本身的基本情况数据，例如企业本身的经营规模、类型、发展历程等。

学术界目前对企业数据尚未有明确且被认同的概念，不同学者对企业数据的概念作出了不同的界定。石丹（2019）将企业数据定义为，是由企业掌握并运作的数据，具体包括企业市场运营、财务、人员等商业信息，当然也包括该企业通过合法化手段

笔记

获得的用户信息。聂洪涛和韩欣悦（2021）认为企业数据是由企业持有的，可独立存储，有实际经济价值的数据，并且数据能够初显一定规模的上述集合。李杨和李晓宇（2019）从企业数据的特征和企业数据外延两个层面对企业数据进行了分析，他们得出企业数据具有专有性及能够为企业带来经济性利益，最终他们认为，企业数据具有稀缺性的属性，其通过数据转换的形式，形成具有经济利益属性的代码或字符。换言之，企业数据可为企业带来可观的经济利益。郑璇玉和杨博雅（2021）的研究发现，企业数据与商业数据的基本内涵有一定的重合，二者均可来源于个人数据、企业在生产阶段产生的数据、市场调研数据、政府部门数据等。此外，一般而言，使用商业数据的主体多为企业。但商业主体包括自然人、公共机构、非法人组织等，一般情况下主张使用"商业数据"的概念。

在政策层面，政府更多的是从数据产生主体和数据治理角度对企业数据进行了界定。在 2022 年 12 月颁布的《关于构建数据基础制度更好发挥数据要素作用的意见》中，企业数据被界定为"各类市场主体在生产经营活动中采集加工的不涉及个人信息和公共利益的数据"，从数据产生主体角度对企业数据进行了界定。财政部 2023 年 8 月 21 日对外发布《企业数据资源相关会计处理暂行规定》，其中将企业数据界定为"企业按照企业会计准则相关规定确认为无形资产或存货等资产类别的数据资源，以及企业合法拥有或控制的、预期会给企业带来经济利益的、但由于不满足企业会计准则相关资产确认条件而未确认为资产的数据资源"，这一界定明显是为企业数据资产会计管理服务的。

综合上述观点，并结合我国数据要素管理的最新政策实践，我们将企业数据定义为"企业进行投入并开发持有，通过合法方式采集、挖掘的数据，以及企业对数据进行加工、整理、分析形成的衍生数据"，这些数据具有一定的经济价值，即可为企业带来实际收益并以此提升企业的社会竞争力。

二、企业数据的特征

随着数字经济的蓬勃发展，企业数据的经济价值变得日益重要，数据市场成为许多企业的必争之地。企业对数据的占有和使用的过程中，产生了数据不正当竞争纠纷、数据垄断等现象。为了制定合理的企业数据产权保护制度，需要明确企业数据的基本特征，企业数据本身的独特性质决定了企业数据产权制度设计的逻辑起点。

（一）无形性、可复制性和非消耗性

首先，从企业数据的表现形式来看，通常是储存在计算机网络中，多以编码的方式存在。因此，企业数据的无形性是指企业数据是通过代码、编程等方式实现电子化，具有了电子数据的基本特征，并按照物理介质方式进行存储。其次，企业数据具备可复制性，企业的数据财产属于不以实体存在的"无体物"，经过复制后，再生数据与原始数据的差别微乎其微，并不改变原始数据特征。最后，企业数据具备非消耗性。通过数据无形性与可复制性可知，非消耗性是指任何主体在使用数据后并不会对

笔记

原始数据产生实际损耗，因为数据是可复制的。所以说，数据的非消耗性也使得数据的使用更加普遍，不会因使用主体的增加而产生数据损失。

（二）规模性和稀缺性

企业数据的产生较为便捷，在计算机网络中的任何操作都能在后台程序中留下数据，这便会导致数据具有规模性。然而，从现实反映来看，数据的稀缺性并没有因数据数量的提高而下降，反而出现了数据数量越多其稀缺性便越大。例如，在新冠疫情期间，企业通过收集公众健康数据开展地区的疫情防控工作，若收集的数据数量越大，其预测结果可能会越精确，瞄准度也越高，范围也将更广，这对公共疫情防控政策的制定能够起到积极的作用。

（三）非排他性和可控制性

非排他性是指在物理上的非排他性。由于数据具有可复制性，便会产生多个主体同时占有的情况，因此企业数据的非排他性是物理上直观的非排他性。虽然企业数据具备物理上的非排他性，但这并不意味着企业数据不具备可控制性。现阶段，可实现对不同时段的数据流进行监管，以及可以实现对不同数据类型间的区别操作。因此，企业数据物理上的非排他性并不影响以技术手段实现对数据的控制。

（四）经济价值性

在现今数字经济时代，随着科学技术的迅猛发展，数据分析方式愈加多样，这使得企业数据的经济价值得以显现。在一些企业中，数据成了重要的生产资料，企业核心数据成为企业发展的重要支撑，甚至是企业的命脉，更进一步地，可能会成为国家与国家间的重要竞争点。从 2019 年开始，国务院多份文件强调数据产权的确立，旨在推动数字经济发展。国家将数据定位为生产要素，表明了认可数据具有实用价值的立场。此外，在市场中企业数据经济价值属性得到市场主体普遍认可，并进行数据交易。

三、企业数据的分类

（一）按照企业数据形成过程进行分类

依据企业数据的形成过程，可以将企业数据划分为企业自身生产或创造的数据和企业对原始数据经过数据处理技术形成的数据。企业数据具有多重聚合的属性，既包含自身创造的数据，又包含用户授权使用的数据和其他机构授权使用的数据。

1. 企业自身生产或创造的数据

这类数据是企业根据自身付出的人力、财力、物力经过技术处理所得的数据。如

笔记

“新浪微博与云智联”案件中，微梦公司针对“明星在线状态、在线时间、明星关注他人”等形成的分析数据则属于微梦公司自身创造的数据。再如“新浪微博与上海复娱文化”案件中，微梦公司为用户提供的信息发布共享、公众开放平台等服务的微博产品也是微梦公司自身生产的数据产品。

2. 企业对原始数据经过数据处理技术形成的数据

作为该类数据形成基础的原始数据可能是用户的个人数据，也可能是其他企业或者公共机构生产的数据。前者是企业数据中占比最大的一类数据，后者是企业基于对其他经营者或公共机构的数据而产生的数据。企业基于原始数据而形成的最终数据有两种样态：数据产品和数据集合。

数据产品是基于空间数据而构建的不同领域的专题数据，大多数以应用程序或软件的形式存在。数据产品包括用户数据产品、商业数据产品和企业数据产品三类。用户数据产品由企业开发，供用户分析、观察和使用的数据产品，包括指数型、统计型和生活型三类。如“百度指数”“微指数”均属于指数型用户数据产品；“Similarweb”“2020 年疫情数据地图”等是统计型的用户数据产品；“网易有钱”是生活型用户数据产品的代表。商业数据产品是由企业开发以供商业使用的，具有数据收集、计算、分析等功能的数据产品。此类数据产品如某些机器学习平台、可视化产品、社交分析产品等。企业数据产品是企业自建自用，辅助员工工作和提高业务效率的数据产品，如企业内部搭建的风控监控和分析产品等。

数据集合没有类似于数据产品极高的专业性，多出现在文娱产业领域，主要目的是方便用户的日常生活和文娱需要。“数据集合”一词已被多位学者使用并作为研究对象分析。徐实（2018）将“数据集合”作为研究对象并致力于从知识产权法引入企业数据保护策略的研究。刁云芸（2019）曾将“作品数据集合”作为研究对象并探讨反不正当竞争法保护策略。本书根据实践中已出现的数据集合，大致将其分为三类：其一是基于用户点评信息、新闻生成的数据集合。此类典型的数据集合如大众点评软件基于用户点评和商户信息形成的聚合数据。其二是基于用户发布的视听作品生成的数据集合。如抖音平台上用户发布的短视频文件及其他用户评论内容。其三是基于用户发布的文章内容生成的数据集合，如微信平台上用户发布的文章或者经授权转载的文章等。

（二）按照企业数据公开程度进行分类

从公开程度分析企业数据的类型划分，可以将企业数据分为企业公开数据和企业非公开数据。企业公开数据是指企业公开收集的数据，这类数据具有海量、范围广、不具有针对性的特点。公开数据典型的例子就是微博、百度和谷歌等网络社交平台收集的海量用户信息、发表的音视频、文字内容等。企业非公开数据是企业经过自身经营活动累积的具有重要价值的数据，这部分数据可能涉及企业的商业决策信息、用户隐私、企业数据安全等问题。非公开数据的经济价值往往相对更大，预测和决策收益更大。

企业数据的分类情况如表 6-1 所示。

笔记

表 6-1 企业数据的分类

<table>
<tr><th>分类标准</th><th colspan="4">具体类型</th></tr>
<tr><td rowspan="9">企业数据形成过程</td><td colspan="4">企业自身生产或创造的数据</td></tr>
<tr><td rowspan="8">企业对原始数据经过数据处理技术形成的数据</td><td rowspan="2">维度一：原始数据性质</td><td colspan="2">用户数据</td></tr>
<tr><td colspan="2">其他企业或者公共机构的数据</td></tr>
<tr><td rowspan="6">维度二：数据最终形态</td><td rowspan="3">样态一：数据产品</td><td>用户数据产品</td></tr>
<tr><td>商业数据产品</td></tr>
<tr><td>企业数据产品</td></tr>
<tr><td rowspan="3">样态二：数据集合</td><td>基于用户点评信息、新闻生成的数据集合</td></tr>
<tr><td>基于用户发布的视听作品生成的数据集合</td></tr>
<tr><td>基于用户发布的文章内容生成的数据集合</td></tr>
<tr><td rowspan="2">企业数据公开程度</td><td colspan="4">企业公开数据</td></tr>
<tr><td colspan="4">企业非公开数据</td></tr>
</table>

第二节 企业数据流通交易的中国实践与国外经验

一、企业数据流通交易的中国实践

（一）企业数据开放实践

企业数据开放是实现企业数据跨组织、跨行业流转的重要前提。我国政府从 2019 年开始陆续探索政府数据开放，但企业数据开放的立法仍处于探索阶段，企业数据孤岛问题尚待解决。从近年的政策导向看，国家有意改变数据独占的局面。2020 年 6 月，工业和信息化部提出要支持上下游企业开放数据，建立互利共赢的共享机制，鼓励平台企业、龙头企业向中小企业开放数据资源；2022 年 3 月发布的《关于对“数据基础制度观点”征集意见的公告》提出，要鼓励互联网企业开放公共属性数据；2022 年 5 月通过的《江苏省数字经济促进条例》指出，要引导互联网企业、行业龙头企业开放数据资源。

笔记

（二）企业数据共享实践

如果说数据开放是企业向外部提供数据的行为，那么数据共享既包括数据内部交换（企业内部门之间数据交换），也包括数据外部流通（企业间的数据交换）。为了促进我国企业间数据共享，我国政府近年来出台了一系列支持政策。2018 年 1 月，国务院办公厅印发《关于推进电子商务与快递物流协同发展的意见》，提出要健全企业间数据共享制度，完善电子商务与快递物流数据开放共享规则；2021 年 2 月，国务院国资委印发《关于加快推进国有企业数字化转型工作的通知》，提出要加快大数据平台建设，创新数据融合分析与共享交换机制。实践中，2018 年 Facebook 与华为等 4 家中国企业达成了数据共享协议；2021 年蚂蚁集团与国有企业商议共享数据；2021 年 7 月，有消息显示，中国互联网两大巨头腾讯与阿里巴巴在考虑互相开放生态系统，其中涉及企业数据共享问题。

（三）企业数据交易实践

数据交易是指对有潜在价值的原始数据进行权属界定后形成数据资产，进一步规范和治理后转化为数据要素，最终进入市场流通。国外数据交易产业始于 2007 年，此后数据交易业务得到快速发展，微软数据市场、甲骨文在线数据交易等数据服务商密集涌现。我国数据交易产业起步较晚，2015 年 8 月，国务院发布的《促进大数据发展行动纲要》提出“引导培育大数据交易市场，开展面向应用的数据交易试点……促进数据资源流通”，成为国内最早提及数据交易的政策文件；2020 年 4 月，数据作为生产要素被正式写进《关于构建更加完善的要素市场化配置体制机制的意见》；2021 年 1 月，《建设高标准市场体系行动方案》提出研究制定加快培育数据要素市场的意见，加快培育发展数据要素市场；2022 年 1 月，《深圳经济特区数据条例》实施，其第五十八条规定“市场主体对合法处理数据形成的数据产品和服务，可以依法自主使用，取得收益，进行处分”，这意味着企业数据产品和服务可以成为交易对象。

（四）我国企业数据流通交易的困境

1. 企业主观限制数据交易流通

以用户为核心的竞争环境导致了数据流通的能动性不足，网络实践中企业不愿意分享其所掌握的数据，甚至存在企业通过用户协议试图单方面垄断数据的现象，成为企业数据流通的主观障碍。例如，互联网企业通过用户协议要求用户同意将用户数据转让给平台（《艺龙旅行网服务条款》第 6 条）或者授权平台独家且无限制的数据使用权（《陌陌用户协议》第 10 条第 5 款）。2017 年，新浪微博单方面修改《网络服务使用协议》，修改后的数据许可条款规定微博是用户数据独家发布平台，该事件引发社会广泛关注（见图 6-1）。时至今日，此种要求数据独家授权的现象仍十分普遍，这种消极的主观意愿既源自企业经营者独占数据利益和避免潜在法律风险的心态，也受到法律规定不明、成本分担不合理及技术障碍等客观层面因素的间接影响。

笔记

中青在线 | 新闻

频道首页 舆情 头条 要闻 中国青年报 国内 国际 教育 经济 青体育 汽车 专题 图片

首页 -- >> 新闻频道-- >> 国内新闻

微博用户协议之争：背后是平台内容争夺白热化

发布时间：2017-09-18 07:31 来源：北京晨报

一则安装前极易被用户默认勾选同意项的新版用户服务使用协议，意外地将收入水涨船高的微博推上了风口浪尖。

因对其中涉及“版权”、“独家刊登”等协议条款的不满，不少用户对微博的“霸王条款”感到愤怒。16日，新浪微博修改了用户协议，并就此问题作出回应。微博称，用户对自己的原创作品毫无争议地拥有著作权，该条款仅针对未经微博平台同意的第三方非法抓取行为。大平台“傲慢”的背后，也反映出版权日趋激烈的竞争态势。

霸王条款：你发的微博，版权归新浪？

15日晚间，新浪微博发布了《微博个人信息保护政策》，由于必须同意接受该政策后才能继续使用微博，不少人第一次开始认真研读微博相关协议。

有网友发现，在默认用户同意的《微博用户服务使用协议》中要求，“未经平台事先书面许可，用户不得自行授权任何第三方使用微博内容”。由此引发众多网友对自己微博版权的担忧。

图 6-1 新浪微博单方面修改《网络服务使用协议》争夺数据版权

2. 企业数据交易流通形式被动化

在企业数据流通实践中，数据控制企业普遍不愿意将其所掌控的数据流向社会，甚至意图进行数据垄断以壮大和稳固其商业实力，即便有数据可携带权的加持，但因权利范围和用户主导的局限，数据供给不足的窘境无法得到消解，故而迫使数据需求主体通过技术抓取手段来获取企业数据。笔者通过在某法律案例信息平台输入“数据+抓取+竞争”关键词进行全文检索，得到相关裁判文书400余份（见图6-2）。另据本书梳理发现，截至2022年初，已经涌现了40余例由数据抓取而引发社会关注的典型裁判案件，这表明以抓取形式被动流通数据的现象在我国网络实践中较为普遍。数据开放、数据共享、数据交易等企业数据主动流通形式虽然得到政策的鼓励，但实践应用却不尽如人意，相比政策的出台速度和热情，实践发展明显滞后。广州数字金融创新研究院调查指出，从经营业绩来看，各数据交易机构整体数据成交量低迷、市场能力不足。

3. 企业数据交易流通秩序混乱

一是在企业数据流通实践中，数据垄断与数据违规获取并存。在企业数据被限制流通后，其他企业为开辟竞争市场或谋求生存经营，通过技术手段抓取数据控制企业所掌握的数据，甚至铤而走险实施“数据搭便车”等不正当竞争行为。例如，蚁坊公司与新浪微博数据纠纷案中，蚁坊公司因为未经允许获取和使用微博平台后端数据的行为被判定为不正当竞争。二是在企业数据流通过程中，侵犯国家数据主权、社会公共利益、企业数据权益和公民个人信息权益的情形常有发生。

笔记

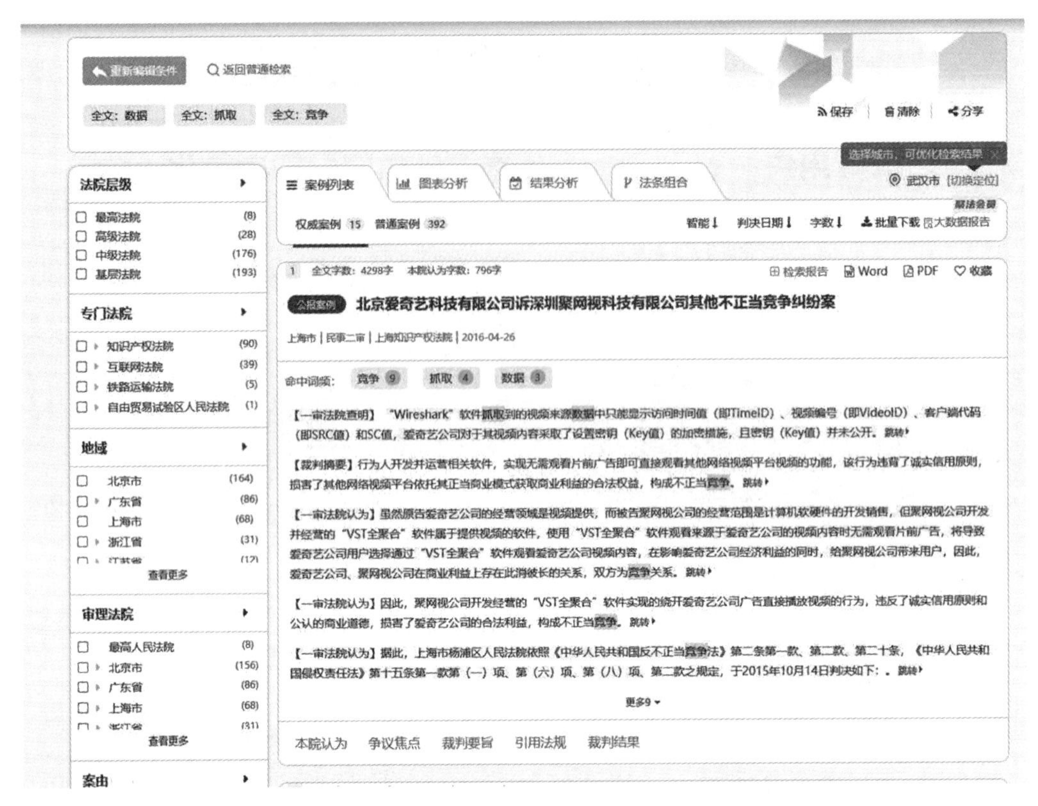

图 6-2　某法律案例信息平台关于企业数据流通不正当竞争的相关案件

4. 企业数据流通交易监管存在短板

数据自由流通并不意味着无须或无法监管。数据成为大型互联网企业无限制谋取利益并限制中小型企业尤其数字企业发展的工具，需要公权力部门介入调整。监管问题已成为企业数据有序流通的最大难题之一。从监管态度来看，政府相关部门针对数据流通这一特殊市场认识不一，对数据监管的态度也未达成一致。从监管主体来看，企业数据流通的监管部门尚不明确，法律法规的笼统与缺失，造成数据流通有关监管主体及职责不明，而多种类型、不同领域的数据融合，也增加了数据流通的复杂性，迫切需要监管部门明确相应的监管规则。从监管技术来看，缺乏必要的技术手段使有关部门对数据流通监管力不从心，暴露出企业数据流通市场的“无标准”“无监督”状态。从监管环节来看，尚未形成监管闭环，缺乏主体准入审查制度、数据流通前期安全评估制度、安全风险预警制度、流通授权核验制度和争议处理机制。从监管及时性来看，监管部门主要是针对企业限制数据流通的行为进行反垄断执法、对数据流通中的侵犯个人信息权益行为进行事后监管和规制，这种监管模式具有滞后性和调查期长的局限，无法满足数字经济时代的效率要求。

（五）“数据二十条”出台背景下我国企业数据流通交易的新发展

笔记

企业数据流通交易困局背后的根本原因是我国缺乏完善统一的数据要素流通交易

基础制度，具体表现为：一方面，企业数据确权存在瓶颈，对企业数据的权属关系没有明晰统一的判断标准，企业数据交易流通市场体系不完善；另一方面，数据要素流通交易法律供给明显不足，企业数据流通促进和保障立法不完善，企业数据要素收益分配秩序混乱，数据流通安全不能得到有效保障。为此，《关于构建数据基础制度更好发挥数据要素作用的意见》（以下简称“数据二十条”）对外发布。“数据二十条”的出台为企业数据要素确权和流通交易提供了规范和保障，有助于打破企业数据流通交易面临的困局。

1. “数据二十条”为企业数据要素确权提供制度保障

“数据二十条”首次提出了探索数据产权结构分置制度，即数据资源持有权、数据加工使用权和数据产品经营权，并明确了数据分类分级确权授权制度，传递出能够保障多方权益、释放数据要素流动信号，有助于打破数据资源的单一垄断。

2. “数据二十条”为企业数据要素流通交易夯实市场基础

“数据二十条”明确提出建立合规高效、场内外结合的数据要素流通和交易制度，从规则、市场、生态、跨境等四个方面构建适应我国制度优势的数据要素市场体系。“数据二十条”的发布，激活了数据流通交易的市场交易机制，企业数据交易市场活跃度将会大幅提升。

3. “数据二十条”为企业数据要素收益分配提供合理原则

“数据二十条”明确了“谁投入、谁贡献、谁收益”原则下的数据要素价值分配机制。特别提到“着重保护数据要素参与各方的投入产出效益”“推动数据要素收益向数据价值和使用价值创造者合理倾斜”“强化基于数据价值创造和实现的激励导向”“通过分红、提成等多种收益共享的方式”来平衡不同环节相关主体间的利益分配，体现了按要素合理取酬的原则。

4. “数据二十条”为企业数据要素流通交易提供治理规范

“数据二十条”强调统筹发展和安全，贯彻落实总体国家安全观，全文中“安全”一词共出现 48 次，“合规”一词共出现 16 次。“数据二十条”明确了守住数据安全是数据要素流通交易的红线和底线，是开展数据流通交易的首要条件；同时定义了数据安全治理是数据基础制度的四大组成部分之一，贯穿数据流通交易的各个环节。只有建立健全数据要素安全体系，才能保障数据能够更加有效地运转和流通。

二、国外企业数据流通交易模式及经验借鉴

（一）欧盟：立法主导下的强数据共享模式

1. 欧盟有关企业数据流通的立法及政策

作为数据立法先驱和数据治理引领者，欧盟在 2017 年初就着手建立欧洲数据经济。2018 年 4 月，欧盟公布《关于欧洲企业间数据共享的研究》，提到欧盟应保持最

笔记

低必要限度的监管以促进企业数据共享。2019 年 5 月生效的欧盟《非个人数据自由流动条例》对非个人数据的跨系统流通问题作出了规定。2020 年 12 月，欧盟发布《数字市场法案》（DMA）草案与《数字服务法案》（DSA）草案，二者的核心目标都在于为商业用户及消费者提供一个安全可靠、公平开放的数字环境。2021 年 3 月，欧洲议会在一项关于欧洲数据战略的决议中指出，数据集中导致市场失衡和自由竞争受限，阻碍了数据访问和使用。同时，该决议敦促欧盟委员会提出一项数据法案，以鼓励和促进更为公平的数据流动。2022 年 2 月，欧盟发布《数据法案》（DA）草案，旨在解决数据流转障碍，加强企业间数据共享，并引导和促进数据利用。随着该法案的发布，欧盟拟强制亚马逊、微软或特斯拉等科技巨头向第三方分享数据，迫使企业达成数据共享协议，实现企业对企业的数据共享。

2. 突出强调数据共享，构建数据共享的信任机制

2022 年 4 月，欧盟通过《数据治理法案》（DGA），法案基于“促进各部门和各成员国中的数据共享”目标，为企业间的数据共享实践提出了“数据中介服务”。相关平台以建立商业关系为目的，区别于传统网络服务供应商，是以实现数据在不特定个人信息主体、数据持有者与数据使用需求方之间分享的中介平台，旨在解决企业数据共享中的不信任问题，促进企业自愿开放其数据，防止大型平台形成商业锁定而限制小型竞争企业的发展。立法者认为，长期阻碍数据共享的原因是没有消弭商业合作不信任的制度或机制保障，而“数据中介服务”被欧盟寄予厚望——“可期待成为数字经济的一个关键性角色，尤其是支持与促进企业间的数据共享实践”。从内容来看，数据中介服务具有三个亮点：其一，数据中介服务独立于数据持有者或数据需求方的数据供需关系之外；其二，数据中介服务的个人信息处理应符合特别法要求；其三，经认可的数据中介服务主体，可发放通用认可标识，并通行于欧盟全域。一些学者认为，数据共享中介机构的出现，会增加企业共享数据的意愿，在数据经济中发挥至关重要的作用。

（二）美国：判例主导下的强数据开放模式

1. 美国企业数据流通的法治实践

在开放数据领域，美国被认为是先行者和引领者。2021 年 12 月，美国公布了一项法案，要求 Facebook 等社交媒体向独立研究人员分享其平台数据。司法领域，美国审理了多起数据抓取纠纷典型案件，针对非公开数据的抓取和使用，在 Facebook，Inc. v. Power Ventures，Inc. 案中，法院认为，被告需要满足“用户＋平台”授权规则才可抓取用户好友数据和其他企业数据。针对公开数据的抓取和使用，法院以服务器私有为依据认定 Bidder's Edge 对 eBay 网站进行数据抓取的行为属于非法入侵动产，这意味着抓取公开数据也需要平台的授权。

2. 强调公共利益在数据纠纷案件中的比重

美国法院对于平台公开数据的态度经历了由“严格”到“宽松”的转变，HiQ Labs v. Linkedln 案中，因被抓取的数据具有公共开放性，法院认为不需数据控制者的授权，即便数据控制者撤销授权也不会对抓取行为的合法性判断产生影响。

笔记

（三）日本：监管主导下的强数据合作模式

1. 企业数据流通的日本法治实践

2016 年 1 月，日本政府发布《第五期科学技术基本计划（2016—2022）》，促进数据流通成为实现构建社会 5.0 目标的重要举措。2016 年 12 月，《官民数据活用推进基本法》通过；2017 年 3 月，官民数据活用推进战略会议成立，旨在根据《官民数据活用推进基本法》促进数据流通，解决社会问题。2017 年 4 月，出台《为实现数据流通平台间合作的基本事项》，对打通各数据流通平台所需的数据目录、API 接口、数据安全测评等若干事项提出了规划方向。2017 年 5 月，日本完成修订并实施新的《个人信息保护法》，对个人信息的定义及数据跨境流动等方面的规定进行了完善，成为指导数据流通市场健康发展的基本性法律规范。2019 年 2 月，《欧盟日本数据共享协议》生效，允许个人信息在欧盟和日本之间自由流动，并由此形成了全球最大的数据自由流通区域，促进了数据的跨域流动。

2. 多主体参与数据流通治理机制

日本政府注重对超大型企业的数据流通监管。2017 年 6 月，日本公正交易委员会发布《数据与竞争政策调研报告》，认为“若任由数据流通市场自由发展，则可能产生具备数据垄断超能力的超大型企业，从而压缩初创企业和中小企业发展的空间”，故而日本政府于 2019 年 2 月宣称成立反垄断监管机构，并对 Facebook 和 Google 等大型科技公司进行审查。注重政府主导的数据流通监管的同时，日本政府也强化社会主体在数据流通过程的参与。一是利用数据交易平台和数据银行，为数据流通从基础设施层面提供良好环境。二是通过成立“数据流通推进协会”等行业自治组织对数据流通市场进行标准规范和数据推广。除了强化各数据流通参与主体的合作，日本政府还注重数据流通的国际合作，促使国外企业与国内企业共通数据，实现企业数据资源跨境共享、交易和利用。

第三节 企业数据流通交易的实践案例与应用场景

一、企业数据在金融行业的应用

支付体系是经济金融基础设施最重要的组成部分，直接决定各类经济金融活动的安全和效率，对经济、金融的稳定和发展至关重要。近年来，我国支付体系建设取得了显著成就，在促进经济社会发展方面发挥了重要作用。支付体系服务主体多元化发展，形成包括人民银行、银行业金融机构和其他机构在内的组织格局。人民币银行结算账户管理体系不断完善，金融账户实名制稳步落实。非现金支付工具广泛应用，形成以票据和银行卡为主体，互联网支付、移动支付等电子支付为补充的工具系列。

笔记

（一）企业数据在金融支付领域的应用

1. 主权数字货币建设：我国数字人民币的发行与交易案例

数字人民币（e-CNY）的发行与交易是数据要素在金融支付领域中应用的重要体现。数字人民币的发行、兑换和流通各环节富含数据要素。中国人民银行是数字人民币大数据管理主体，通过提取和分析数字人民币全生命周期数据进行分析能够更好地服务于决策制定。在兑换和流通环节，商业银行及相关机构需要利用大数据、人工智能等技术手段对客户交易和行为数据进行分析，进行服务和产品创新，提升客户个性化服务能力，有效拓展经营边界。作为数字经济的关键生产要素，数据的合理有效利用和有效流通的重要性日益提升。

我国高度重视法定数字货币的发展，陆续出台了多项重磅政策，强调数字人民币的发展与应用。2021年我国在《要素市场化配置综合改革试点总体方案》中指出："支持在零售交易、生活缴费、政务服务等场景试点使用数字人民币。"2022年，我国在《"十四五"数字经济发展规划》中对数字人民币发展作出了明确要求，指出"稳妥推进数字人民币研发，有序开展可控试点"。另外，我国将发展数字人民币作为"十四五"规划的重点，提出"到2025年数字经济核心产业增加值占GDP比例10%"，数字人民币作为数字形式的法定货币，是数字经济时代的产物，对释放数据要素活力、加速数字经济发展、建设数字中国具有重要的推动与反哺作用。

（1）数字人民币的技术特性。

数字货币是指基于密码学和网络点对点技术，由计算机编程产生，并在互联网等虚拟环境发行和流通的电子货币。目前，中国人民银行数字货币（DC/EP）正处于加速推进的进程之中，数字货币的实质是将数字化技术推进至M0领域，是货币发展规律和支付需求催化的供给侧结构性改革。因此，从广义货币划分的视角看，这也是对聚焦M2（主要是零售存款）数字化的移动支付的有益补充（见图6-3）。

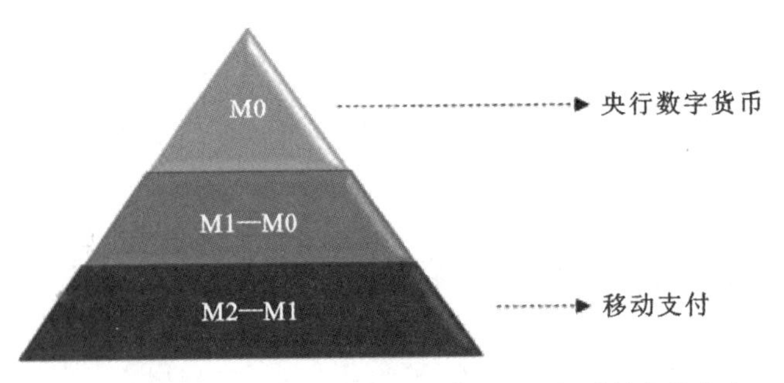

图6-3 数字人民币的加速发展，填补M0领域数字化空白

在数字经济时代下移动支付手段积淀的个人用户账号信息及真实交易数据等金融数据具有极高的价值，考虑到我国第三方支付的市场集中度过高，已经形成事实上的寡头市场格局，由此带来包括金融数据过度采集、金融数据滥用以及金融数据孤岛等金融数据治理的潜在问题。数字人民币的推出就是以市场化手段提高零售支付市场数据治理水平，在金融数据要素的交易结构中，作为数字人民币发行方的央行可以作为

笔记

数据中介服务商的身份存在，围绕个人隐私数据的保护和有序交易优化数字人民币的相应特性，更方便地促使数据需求者和数据供给者达成有效交易。

（2）数字人民币的流通机制。

发行机制：数字人民币的发行是指从中央银行（以下简称央行）数字人民币发行库发送至商业银行数字人民币银行库的过程。其整个发行过程为：商业银行数字人民币系统首先向中央银行系统发起请领申请，央行系统首先对该申请进行审批，审批通过后，对会计核算系统发起存款准备金扣款指令，央行的会计核算系统扣减该商业银行在央行的存款准备金，最后将数字人民币以同样数额从央行的发行库发送至该商业银行的银行库。在发行阶段，扣减商业银行存款准备金，等额发行数字人民币。

回笼机制：数字人民币回笼是指商业银行向央行缴存数字人民币，然后央行将数字人民币封存或作废的过程。回笼过程中商业银行数字货币系统向央行系统发起缴存申请，央行数字人民币系统首先进行审批，审批通过后将缴存的数字人民币作废，然后对央行会计核算系统发起存款准备金调增指令，会计核算系统增加该商业银行存款准备金，最后将数字人民币以同样数额从该商业银行的银行库发送至央行的发行库并作废。在回笼阶段，作废数字人民币后，等额增加商业银行存款准备金。

支付机制：数字人民币的支付主要在用户的移动终端通过数字人民币钱包方式，实现用户之间数字人民币的支付转移功能。在支付时，移动终端的电子钱包会发出支付申请，收款方电子钱包分析数据节点的指令收取款项，其交易记录同时上传到央行数据中心。从目前测试情况可知，数字人民币钱包客户端可以支持主动扫码、离线支付、出示二维码以及 NFC 快速支付等电子支付功能。对于实现离线支付的技术路线，大致包括两条：一是采取电子存储技术路线，二是采用区块链技术路线。具体数据交易结构如图 6-4 所示。

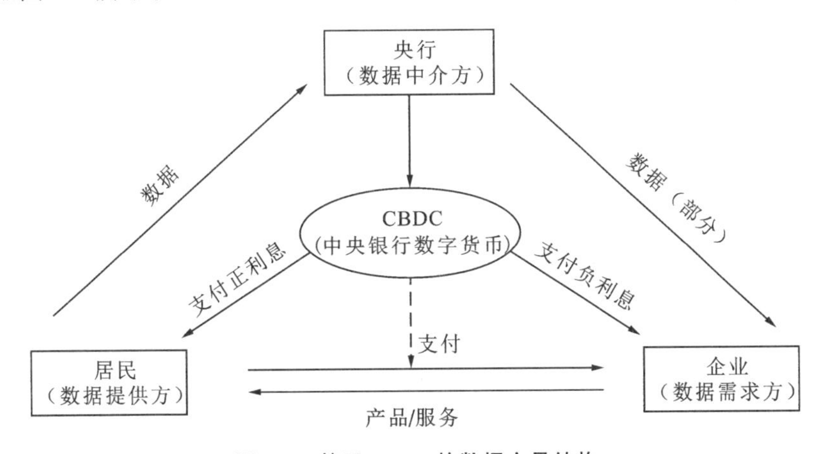

图 6-4　基于 CBDC 的数据交易结构

2. 交易风险识别：银河证券和渊亭科技的反洗钱应用系统案例

近年来，金融科技推动了支付方式的创新，例如移动支付、电子钱包和虚拟货币等。这些新型支付方式提供了更加便捷和安全的支付体验，减少了传统的现金交易和纸质支票的使用。同时，金融科技还使得跨境支付更加便利，降低了支付成本和汇款时间。然而，新的支付形式也催生了新的交易风险。层出不穷的数字欺诈是数字经济

笔记

背景下交易风险的突出体现。在支付环节，数据盗取方往往通过社工方式和技术手段，盗取利用个人姓名、手机号码、身份证号码和银行卡号等直接关系账户安全的要素，并进一步用于进行精准诈骗、恶意营销。面对盗刷和金融诈骗案件频发的现状，支付清算企业交易诈骗识别挑战巨大。大数据可以利用账户基本信息、交易历史、位置历史、历史行为模式、正在发生行为模式等，结合智能规则引擎进行实时的交易反欺诈分析。

其中，银河证券探索运用机器学习技术构建可疑监测预警模型，引入丰富的金融数据要素，在大数据平台进行海量金融数据加工，用机器学习平台训练模型，在前端系统输出预警结果及核查分析指引。

一是底层逻辑上，模型以典型案例和专家经验为基础，总结监测分析思路和要点，从客户身份、资金来源、交易目的、交易特征、行为特征、触发原因等方面出发，灵活引入均值、方差等统计量，设计了 6 大类 100 余个指向洗钱和相关犯罪活动的机器学习特征变量，用于构建模型。借助大数据平台，高效支持更大时间、空间维度的数据采集、清洗、加工，纳入了长时间跨度的客户身份信息、交易信息、第三方数据等，快速、准确计算复杂特征。

二是算法设计上，针对可疑交易预警工作现存不足，基于行业典型洗钱和相关犯罪场景，构建了有监督模型和无监督模型。有监督模型是以公司人工核实上报的可疑交易案例为样本，运用极限梯度提升（XGBoost）和逻辑回归等算法进行学习训练，从大量特征中挖掘，生成动态更新的洗钱打分模型和阈值，得分较高的客户其洗钱及相关犯罪可能性越高，需要开展人工分析核查。无监督模型在分析证券行业常见犯罪类型及交易特点的基础上，设计针对性、类罪化的监控场景，使用标签传播算法（LPA）、快速社区发现算法（fast unfolding）等挖掘内幕交易、操纵市场、洗钱交易等场景的常见特征，分别构建模型，预警可疑客户或团伙。

三是模型评价上，模型采取“定性＋定量”的方式，结合人工分析结果和数理建模经验，进一步优化、评价模型。其一，输出重点案例，开展人工分析及评价，根据反馈意见进一步优化模型。其二，根据模型特征贡献对特征进行精简，并运用 ROC 曲线等评价建模效果。其三，考虑到有监督模型相比规则模型可读性差、理解门槛高，针对模型一些最重要的特征进行异常分布分析，设置可解释性强的异常值文字提示，为监测分析人员提供核查方向。其四，分析明显偏离正常分布的社区聚类，将特征向量抽象成规则策略，增强策略可解释性，进一步优化无监督模型。

四是核查应用上，针对每一个机器学习项目预警的可疑客户，生成针对性的核查报告，包括预警客户基本信息及情况，以及分析提示要点，供人工分析使用。出于反洗钱保密工作要求以及数据安全性的考虑，对能够接触到结果数据的用户进行严格管理和身份认证，并遵循“权限最小化”原则为用户赋予系统使用权限，保障客户的信息安全。反洗钱机器学习预警模型，丰富了现有的反洗钱特征来源，并纳入负面信息、证券信息等第三方数据；将机器学习与大数据技术相结合，有效扩展监测的时间、空间范围；总结行业典型犯罪监测场景，针对客户关联关系可视化建模，提升了证券行业可疑交易监测模型的有效性。反洗钱机器学习预警模型开发流程如图 6-5 所示。

笔记

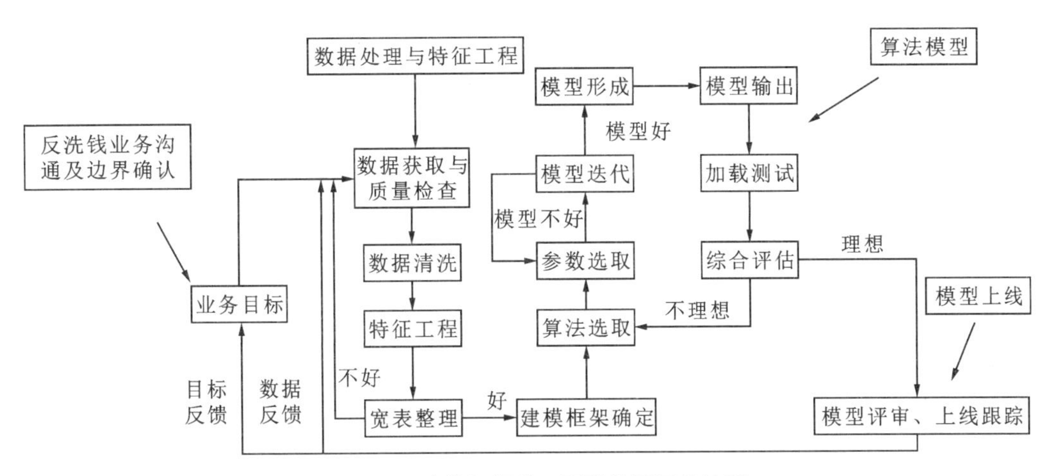

图 6-5 反洗钱机器学习预警模型开发流程

此外，在面对海量复杂的数据时，人类的处理和决策能力远落后于机器。借助知识图谱、机器学习等人工智能的科技力量，可帮助资管机构提升合规水平与数据探索综合能力。认知智能服务厂商渊亭科技针对合规成本高、误报率高、识别难度大、缺乏有效性和灵活性等行业痛点，设计推出“渊亭反洗钱智能交易监测分析平台”，如图 6-6 所示。

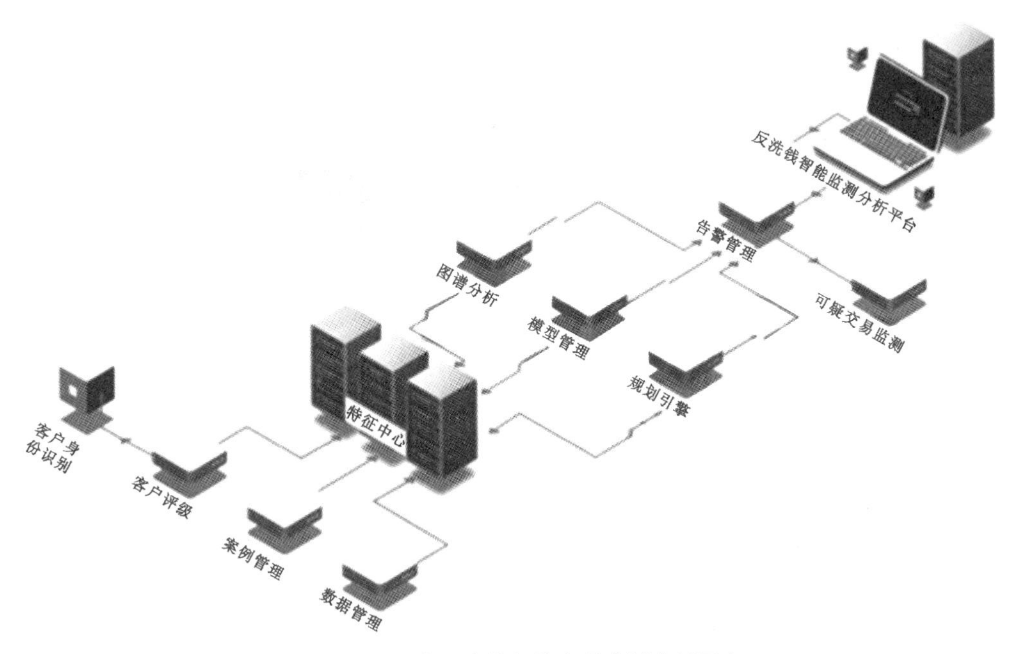

图 6-6 渊亭反洗钱智能交易监测分析平台

平台综合利用机器学习在特征发现和规律学习的优势以及知识图谱在关联挖掘和知识计算方面的优势，基于海量数据驱动，融合反洗钱专家规则，形成可解释的、可自主学习的、可主动预警的自动化智能反洗钱应用，致力于帮助资管机构实现客户全生命周期动态画像和风险分类、可疑交易事件穿透式监测、洗钱行为特征知识沉淀、洗钱风险事前预测等一系列目标。其内在优势主要有以下几点。

笔记

第一，机器学习提升异常交易监测与上报效率。机器学习是一种能够直接从数据中“学习”信息并建立规则的算法，它模拟人类大脑学习，通过数据处理、特征加工、模型训练与验证等工作程序完成模型的创建和优化迭代（见图 6-7）。在反洗钱、反恐怖融资等领域，可以实现对人工风控分析、判断行为等规律的自动学习。基于“智能反洗钱模型”的异常交易识别引擎，甄别能力可以达到资深反洗钱专家 95%的水平，可节省 90%的人工核查成本，提升上报的及时性、规范性和有效性。除此之外，由于机器学习模型成果在实际应用中具备持续学习的能力，因此随着训练次数的增加，机器的工作效率和对异常交易的判断准确性将逐渐提升，尤其满足互联网在线业务模式下的海量实时交易监测需求。

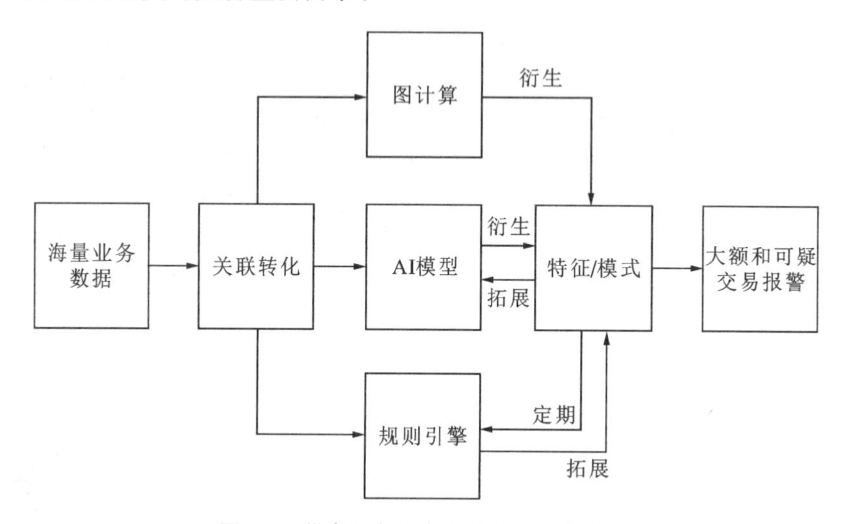

图 6-7　渊亭平台异常交易识别技术思路

第二，自研特征计算引擎反哺反洗钱知识库。人工智能技术是一项可迭代的系统工程，当可用于训练和学习的样本数据增多时，算法性能和模型精度可以得到相应提升。目前，机器学习在反洗钱领域面临特征量不够多、不够有效的问题，综合使用人工智能算法可以发现新型洗钱特征。通过自动学习未知洗钱模式，平台能够不断衍生、拓展和规则化定义洗钱特征，形成洗钱特征知识沉淀，反哺反洗钱知识库，帮助资管机构迭代优化反洗钱规则体系，实现反洗钱监测闭环优化。除此之外，平台自动生成可视化模型的决策结果和可解释的分析报告，将有助于反洗钱专家还原犯罪场景，帮助业务人员理解决策依据。

第三，分类识别交易类型，辅助上游犯罪监测。众所周知，洗钱与毒品犯罪、贪污贿赂、恐怖活动、违法走私、金融诈骗等许多严重刑事犯罪行为之间具有天然的联系。渊亭反洗钱智能交易监测分析平台基于洗钱特征，运用多分类模型，可实现智能识别和分类洗钱交易类型。结合图计算挖掘算法，对基于内外部数据构建的异质关联关系图谱进行碰撞分析，可进一步穿透日趋复杂的犯罪活动和复杂的资金流动，不断扩大监测覆盖的范围，精准勾勒金融交易链条，完整展示洗钱及其上游犯罪主体关联关系，辅助重点可疑案件串并案侦查识别。

第四，图谱关联分析精准定位可疑洗钱分子。跟传统的关系型数据库相比，图数据库的逻辑可以更好地解决绝大多数底层数据分析问题，特别是在面对海量关系

笔记

数据时，图数据的数据逻辑维度要远高于关系型数据。渊亭反洗钱智能交易监测分析平台的底层表达基于渊亭自主研制的大规模分布式图数据库 DataExa-Seraph，其在关系查询性能、复杂多层级分析效率、机器模型算法支持度、可用性和并发能力等方面具备优势。

知识图谱在穿透、关联和传导方面具有天然优势，尤其适用于利用多重身份、关联交易、跨行跨境转账等手段进行资金流转的反洗钱手段识别和犯罪团伙追踪，具体过程如下。

一方面，渊亭反洗钱智能交易监测分析平台通过将客户身份数据、行为数据、交易数据及其他外部数据以知识图谱的方式进行表征，深度梳理和可视化呈现了复杂的客户关系特征网络和资金交易流转结构，如图 6-8 所示。

另一方面，结合聚类分析、关联分析、碰撞分析等多种图计算算法，在无目标的情况下发现未知的洗钱分子和行为特征，逐层计算可疑账户与已知犯罪账户间的关联关系（比如号码共用、同时出入某场所等以往可能忽略的风险），深度挖掘相关的潜在洗钱关系分子或组织，可协助进行犯罪团伙角色定位（募资者、传话人、执行者等），识别隐匿的可疑洗钱分子身份，如图 6-9 所示。

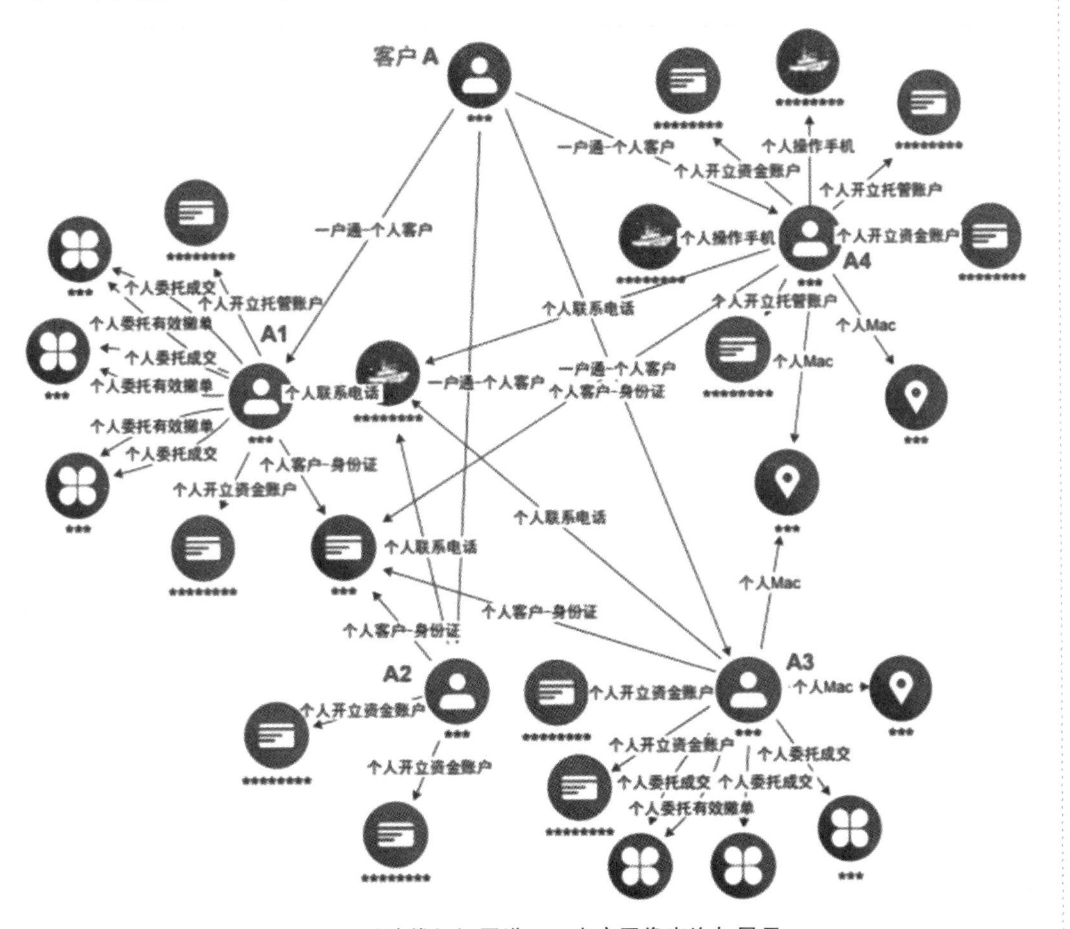

图 6-8 反洗钱知识图谱——客户画像查询与展示

笔记

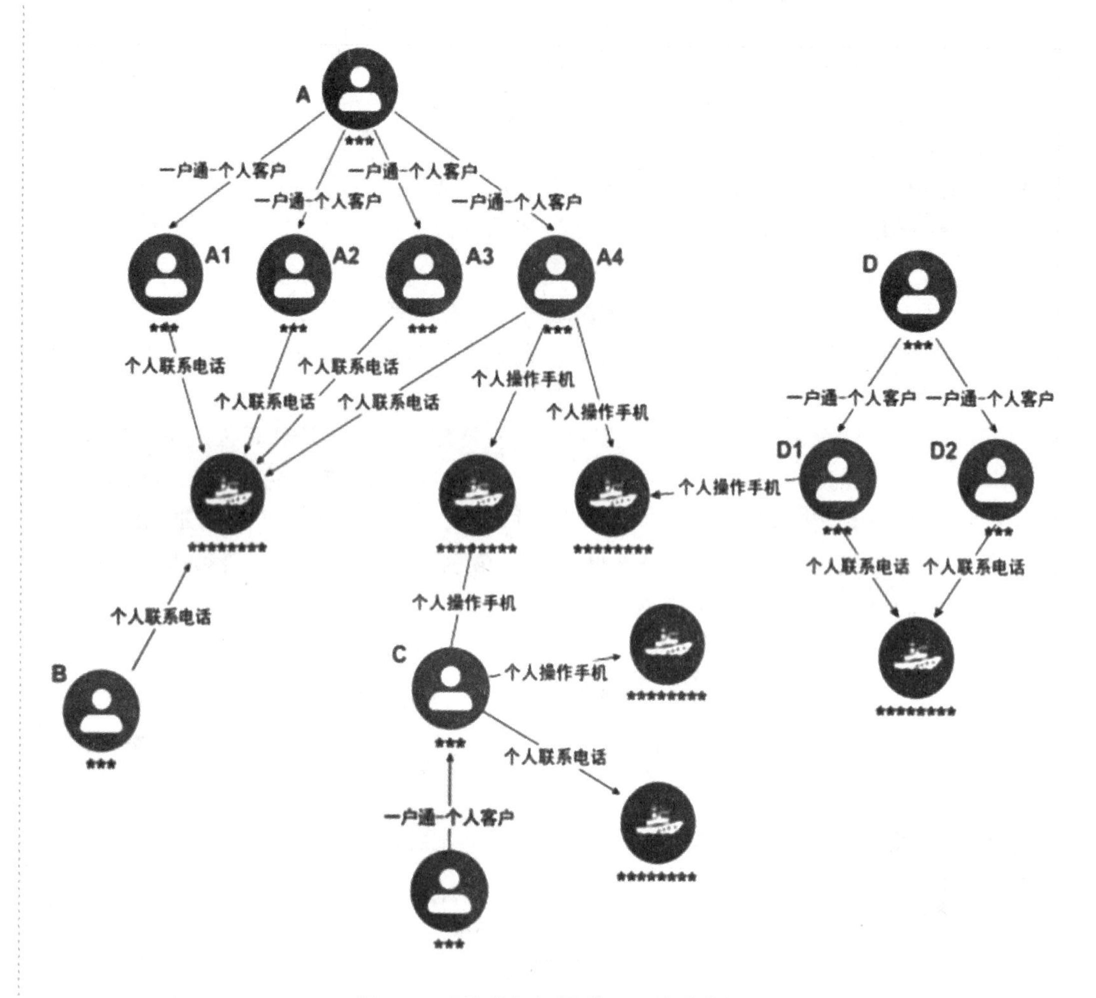

图 6-9　反洗钱知识图谱——关联分析

（二）企业数据在融资领域的应用

对于经营贷款业务的各类机构而言，信贷业务作为资金跨期配置的工具，核心是识别和评价信贷用户的还款能力与还款意愿，并据此作出是否进行贷款、贷款定价高低的判断。因此，金融数据要素拓展和深化融资业务的基本原理主要围绕以上核心逻辑展开。

1. 信贷风险评估：拍拍贷“魔镜”智能风控系统案例

在传统信贷业务中，银行对企业客户的还款能力和还款意愿的评估多是基于过往的信贷数据和交易数据等静态数据，这种方式的最大弊端就是缺少前瞻性。因为影响企业违约的重要因素并不仅仅是企业历史的信用情况，还包括行业的整体发展状况和实时的经营情况，而企业数据要素的介入使信贷风险评估更趋近于事实。内外部数据资源整合是大数据信贷风险评估的前提。一般来说，商业银行在识别客户需求、估算客户价值、判断客户优劣、预测客户违约可能的过程中，既需要借助银行内部已掌握的客户相关信息，也需要借助外部机构掌握的客户征信信息、客户公

笔记

共评价信息、商务经营信息、收支消费信息、社会关联信息等。该部分策略主要目标是为数据分析提供更广阔的数据维度和数据鲜活度，从而共同形成商业银行贷款风险评估资源。

2007年6月，上海拍拍贷金融信息服务有限公司（NYSE：PPDF，以下简称拍拍贷）在上海成立，是中国最早的网络借贷信息中介平台之一。经过十年的发展，拍拍贷于2017年11月在美国纽交所成功上市。拍拍贷2018年一季报显示，截至2018年3月31日，拍拍贷累计注册用户数达到7142.4万人；累计借款用户数为1128.2万人；累计投资用户数为58.2万人，实现持续增长；复借率为78.7%，同比增长19.1%。

拍拍贷等“P2P网贷”主要有三个挑战。其一，拍拍贷笔均借款金额只有几千元，如果依靠人力，服务成本太高，没法完成，需要利用技术手段解决；其二，央行征信中心大约拥有4亿人的征信记录，但是中国还有10亿人没有征信记录，需要很长时间积累大量的数据来验证风控模型；其三，“P2P网贷”撮合交易模式面临难题，比如，平台审核通过的借款项目如何很快得到投资人认可，从而实现有效撮合交易等。拍拍贷创始人、CEO张俊表示，“挑战很多，因此需要不断通过技术手段解决这些问题”。

拍拍贷自成立之日起就以科技为驱动力，借款人只需在线上填写手机号码、身份证号码等基本信息，几分钟内就可以完成审核，给出借款额度和费率，满标后借款人就可以获得资金。具体步骤如下：开启一项借款时，借款人需在拍拍贷App或网页上填写手机号码、身份证号码等基本信息，并授权拍拍贷调取相关数据。在完成基本信息填写之后，拍拍贷还会通过“高可用数据采集系统”来进行进一步的数据采集工作，目前该系统已对接了拍拍贷内部十几条业务线，对外完成了近百种数据源的采集工作，已经实现99.9%的采集工作能够在10秒内完成，其中包括征信数据、第三方机构数据等。

拍拍贷于2015年上线了自主研发的大数据智能风控系统“魔镜”（见图6-10），能够对每一笔借款进行评级并精准定价，实现审核的全自动化；同时，拍拍贷也有专门的反欺诈团队，截至目前，拍拍贷的反欺诈团案模型已经取代了原规则性推送，并已向实时反欺诈模型过渡。张俊解释：“千人千面，我们会针对每个借款人的情况进行分析，决定是否出借、可以借多少钱以及费率是多少，越靠谱的借款人所获得的额度就越高，同时费率也越低。”风控其实可以借助日常生活中的逻辑进行初步判断，比如一个借款人是否有车、有房、结婚、生子以及教育程度等，这些可以较为直观地看出其信用程度，但由于借款人有可能填写不实信息，所以需要通过已有的大量数据进行交叉验证判断。上述过程完成后，若借款人确认借款，拍拍贷就会发布借款标的，投资人可开始投标直至满标。

2. 畅通信息传递：建设银行“小微快贷”子产品“云税贷”案例

传统信贷业务的开展受到信息非有效性问题的制约，特别是借款主体受限于技术能力，自身亦未能充分掌握信息，面临着行业经营不确定性、外部风险等因素的冲击。与此同时，借贷双方由于所处环境和位置的不同，出借方未能充分及时掌握借款人的最新信息及数据；部分借款人亦存在一定的道德风险，这些因素都制约了商业银

笔记

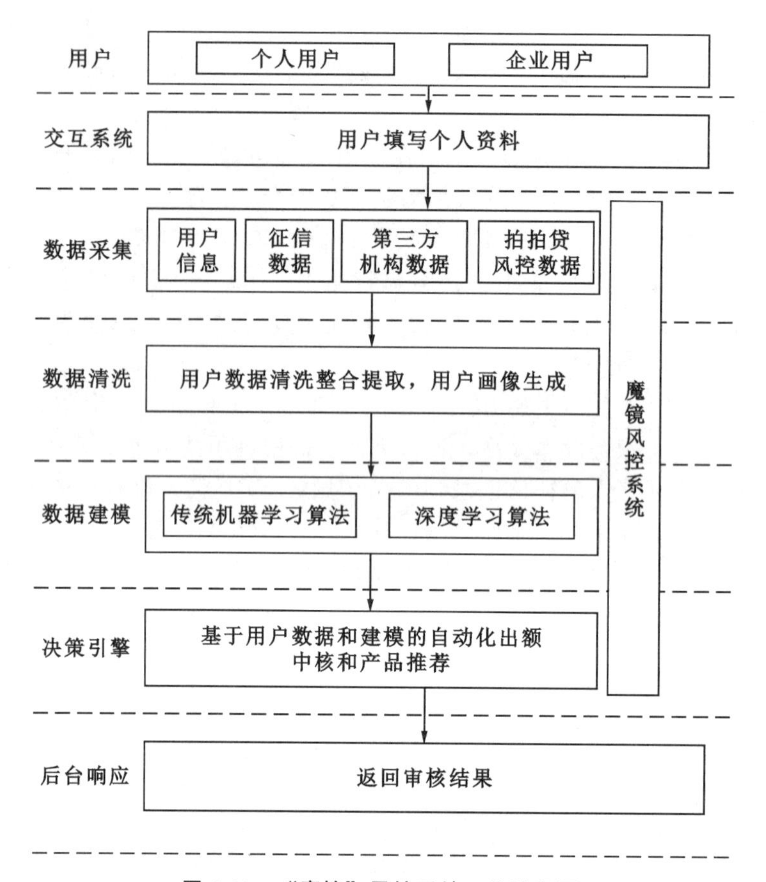

图 6-10 “魔镜”风控系统工作流程图

行信贷业务的进一步拓展。基于此，数据化信贷的出发点，即是通过数据获取、数据挖掘、数据处理来降低信息非有效性。利用大数据技术，银行可以根据企业之间的投资、控股、借贷、担保以及股东和法人之间的关系，形成企业之间的关系图谱，有利于关联企业分析及风险控制。知识图谱再通过建立金融数据之间的关联链接，将碎片化的金融数据有机地组织起来，让数据更加容易被人和机器理解和处理，并为搜索、挖掘、分析等提供便利。

2017 年，建设银行通过进一步深化银税合作，将涉税信息纳入“小微快贷”大数据体系，推出“小微快贷”子产品、“税易贷”线上版本——“云税贷”（见图 6-11）。“云税贷”结合了“小微快贷”与“税易贷”的优点，为小微企业提供了更加便捷、有效的信贷支持。“云税贷”以小微企业纳税情况为基数，结合税务部门的纳税信用等级等信息，确定贷款额度，更好地适应了小微企业的融资需求。具体地，其产品基本原理是基于小微企业纳税信用等级、纳税记录、信用状况及结算情况等全面信息的采集和分析，全流程网上在线申请、在线审批、在线签约、在线支用和多渠道还款的快捷自助信贷品种。“云税贷”办理过程中，小微企业及企业主通过建设银行网上银行进行相关身份认证后，就可在线申请办理“云税贷”业务，后台系统将自动审批生成贷款额度，后续支用时，只需输入支用金额，贷款即可自动存入企业账户。

笔记

图 6-11 建设银行“云税贷”产品

3. 简化信贷流程：新网银行大数据信贷模式的案例

金融机构尤其是银行业一直以来被人诟病流程烦琐，一方面源自传统信贷业务有着严格的贷前调查、贷中审查和贷后检查的流程；另一方面因为技术落后而造成的效率低下、客户体验差等问题。企业数据要素的广泛应用能够有效简化银行业务流程，极大缩短业务审批时间，进而提升客户体验，达到风险正向选择的目的。具体地，随着移动互联和生物识别技术的广泛应用，手机 App 即可完成客户身份的识别；依托模型计算和大数据分析，自动化审批推动线上贷款业务的快速发展；金融科技应用不但可以跟踪贷款过程，提示预警信息，还能通过场景化金融控制信贷资金流向。当金融科技与信贷业务深度融合，银行能够有效简化业务流程，提升获客精准度和客户质量，从而为客户带来快捷方便、安全可靠的服务体验。

新网银行是全国第一家全面应用机器学习技术进行零售信贷风险决策的银行。与另外两大互联网银行相比，新网银行大数据信贷的主要特色在于“全客群、全实时风控”。“全客群”指新网银行面向全网络开放获客，而微众银行和网商银行主要面对各自大股东生态体系内的已有客群。新网银行并不事先挑选客户，也不预设条件，只要申请便可获得审核的机会。“全实时风控”指银行在客户发起授信申请时，根据客户提供的信息和客户授权实时调取客户数据，实时作出风险决策。新网银行的贷款审批效率较高。从客户在新网银行提出贷款申请到最后得到审核结果，平均用时 42 秒左右。在所有申请者中约 70％会被直接拒绝，这部分用时只需几秒钟。最终通过审核的审核时间一般为 1～2 分钟，再到放款的时间只需 10 多分钟，全程没有人工干预（见图 6-12）。

一是数据来源上，新网银行对数据的要求坚持四大原则，即“数据丰富、来源合规、数据准确、成本低廉”。新网银行使用来源自己采集的数据和外部数据在内的数十个维度的数据。自己采集的数据包括客户在与新网银行交互时所填写的基本信息、操作痕迹、生物数据等。外部数据则来自央行征信报告、各地政府大数据平台（社保、公积金、违章、法院判决、住房登记、婚姻状况等市民基本行政信息）及其他第三方数据源（电信运营商、公安、学信网以及各持牌或准持牌征信机构）。在为多家

笔记

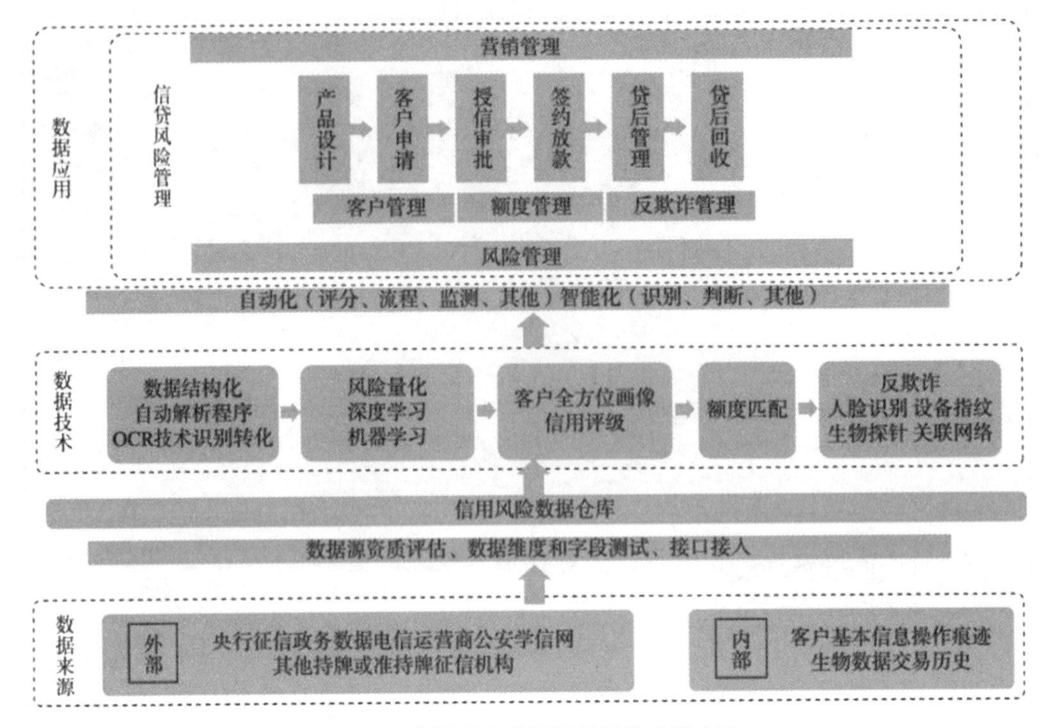

图 6-12　新网银行大数据信贷模式简介图

P2P、小贷公司进行存管的过程中，新网银行也能够了解客户是否存在多头借贷的情况。据估计，新网银行的单个客户审批成本在 3～6 元。

二是数据处理技术上，新网银行基于支持异构数据处理的数据库搭建了提供历史数据查询和存储的非结构化数据平台。此平台通过统一访问接口，对贴源数据和仓库数据进行备份和调阅。根据在线数据的不同生命管理周期及对历史数据的分析、挖掘需求，准确、实时地把在线数据区的数据同步到历史数据区。平台还用于存放处理新网银行的非结构化数据，支持文档型数据、图片、音视频等数据的存储、搜索和自动回收。

三是数据质量上，针对客户数据饱和度不同的问题，为了增加现有评分的效力，新网银行设计了“客户信息饱和度”这一指标给不同信息量的客户赋以不同衡量权重，并因此获得了专利。新网银行有一套标准的外部数据信息接入流程，从数据源资质的评估、数据维度和字段的评估，再到接口接入。新网银行要求数据来源必须合法合规，数据字段需要经过测试，满足覆盖度和区分度等定量要求。银行也会定期对已经接入的数据和已经构建的模型进行验证，确保数据和模型持续有效。对于效果衰减明显的数据和模型，新网银行会进行替代或者迭代。目前，该模型的区分能力良好，在客户准入、额度管理等方面发挥着重要作用。

二、企业数据在供应链管理中的应用

笔记

供应链管理是企业提高成本控制能力、培育新的利润增长点的重要手段，因而一直是企业管理的重中之重。随着数字经济的到来，企业管理过程变得更加复杂和更为精细，与日俱增的不确定性也让供应链风险日益增多，传统的供应链管理模式已经无法很好地应对企业需求。在此背景下，如何充分利用企业数据要素实现企业供应链管理数字化、降低企业运营风险是企业面临的重要挑战。一般而言，一家企业的供应链链条大致可以分为前端采购、中端仓储和库存以及后端的销售物流，这构成了供应链管理的主要内容。因此，本部分将从供应链管理全过程的重要环节（采购、仓储、库存和物流）入手，层层递进，针对企业数据在每个环节中的应用选择典型案例来进行详细讲解，为企业数据在供应链管理中的应用提供一个全面且深入的图景。

（一）采购管理：中粮糖业的采购管理数字化建设案例

中粮集团有限公司是中国农粮行业领军者，全球布局、全产业链的国际化大粮商。中粮集团以农粮为核心主业，聚焦粮、油、糖、棉、肉、乳等品类，同时涉及食品、金融、地产领域。中粮糖业为中粮集团旗下糖业上市平台，主营业务包括国内及海外制糖、食糖进口、港口炼糖、国内食糖销售及贸易、食糖仓储及物流、番茄加工等。

中粮糖业立足服务“三农”，是提升国内糖业种植、加工能力的领军力量。同时作为国家食糖进口的主渠道，年自营及代理进口量约占中国进口总量的50%，是衔接海外资源与国内市场的桥梁。中粮糖业也是国内最大的食糖贸易商之一，是服务用糖企业、促进国内食糖流通的主力军。

作为我国糖业产业领军企业，中粮糖业采购业务复杂、管理供应商繁多、采购金额高，业务流程长、覆盖范围广、管理层级多。因此，提升集团采购管理水平，建立数字化采购管理平台，既是中粮糖业发展的内在迫切要求，又是国资委主导的“采购管理提升”专项工作要求，符合国家产业转型提升政策的指导方向。

1. 采购管理的痛点与难点

一是缺少统一的业务过程合规性管控平台。采购过程数据分散、信息不对称，采购质量依赖于个人的职业素养，需要通过平台统一体系，建立采购执行规范化、信息数字化、管理可视化，保障采购过程公开、阳光、合规。

二是中粮糖业执行“两级集采、三级执行”的集采集管机制，需要平台作为集采管理的有力抓手，落实集采管理，形成“管得住、集得了、买得好”的集采体系。

三是中粮糖业采购物料品种繁多，迅速发展的产业导致物料新增、变更业务频繁。因为缺乏统一、规范的基础数据管理标准，造成物料数据不规范，成为采购管理提升的“卡脖子”问题。

四是集团管理供应商众多，传统的“ERP＋OA”系统的信息化体系，缺乏对供应商的统一管理机制，无法共享信息、量化管理。需要通过数字化采购管理平台，整合供应商资源、共享供应商信息、形成全生命周期的量化动态管理体系。

2. 采购管理的数字化进程

一是阳光合规、管好招采。建立集团统一采购管理平台，统一供应商寻源准入及多级分类库。建立招标采购及非招标采购两类共8种采购方法，加强采购合规管控。

笔记

建立集中采购与授权自采等多种集采管理模式，强化集采集管。通过第一阶段建设，打造中粮糖业数字化采购管理持续提升的牢固基础。

二是全域管理、闭环体系。组织物料数据梳理，为管理数字化深化扫清障碍。在此基础上，建立“全流程、全品类、全场景”的在线采购管理环境，实现采购全域管理。打造开放数据中台，与集团其他信息化系统全面集成，建立闭环管理体系。

三是数字化创新。利用大数据、云计算等数字化技术，全面提升采购业务的自动化、智能化程度，实现业务价值提升。中粮糖业电子采购平台如图 6-13 所示。

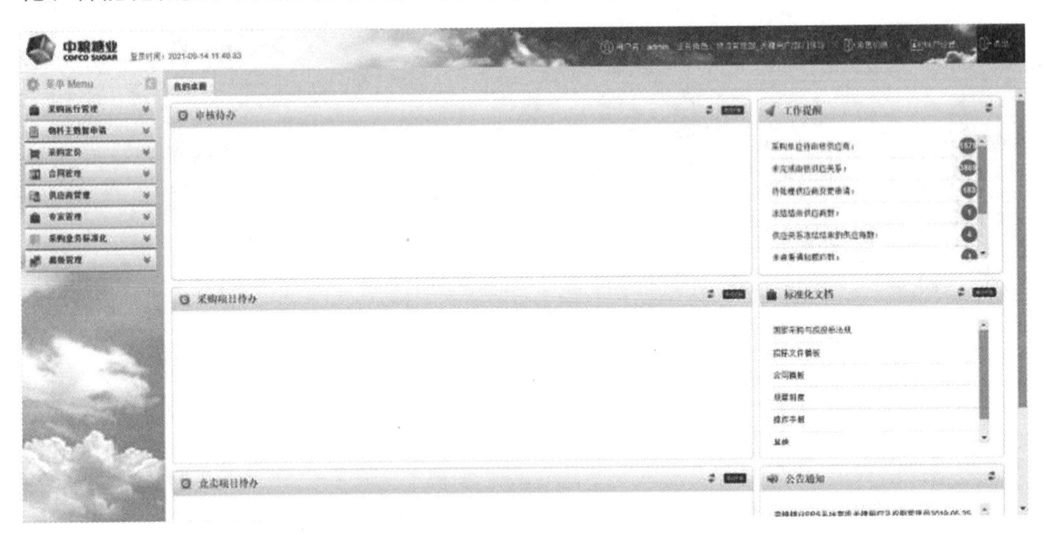

图 6-13 中粮糖业电子采购平台

3. 采购管理的数字化成效

一是形成覆盖采购需求计划、集中采购、采购合同、履约执行、对账付款的全流程在线业务平台，涵盖招标采购及非招标采购两类共 8 种采购方法。过程阳光、透明可追溯，在提高合规性同时，极大程度提高了业务效率，保证采购工作准确、及时、高质量。

二是建立全集团统一供应商分级分类库，形成开发准入、分级分类、信息共享、履约记录、量化评估、动态奖惩的全周期闭环管理体系。建立供应商画像，量化供应商能力，积累优质供方，推动产业供应链生态良性发展。

三是建立集中采购全覆盖，降本增效。针对生产原料采购、物流采购、工程项目采购，以及固定资产、包装物、燃料采购，实现了由总部统管，由总部或二级业务组织管理的两级集采体系，集中采购在线组织，并通过平台下沉到三级单位采购执行，实现了集采闭环管理，有效提升了集采率，取得了显著的集采降本成效。

四是建立采购管理标准化体系。规范采购合同、采购文件、过程资料、规则规范等模板库，加强业务过程规范性，提高业务处理的效率和质量，规范的管理基础也是数字化运营、智能化管理的结构基础。梳理物料主数据，梳理共 22 类合计近 10 万条物料主数据，剔除错误、重复、无效数据，优化数据基础。建立统一在线主数据管理流程，建立三级审核机制，按专业归口管理、明确责权、优化数据管理流程。

笔记

五是利用大数据，建立数字化风控体系，包括供应商风控和采购过程合规两大风控体系，通过数据模型分析，对采购过程中的“问题供方”以及“问题操作”建立数据分析、风险预警、过程干预的风控机制，消除采购管理盲区。

六是建立智能化数据分析，辅助采购决策，帮助采购人员发现集采整合、采购方案、谈判策略、价格优化、成本分析、供应商组成等方面的提升机会，形成采购决策报告，建立开标评定、采购合同、采购订单、履约跟催及对账付款等环节中的自动化应用场景，打造中粮糖业智能化采购体系。

中粮糖业数字化采购平台项目实施后成效显著，与实施前对比情况如表 6-2 所示。

表 6-2 中粮糖业数字化采购平台项目实施前后成效对比

	实施前	实施后
采购申请	从物料库选择物料，准确度差，库存、在途数据需要手工查询。需用部门电话询问采购进度	结合图片，准确申购物资，系统自动关联在途、库存数据，实时跟踪申请采购进度
寻源定价	按需进行定价，定价频次高；需要手工将中标价格录入 ERP 系统	内外部电商模式下可极大地降低定价的频次，定价完成后，价格自动通过接口传递给 ERP 系统
采购订单	需要手工创建信息记录，订单创建需要通过邮件或传真手工发送给供应商，需要电话跟催订单	中标结果写入 ERP 系统自动形成信息记录，一键生成订单，自动发布订单，供应商在线确认。自动跟催提醒
收货	依据纸质送货单逐项收货	基于电子送货通知单，批量读取待收货物料数据，直接确认结果
供方评价	简单管理，无考核	利用定价数据、收货数据、质量数据、供应商事件数据，评价时自动生成供方得分
统计分析	数据分散，线上、线下数据都存在，统计耗时耗力	所有采购过程数据电子化，快速生成报表

（二）集中仓储：浙江电信集中仓储建设的案例

中国电信浙江公司（以下简称浙江电信）是中国电信股份有限公司下属分公司，是中国电信首批在海外上市的四家省级公司之一，是浙江省内规模最大、历史最悠久的电信运营企业。公司旗下拥有 11 个市分公司、63 个县（市）分公司、1 个直属单位（省长途电信传输局）、2 个专业分公司（省公用电话分公司、省号码百事通信息服务分公司）。为深入贯彻党的十九大以来供应链发展国家战略，落实集团工作会议要求，提升供应链现代化水平，加快供应链数字化建设，加强支撑企业高质量发展具体举措落地，保安全、强服务、提价值，持续打造廉洁规范、高效协同、集约经济、安全可靠、智慧运营的现代供应链运营体系，向建设“国内一流、央企领先的现代化

笔记

企业供应链”总体目标迈出坚实步伐，集团公司决定进一步推进集中仓储体系建设工作，并下发《关于进一步加强集中仓储库存体系建设的指导意见》。

浙江电信积极响应集团建设管理要求，大力推进仓储集约化、标准化、信息化。仓储的现有问题主要表现在以下几个方面。

一是自有库存高。浙江电信通用物资库存金额与呆滞物资库存金额居高不下，物资共享及流转效率低，相应库存及呆滞管理指标均在全集团排名靠后。

二是供应商管理协同难。浙江电信原分散管理模式下，存在对供应商的谈判能力弱，在供应商管理难度大、地市分散检测背景下，送检率低，物资质量管理不足、供应商供货不及时，送货数量稳定性差等问题。

三是单据流程不规范。各地市自行下单、挂账、付款，存在单据操作标准不统一、流程不规范、付款不及时等问题。

四是仓储集中率低。仓储资源较分散，人力、仓库、设施存在交叉冗余。县库数量较多，省库面积不足，存在仓储资源分配不合理、管理优势不突出等问题。

1. 集中仓储的建设进程

（1）优化仓储集约策略。成立订单与配送中心，通过订单及仓储物流集约化管理，提高运营效率、加强操作规范，实现降本增效，有效控制库存风险。构建两级仓储管理体系，设立省级仓储配送中心，集中存放供应商 VMI 备货物资，响应地市批量备货需求，集中配送至市分屯库，具备集货、备货、储存、配货、加工等主要功能，弱化地市分屯库，存放当期建设或市场需要的自有物资、应急响应物资和逆向回收物资等，具备临时存储和中转功能，逐步取消县分屯库，临时存放待建工程物资、营销物资、办公用品等，短期维持现状以支撑生产（见图 6-14）。建立与集中仓储体系相适应的物资分类分级存储体系。建立物资存储规则，在保障物资及时供应的前提下，推进库存物资“横向”“纵向”集中仓储，提高物资集中存储度。横向推动工程建设、运维营销、行政办公等各类物资纳入配送中心、分屯库集中存储。纵向推动物资由县库向地市分屯库、地市分屯库向省配送中心集中存储，持续提升储备集约度。

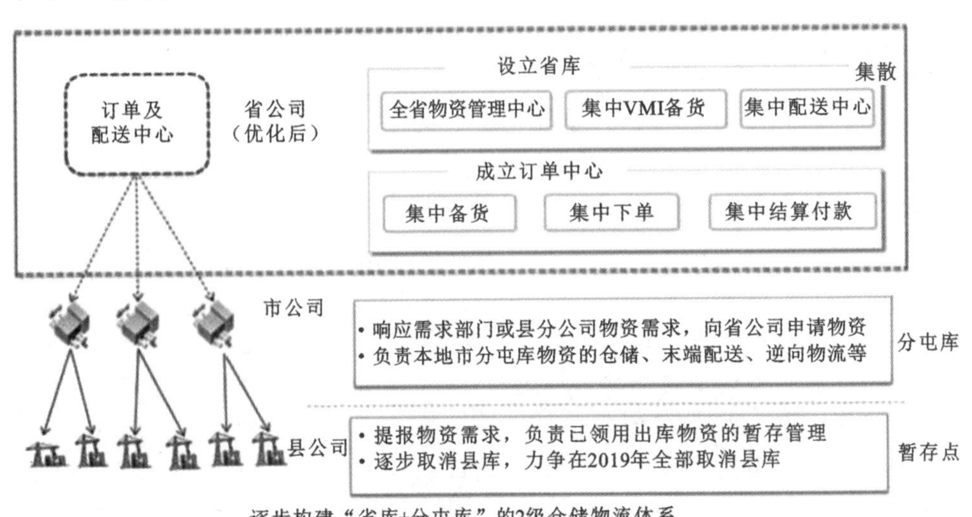

图 6-14 浙江电信两级仓储体系示意图

笔记

(2) 做优做强省级配送中心。充分考虑浙江电信仓储网络整体布局，结合物流服务水平和物流成本，设置杭州、宁波、金华、温州 4 个配送中心，实现 200 公里、4 小时响应服务圈（见图 6-15）。秉承“共享节约”的原则，在省配送中心所在城市，配送中心与地市分屯库共享仓储资源，实现资源的有效利用。其中杭州配送中心利用中通德清物流园区现代化资源，打造全国标杆。在保证满足配送时限的要求下，尽可能降低主实业总物流成本。终端等价值高、体积较小的物资（库存持有成本较高、物流成本较低的物资），可以在德清物流园区集中仓储，合理控制库存，充分降低主业库存持有成本。光缆等价值低、体积较大的物资（库存持有成本一般、物流成本较高的物资），可以分散在 4 个配送中心，降低实业物流成本。加强主实业协同和资源共享，充分利用主实业现有资源进行配送中心和分屯库建设，通过推进仓储业务托管、外包提升专业化管理水平。

图 6-15 浙江电信省级配送中心示意图

(3) 完善仓储配送一体化体系。一是明确全省配送管理体系架构。对于正向配送，原则上从供应商出发的为干线配送，从配送中心出发的为支线配送，从分屯库出发的为末梢配送，各省公司要明确各级配送业务的内涵和功能定位。二是明确各级配送主体。集团公司统一配送范围内的物资，要使用集团公司选择的配送主体。统一配送范围以外，集采合同规定了配送方式的物资，要按照集采合同执行。对于其他物资，干线配送可由供应商负责或委托第三方物流自提。支线配送可划分区域由第三方物流进行配送。末梢配送应区分物资品类分别采用班车配送（含自有车辆或第三方物流）、需求单位自提、员工提带货、合作伙伴配送等配送方式。三是明确配送计价与服务标准。供应商配送按照物资采购合同执行，第三方物流配送方式按照采购规范要求确定服务单位、计价标准和服务质量。

笔记

（三）库存管理：四川移动库存管理信息化的案例

中国移动通信集团四川有限公司（以下简称四川移动）是中国移动通信集团公司的全资子公司之一，已发展成为中西部网络规模最大、服务客户最多的通信运营商，有力促进了地方经济发展。四川移动响应集团“力量大厦”战略，实施精细化管理体系，以“创新驱动、融合发展，市场主导、重点突破，开放共享、安全规范”为发展原则，以“数字产业化、产业数字化、数字化治理”为发展主线，借助先进的大数据技术，以数据为关键要素，加快推进数字经济发展。

1. 库存管理的难点

一是库存品类管理难。难于物资相互调拨共享，易于形成物资呆滞积压库存；难于掌握需求并实现采购与库存动态调控等。

二是库存库龄管理难。难于及时掌控物资库龄信息，难于对长库龄物资及时处置，难于对超库龄物资进行预警并持续跟进等。

三是库存盘点管理难。信息化水平不足，主要采用传统式手工盘点，准确性较差、工作效率较低，资料信息安全性较低。

2. 库存管理的信息化进程

一是库存品类精细化管理。在物资通用产品库、项目产品库，以及产品相关性品类划分的基础上，再从需求量及计划性两个维度对产品进行二次划分，将物资分为重难点、热点、特殊需求、普通物资四大类。重难点物资特点是需求量大、计划性弱。针对这类物资建立“通用产品库＋专线物资库”的库存策略，同时采用集中调度，均衡供应的保障策略，补货策略为“人工干预为主＋系统控制为辅”。热点物资特点是需求量大、计划性强。这类物资统一存储在标准化通用产品库，采用集中下单，按需保障的保障策略，补货策略为“系统控制＋人工干预”。特殊需求物资特点是需求量低、计划性弱。针对这类物资建立“RDC＋分屯库库存”的库存策略，由 RDC 统筹保障区域需求，同时由人工操作进行补货。普通物资特点是需求量低、计划性强。针对这类物资建立“RDC＋分屯库库存”的库存策略，由分公司自行下单保障，系统控制补货。

二是库存库龄信息化管理。系统设置库存物资库龄，3 个月以内库龄为增量库存、3 个月至 6 个月库龄为存量库存，6 个月以上库龄为长龄或呆滞库存。系统设置库存物资库龄预警，建立库龄三色管理机制。库龄 3 个月以内系统推送三级绿色预警；库龄 3 个月至 6 个月，系统推送二级黄色预警；库龄 6 个月以上，系统推送一级红色预警，同时向相关业务项目经理、物资主管及库房管理人员的移动终端（手机）推送预警信息。特别是红色一级预警物资，持续关注这类物资，作为调拨消化的重点管控对象。系统设置有库存物资库龄查询功能，可根据物料编号库龄查询，也可根据物资型号查询，可查询到该物资库存量及库龄分布，可时刻关注到物资库存及库龄变化。

三是物质库存信息化盘点。由系统创建盘点凭证、生成盘点任务、分配盘点用户、激活盘点凭证。手持终端盘点操作、点击盘点、盘点任务、盘点单号、盘点仓（库）位、扫描盘点仓（库）位，输入盘点数量，完成盘点凭证下所有盘点任务后

笔记

结束盘点，系统生成盘库报表（支持查看、导出）。系统管理盘点凭证，盘点凭证盘点数据安全可靠，库存数据调取查阅非常方便。查询盘点结果，系统可查询到三色显示。未盘点“无色显示”，已盘点无差异“绿色显示”，已盘点有差异“红色显示”，红色差异的盘点，系统支持重（复）盘。系统可查询到盘点准确率、差异任务数，从而降低盘库出错概率（可重盘），以及排查库存差异原因，提升盘库的准确率。

四川移动供应链数据中心管理示意图如图 6-16 所示。

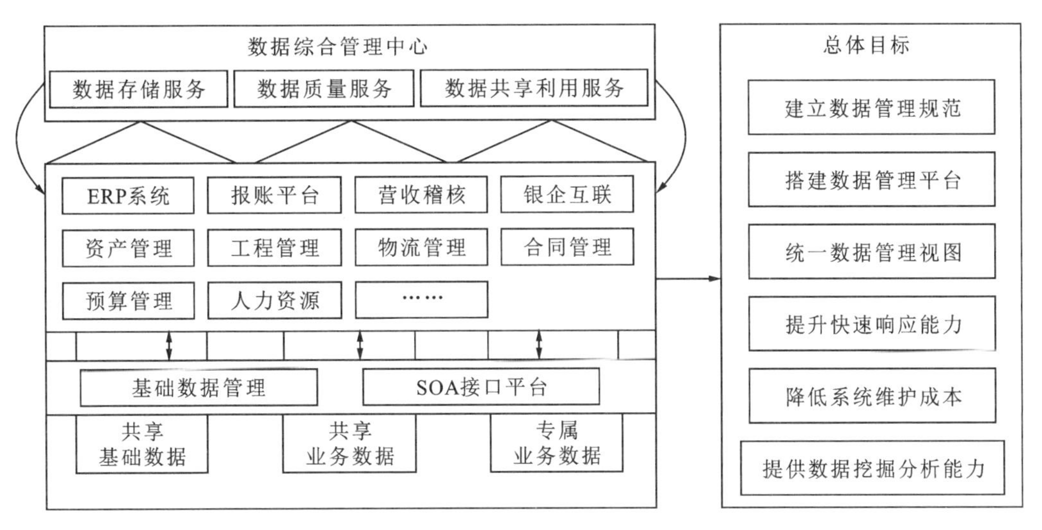

图 6-16 四川移动供应链数据中心管理示意图

（四）智慧物流：中铁物资智慧物流平台建设案例

中铁物资集团有限公司隶属于中国铁建股份有限公司，其前身是中国人民解放军铁道兵后勤部，经历抗美援朝战争的洗礼，1984 年随铁道兵集体并入铁道部，1990 年更名为中国铁道建筑总公司物资局，2003 年建立现代企业制度，定名为中铁物资集团有限公司。企业深入推动数字化转型，打造智慧物流平台，对中铁物资集团的物资供应物流环节进行精细化管理、降本增效和赋能产业。通过运用信息技术、互联网、区块链技术达到在途物资的监管目的，助力业务部门实现保供目标。通过平台实现物资从要货、发货、装货、在途监控、到货验收的数字化闭环管理。通过平台，实现物流环节的结算、支付、开票全面合规。通过运用税收返还、合规开票，实现成本的降低，达到实时对账的业务需求。通过嫁接银行、保险等各类金融服务，降低供应链各个环节的资金管理成本，实现整个供应环节的降本增效。

中铁物资集团主要采购的物资品类包括钢材、水泥及制品、钢轨、油品、砂石骨料等大宗建筑材料，其中钢材和水泥采购量占比最高。物资运输主要采取厂家直发工地，一票结算模式，部分库发物资或厂家不提供运输服务的采取自运模式。运力采购主要分为三种模式，即厂家承运直发模式、厂家指定承运商或承运商范围、自行公开招标采购。各子、分单位物流运输管理工作大多采取“管运分离”模式，即由营销、运营或集采部门负责运输招标及运输合同签订管理工作，实际对接由各业务部门或子分公司直接与承运商沟通。

笔记

1. 智慧物流的价值实现

一是管理价值。通过集团运力采购管理职能划分、采购管理制度、机构的建设，划清运力采购管理和实际物流业务边界，实现运力服务的“管采分离”，有利于物流业务的合规推行。平台可实现对中铁物资集团在物资供应的物流环节的精细化管理，可实现降本增效，提高物流服务管控质量。此外，平台通过物流运输全程可视化管理，实现在途物资配送监管，获取物流各环节实时数据，助力中铁物资集团实现保供目标，辅助中铁物资集团提升管理水平，推动物资集团完成“双保一降”的核心职责。

二是社会价值。平台是实现中铁物资集团业务战略转型的重要手段之一，让中铁物资集团从单纯的贸易价差的盈利模式逐步向平台模式转移，从利己的业务形态转向共建共享共赢的产业链整合，纵深到产业链上每个细胞，抓住痛点、解决行业性问题，赋能产业链条上的各参与者。

三是数据价值。通过平台运用产生的数据价值、形成的数据资产，将进一步改善建筑施工行业物流碎片化的现状，通过平台运营大数据建立多维度的数据模型提供数据服务。比如建立承运商信用指数、各地区的运价指数、运输健康指数、预测运价的走势、为顾客提供物流行业运力指数、辅助金融机构建立物流场景风控模型等，为中铁物资集团提供物流大数据分析以及数字化监管手段，也为建筑行业及政府主管部门提供物流行业数据分析和数据监管支持。

2. 智慧物流的增值服务

一是金融服务。平台将引入各类金融机构为物流生态链上有需要的各方主体提供金融服务。平台提供金融服务信息发布，打通了平台与金融服务商的风控系统、信贷业务核心系统，能够实现平台与这些金融系统无缝衔接、实时协同，实现了金融业务的在线管理，通过平台业务规模的扩大、真实交易数据的沉淀最终实现物流金融大数据平台，支撑金融机构构建精准的风控模型。

二是油品服务。平台为物流生态链上有需要的各方主体提供质优价廉的油品服务。平台提供了油品服务的发布，申请企业的资质审核、审批以及车辆卡管理和充值的一整套管理工具。同时油品中心打通了平台与油品服务商的业务核心系统的数据通道，能够实现平台与这些油品提供商的系统无缝衔接、实时协同，实现油品销售、企业开户、账户充值、加油扣款、资金结算等油品服务全生命周期的在线管理。

3. 智慧物流的建设成效

一是管理效率提升。平台以打通供应链各环节的信息系统为基础，实现发货、运货、验货、收货流程的线上化、标准化、可视化，实现从供应商接收订单到生产、配送、项目现场验收的全过程管理，使中铁物资集团从采购到销售形成完整闭环，从事后管理向事前和事中管理转变。通过加强对物流环节的透明化和数字化，从而对货物监管有效性、验收过程的管理精细化、物流成本可控性等方面提供巨大的价值。提升物资管理水平，打通物资从出厂到签收的链条，实现“业务数据一次

笔记

输入，其他系统相互调用”，彻底解决重复录入数据的现状。助力中铁物资集团实现保供目标，辅助物资集团提升管理水平，推动物资集团完成“两保一降”的核心职责。

二是经济效益提高。平台通过解构传统物流业务的特点，以平台为枢纽，高效链接货主、承运商、司机、收货人，实现货主便捷发货、平台智能分派、承运商灵活调度、司机随时随地接单、收货人及时签收等全程线上作业，打造物流生态链完整的闭环，帮助平台会员链接金融、保险、油品、货车等增值服务，从而实现传统物流业务高效、优质、快速发展。不同的阶段平台盈利模式不同，平台在最初推广以及运营阶段，盈利主要来源于平台业务交易收入以及政府财政补贴收入，后期成熟运营后，平台增值服务可增加整体营收。

三是社会效益增加。平台是实现物资集团业务战略转型的重要手段之一，让中铁物资集团从单纯的贸易价差的盈利模式逐步向平台模式转移，从利己的业务形态转向共建共享共赢的产业链整合，纵深到产业链上每个细胞，抓住痛点、解决问题。中铁物资集团通过平台，不仅可以为货主提供更好的物流服务，提升整体服务质量，降低物流运营成本，提供物流大数据分析支持，还可以为物资集团数字化转型提供强力支撑，为物资集团更好实现保供目标提供支撑。平台作为中铁物资集团物流信息的主要收集通道和载体，为各单位项目管理、分析、决策工作提供了及时、丰富的数据支持，实现物资管理数据的及时采集，为各管理层级决策提供数据依据。

中国中铁智能物流系统界面如图 6-17 所示。

图 6-17 中国中铁智能物流系统

笔记

思考题

1. 现阶段，我国企业数据流通交易存在哪些方面的障碍？

2. “数据二十条”为什么可以促进企业数据的流通交易？

3. 企业数据流通交易的欧盟模式、美国模式与日本模式之间存在什么区别，你觉得哪种模式更加适合中国？为什么可以促进企业数据的流通交易？

4. 你还知道哪些企业数据流通交易的实践案例？

笔记

第七章

个人数据的流通交易与应用

当前，以互联网、大数据、人工智能为代表的新一代信息技术蓬勃发展，对各国经济发展、社会进步、人民生活带来重大而深远的影响。特别是我国个人数据要素基础丰富，应用场景广泛，在政府管理、金融、医疗健康、教育等领域个人数据要素都发挥着重要作用，具有巨大的发展潜力。未来，我国有望在更多领域挖掘个人数据要素的价值，为数字经济发展注入强大动力。本章主要介绍个人数据的流通交易与应用，并结合个人数据特征及法律保护，剖析个人数据流通交易的实践案例与应用场景。第一节概述个人数据的定义、特征与数据安全。第二节介绍个人数据流通交易的中外实践，包括个人数据流通交易的国内外立法保护与分类分级现状。第三节从我国个人数据流通交易的实践入手，整理归纳包括个人数据合规流转交易、数据出境安全评估等个人数据流通交易的实践案例与应用场景。

第一节　个人数据概述

一、个人数据的定义

数据的可识别性是区分个人数据与非个人数据的关键标准。凡是单独可以识别出特定自然人的数据或者与其他数据结合后能够识别出自然人的数据，都是个人数据；反之，则为非个人数据。所谓单独能够识别出特定自然人的数据，是指从其本身就能识别出或联系到特定自然人的数据，如肖像、姓名、身份证号码、工作证号码、社会保险号码等。与其他数据结合能够识别出特定自然人的数据，是指本身无法识别出特定自然人的数据（如爱好、习惯、兴趣、性别、年龄、职业等），但在与其他的数据结合之后，这些数据就可以识别出特定的自然人。例如，Cookie 信息主要说明的是哪些范围的 URL（链接）是有效的，互联网企业通过 Cookie 技术收集的网络用户使用搜索引擎形成的检索关键词记录，反映了网络用户的网络活动轨迹及上网偏好。仅

笔记

凭这些数据本身无法识别出特定自然人，可是将它们与特定的网络账户或 IP 地址相结合，就能识别出特定的自然人，成为个人数据。

因此，在比较法上都将单独的可识别性（直接识别）与结合其他数据后的可识别性（间接识别）作为区分个人数据与非个人数据的标准，我国也不例外。例如，《中华人民共和国个人信息保护法》指出，“个人信息，是以电子或者其他方式记录的与已识别或者可识别的自然人有关的各种信息，不包括匿名化处理后的信息”“个人信息的处理，包括个人信息的收集、存储、使用、加工、传输、提供、公开、删除等”。《中华人民共和国数据安全法》指出，“数据，是指任何以电子或者其他方式对信息的记录”“数据处理，包括数据的收集、存储、使用、加工、传输、提供、公开等”“数据安全，是指通过采取必要措施，确保数据处于有效保护和合法利用的状态，以及具备保障持续安全状态的能力”。

综上所述，我们将个人数据界定为“以电子或者其他方式记录的与已识别或者可识别的自然人有关的各种数据，不包括匿名化处理后的数据”，将个人数据的处理界定为“个人数据的收集、存储、使用、加工、传输、提供、公开、删除等”，将个人数据的安全界定为“通过采取必要措施，确保个人数据处于有效保护和合法利用的状态，以及具备保障持续安全状态的能力”。

二、个人数据的特征

随着信息技术的发展和社会组织紧密程度的提高，个人数据信息的内容和种类也会不断地丰富。在大数据技术下，个人数据信息具有以下特征。

第一，个人数据信息中包含的市场价值和隐私利益具有低密度性和非直接性。大数据的特征之一便是数据价值密度较低，数据量越大价值越高，并且呈非线性的增长。这一特征在个人数据信息与隐私利益的关系上的表现便是隐私利益密度性较低，也就是说个人数据信息越多，其中能够获得的相关人的隐私利益就越多。相反，对于单独的或者少量的个人数据信息，能从其中获得的相关人的隐私利益和使用价值便较少。如美国《大数据与隐私报告》中所指出的，“隐私问题既可以从感应器的精准度产生也可以从来自多个感应器的数据关联性产生。一个感应器的输出信息也许并不敏感，但是两个或者多个的结合便产生了有关隐私的担忧”。这种价值的低密度性使得个人数据信息的使用和其产生的结果之间的因果关系变得模糊和薄弱，即大数据技术中各个数据之间有明显的相关性。基于私权的侵权责任认定和损害赔偿都是基于因果关系，而不是这种模糊的相关性。“隐私法主要是关于因果关系的法律，而大数据则是相关性的工具。”

第二，个人数据信息具有再分析价值。个人数据信息作为原始数据一般可以有多种目的的使用和开发，从而产生很多增值服务或者衍生应用。而且这种多目的和多用途的使用相互之间并不是隔绝和独立的，而是相互作用和影响的，从而产生更加高级和复杂的应用。分析使得大数据具有生命力。没有分析，大数据可以部分或者全部地被存储或者被提取，但是其结果与最初是一样的。分析（包括以各种不同计算技术的分析）是大数据变革的推动力。分析可以在大数据中产生新的价值，比大数据本身集

笔记

合所产生的价值大得多。这种特征使得个人数据信息的相关者对数据信息使用的后果或者所产生的利害关系大多无法提前作出准确和及时的预判，进而使得个人以私权来决定个人数据信息的使用方式以及为此承担后果的制度设计是很难达到其目的的，也就是说，个人的理性判断基础是不足的。

第三，个人数据信息具有非独占性。传统的隐私利益，例如身体外形或者住宅往往具有自然的独占性，权利人可以通过物理形式，例如衣服或者围墙，将这些隐私内容加以保护，使得相对人有明显的权利边界感存在，因此隐私权在民事权利中也属于对世权。在美国法律中，隐私利益与其物理边界有直接的关系。但是个人数据信息在产生时就往往是与其他方共享的，其产生往往来自另一方的服务或者管理系统。例如身份证号码是国家身份管理与识别系统配置给个人的号码，而像电话号码、邮件地址、住宅地址、网上交易信息以及银行交易记录等都具有这种特征。这种特征使得个人数据信息一开始便具有共有性，这已经对私权制度产生了挑战，因为个人占有是私权制度产生的前提和正当性基础，而这种共有性使得私权的权属和边界的划分以及权利内容的确定都非常困难。

第四，个人数据信息产生的意志一致性。与以侵犯隐私权或者财产权的方式获得个人数据信息不同，个人数据信息的产生、收集和使用往往与相关人的意志以及利益具有一致性。这种一致性表现为要么是相关人明确同意要么是默示同意这种个人数据信息的产生、收集和使用。例如在电商交易中所提供的个人购物相关信息或者在医院医疗过程中所产生的诊断信息等便是如此。有关个人数据信息的收集和使用上的意志一致性是因为这种收集和使用往往可以互利，而不是仅仅一方面获得利益，所以，在数据产生时一般没有直接的冲突性和对抗性。技术公司正是通过对上百万的声音样本进行分析以便能提供更加可靠和准确的声音界面。银行利用大数据技术来提高对欺诈的侦查能力。医疗机构可以利用大数据技术提高医疗水平。这种就个人数据信息的共享对公共利益的贡献要比通过对个人数据信息的私权交易所产生的贡献效率更高。

第五，对个人数据信息收集、分析和处理的即时性。传统上对个人数据信息的收集、分析和处理往往具有时间的滞后性，当需要人工参与时，由于人自身能力的限制，这种时间的滞后性是必然的。但是在大数据技术下，个人数据信息的收集、分析和处理却可以是即时的。数据收集和分析正处于加速进行之中并接近于实时状态，这意味着大数据分析结果对个人环境或者其生活具有实时影响的潜在性正在增强。与大数据信息收集和分析的实时性相比，个人化的信息处理与判断是延时性的，这种即时性与延时性之间的矛盾意味着以个人意志来决定是否和如何使用这些数据信息对其使用效率是有妨碍的，也表明了赋予个人对于数据信息的私权保护（包括隐私权和财产权保护）的低效率性。

三、个人数据的安全

第一，数据信息收集风险。在个人数据信息收集环节上，风险威胁包括保密性威胁、完整性威胁、可用性威胁等。保密性威胁，是指通过建立隐蔽隧道，对信息流

笔记

向、流量、通信频度和长度等参数的分析，窃取敏感、有价值的个人数据信息。完整性威胁，是指个人数据与元数据的错位、源数据存有恶意代码等。可用性威胁，是指个人数据信息伪造、刻意制造或篡改等。

携程 App 采集非必要信息“杀熟”

新下载携程 App 后，用户必须点击同意携程“服务协议”“隐私政策”方能使用，如不同意，将直接退出携程 App，是以拒绝提供服务形成对用户的强制。而且，携程 App 的“服务协议”“隐私政策”均要求用户特别授权携程及其关联公司、业务合作伙伴共享用户的注册信息及交易、支付数据，并允许携程及其关联公司、业务合作伙伴对用户信息进行数据分析，且对分析结果进一步商业利用。携程 App 的“隐私政策”还要求用户授权携程自动收集用户的个人信息，包括日志信息、设备信息、软件信息、位置信息，要求用户许可其使用用户信息进行营销活动、形成个性化推荐，同时要求用户同意携程将用户的订单数据进行分析，从而形成用户画像，以便携程 App 能够了解用户偏好。

案例
7-2

网贷 App 收集、贩卖个人信息

江苏泗洪警方通报一起团伙利用网贷 App 收集、贩卖个人信息案件。该县警方经过缜密侦查，打掉了一个侵犯个人信息的犯罪团伙，抓获嫌疑人 17 名，涉案金额 500 余万元。泗洪县公安局通过线索发现杭州市某公司在各大平台上推广一款网贷 App，吸引用户注册办理贷款。用户在 App 中注册提交个人姓名、手机号、身份证、地址等信息供平台审核资格后，该公司便将收集到的信息倒卖给诈骗公司从中获利。

第二，数据信息存储风险。在个人数据信息存储环节上，风险威胁包括外部威胁、内部威胁、数据库安全威胁等。外部威胁，是指黑客脱库、数据库后门、挖矿木马、数据库勒索、恶意篡改等。内部威胁，是指内部人员窃取、不同利益方对个人数据信息的超权限使用、弱口令配置、离线暴力破解、错误配置等。数据库安全威胁，是指数据库软件漏洞、应用程序逻辑漏洞等。

笔记

案例 7-3

济南 20 万名孩童信息被打包出售

嫌疑人苏某明在发现有人在网上公开收买多省份免疫规划系统信息后，实施入侵获取系统权限，并出售个人数据信息，同时将系统登录权限用户名密码多次出售非法获利。嫌疑人苏某华两年来通过购买计算机入侵软件及系统管理破解密码等方式，获取包括儿童免疫信息在内的个人数据信息在网上出售非法获利。同时，利用 QQ 在网上出售儿童免疫信息的另一名嫌疑人陈某潘也被抓获。

案例 7-4

微软意外泄露 38TB 内部数据

微软的人工智能（AI）研究团队意外泄露了在软件开发平台 GitHub 上的大量私人数据缓存，这一切由一个配置错误的共享访问签名（SAS）令牌引起。微软的人工智能（AI）研究团队在软件开发平台 GitHub 上发布了开源训练数据，但意外暴露了 38TB 的其他内部数据，包括微软两名员工个人电脑的磁盘备份。在这一磁盘备份中，又包含了私人密钥、密码和超过 3 万条微软团队的内部消息。

第三，数据信息使用风险。在个人数据信息使用环节上，风险威胁包括外部威胁、内部威胁、系统安全威胁等。外部威胁，是指账户劫持、身份伪装、认证失效、密钥丢失、漏洞攻击、木马注入等。内部威胁，是指内部人员、DBA 违规操作窃取、滥用、泄露个人数据信息等。例如，非授权访问敏感数据，非工作时间、工作场所访问核心业务表、高危指令操作等。系统安全威胁，是指不严格的权限访问、多源异构数据集成中的隐私泄露等。

案例 7-5

安德玛 1.5 亿个人账户被攻破

安德玛发布消息称，该公司一款手机应用程序遭黑客入侵，共计 1.5 亿个人账号被攻破。遭黑客入侵的是安德玛公司旗下一款饮食、健身辅助应用

笔记

程序 My Fitness Pal。致力于打造全球最大健身信息数据库的安德玛在2015年以4.75亿美元收购了这款应用程序 My Fitness Pal，后者当时已拥有约8000万用户。遭泄露的用户信息主要包括 App 用户名、密码和个人电子邮箱地址，但不包括个人银行卡号码和社保号码。

案例 7-6

脸书不正当使用个人数据

脸书被曝出剑桥分析公司数据泄露丑闻，由于未经授权收集到将近8700万脸书用户的数据，其中包括用户的姓名、好友列表、居住地、工作及教育情况等详细个人信息，用作政治竞选宣传和选民行为分析，从而遭到广大用户讨伐以及美国联邦贸易委员会的调查。

第四，数据信息加工风险。在个人数据信息加工环节上，风险威胁包括分类分级不当，数据脱敏质量较低、恶意篡改、误操作等。

案例 7-7

HSS09 误操作致使用户数据丢失

广西南宁 HSS09 扩容割接完成后，经拨测发现部分用户号码无法作主被叫，数据业务无法使用，涉及钦州、北海、防城港、桂林、梧州、贺州等地，受影响用户超80万。初步判断是工程割接人为误操作导致用户数据丢失。

第五，数据信息传输风险。在个人数据信息传输环节上，风险威胁包括网络攻击、传输泄露等。网络攻击，是指 DDOS 攻击、APT 攻击、中间人攻击、DNS 欺骗、IP 欺骗等。传输泄露，是指电磁泄露、搭线窃听、传输协议漏洞、未授权身份人员登录系统、无线网安全薄弱等。

案例 7-8

瑞智华胜窃取个人信息 30 亿条

瑞智华胜成立于2013年，曾为新三板上市公司，事发后退市。此前业务是社会化媒体营销。该公司通过和全国20多家运营商签订正规合同，提供

笔记

内容审查服务，在服务过程中获取运营商流量服务器登录权限，在服务器部署SD程序，从而在流量中非法采集诸多互联网公司域名下的用户Cookie、手机号码等个人数据，再通过数据库存储方式将用户数据保存在服务器上，最后通过爬虫程序异地调用获取上述存储的私人数据。

第六，数据信息提供风险。在个人数据信息提供环节上，风险威胁包括政策因素、外部因素、内部因素等。政策因素，是指个人数据信息违规共享。内部因素是指缺乏数据拷贝的使用管控及终端审计、发送错误、非授权隐私泄露及数据篡改等。外部因素，是指病毒、恶意程序入侵，网络宽带被盗用等。

中信银行泄露交易流水被罚款450万元

早些年，中信银行在未经客户本人授权的情况下，向第三方提供个人银行账户交易明细，违背为存款人保密的原则，涉嫌违反《中华人民共和国商业银行法》和银保监会关于个人信息保护的监管规定，严重侵害消费者信息安全权，损害了消费者合法权益。依据《中华人民共和国银行业监督管理法》第二十一条、第四十六条和相关审慎经营规则《中华人民共和国商业银行法》第七十三条，银保监会作出对中信银行罚款450万元的处罚决定。

第七，数据信息公开风险。在个人数据信息公开环节上，风险威胁包括在未经过严格保密审查、未进行泄密隐患评估、未意识到数据价值、涉及个人隐私的情况下随意发布。

丛台区泄露特困人员隐私

河北省邯郸市丛台区人民政府信息公开网站发布的《丛台区2020年8月份农村特困供养金发放明细》，公示了多个乡镇的129位村民的个人信息，名单中除了所属乡镇、姓名、发放款数、备注等信息外，还公开了村民的身份证号码和银行卡号。经丛台区政府办公室核实，民政局确实存在隐私泄露问题，并对民政局进行了严肃批评，要求民政局以书面形式反馈进一步的整改内容。

笔记

第二节 个人数据的流通交易现状

一、国内外立法现状

（一）欧盟通用数据保护条例

大数据分析技术使企业能够跟踪和预测个人行为，并用于自动化决策、推广。个人数据的网络泄露使欧盟公民面临巨大的个人风险。同时，现行的《关于个人数据处理保护与自由流动指令》未能有效地解决数据收集、存储、传输等问题。

为解决上述问题，2016 年欧洲会议通过了《通用数据保护条例》，并于 2018 年 5 月 25 日生效。该条例取代了《关于个人数据处理保护与自由流动指令》。这是一项严格的数据保护立法，规定了处理、存储和管理规则，且无须各成员国内部转化，即对欧盟范围内所有的个人数据产生适当的保护。任何瞄准欧盟市场的企业同样受其约束。虽然该条例用于欧盟成员国，但其影响具有全球性，对数据发展带来了新的挑战。

同时，《通用数据保护条例》仍然规定了繁重的合规义务，影响了世界各地的企业。受《通用数据保护条例》约束的企业必须遵守严格的个人数据保护规则，并要求风险较高的企业开启数据保护影响评估。这些企业必须保障与其供应商和服务提供商签订的合同中包含特定的数据保护条款，能够回应个人请求的系统和流程。这些个人请求保护下的权利，包括访问、更正、删除或限制个人数据处理的权利。

1.《通用数据保护条例》的特点

一是实施更严格的同意标准。为了保证数据采集、储存等环节的客观性，《通用数据保护条例》设定了更为严格的同意标准。一方面，企业在收集前必须通知数据所有者，并取得数据所有者明确的授权；另一方面，该条例列出了需要提供的具体信息，包括控制者的身份、处理的目标、法律依据等，从而充分保障了数据所有者的知情权。

二是加强数据主体的权利。《通用数据保护条例》赋予了数据主体多项权利，例如，被遗忘权、可携带权等。尤其是被遗忘的权利，是该条例的亮点。该条例规定数据所有人有权要求数据持有人和处理人删除与其相关的个人数据。但该权利在获得保护的同时也同样受到限制，在遵守法定义务、公共利益和保障言论自由或为了实现科学研究时不应当删除。此外，数据管理需对其使用个人数据的安全性、可用性、保密性和完整性负责。例如，在获得同意授权后，数据持有者应当按照法规进行收集、存储和处理，并有责任证明收集程序的合规性。如果不遵守以上规定，数据主管部门可以对数据持有人处以高额罚款。例如，普华永道无法证明其对数据处理获得了有效同意，因而被希腊数据管理机构处以高达 15 万欧元的罚款。与此同时，该条例还规定

笔记

了一套获取个人数据的原则：合法性、忠诚度、透明度、特定目标和收集数据的限制、准确性、完整性、保密性。

三是引入了强制性违约通知。《通用数据保护条例》规定各企业在个人数据安全受到高危信息安全泄露时，则受数据泄露的企业必须在发现数据泄露后72小时内通知数据保护机构。如果数据处理给数据权利和自由带来了高风险，则仍需要对涉及的对象进行数据影响评估。此类评估必须详细说明为应对风险和确保合规而采取的安全防护措施。

四是违法成本大幅度增加。对于轻微违规行为，企业可被处以其全球收入的2%或1000万欧元的罚款（以较高者为准）。对于更严重的违规行为，最高可处以全球收入的4%或2000万欧元的罚款（以较高者为准）。如果一个企业不遵守《通用数据保护条例》，它可能会付出高昂的代价。鉴于任何人都可以提交投诉，所以违反《通用数据保护条例》被发现的概率很大。目前，罚款较高的案件有谷歌案、英国航空案、万豪酒店集团案，分别被罚约5000万欧元、约2亿欧元和约1.6亿欧元。

五是扩大了数据保护的范围。由于收集和处理与欧盟公民相关信息的任何人或任何企业都必须遵守数据保护原则，无论其基于何处或数据存储在何处，甚至是云存储也不例外。这意味着，个人数据的定义得到了扩大。原来的个人数据包括可直接或间接识别的个人信息。而根据新的定义，IP地址、电子邮件、电力设备等标识均被作为个人信息。从现状来看，《通用数据保护条例》规定的信息几乎涵盖所有个人数据，从根本上改变了全球企业处理数据的方式。《通用数据保护条例》立法宗旨是通过让消费者更好地了解是谁以及出于什么原因收集他们的数据，从而增强数据所有者的权能。在此基础上，该条例允许消费者选择不成为数据收集的主体。欧盟《通用数据保护条例》相关内容，如图7-1所示。

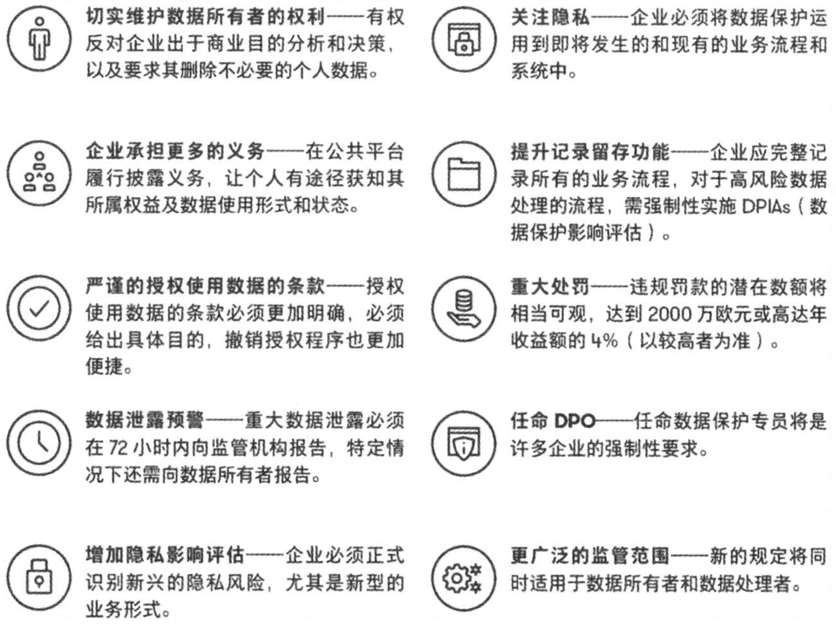

切实维护数据所有者的权利——有权反对企业出于商业目的的分析和决策，以及要求其删除不必要的个人数据。

关注隐私——企业必须将数据保护运用到即将发生的和现有的业务流程和系统中。

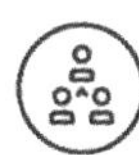

企业承担更多的义务——在公共平台履行披露义务，让个人有途径获知其所属权益及数据使用形式和状态。

提升记录留存功能——企业应完整记录所有的业务流程，对于高风险数据处理的流程，需强制性实施DPIAs（数据保护影响评估）。

严谨的授权使用数据的条款——授权使用数据的条款必须更加明确，必须给出具体目的，撤销授权程序也更加便捷。

重大处罚——违规罚款的潜在数额将相当可观，达到2000万欧元或高达年收益额的4%（以较高者为准）。

数据泄露预警——重大数据泄露必须在72小时内向监管机构报告，特定情况下还需向数据所有者报告。

任命DPO——任命数据保护专员将是许多企业的强制性要求。

增加隐私影响评估——企业必须正式识别新兴的隐私风险，尤其是新型的业务形式。

更广泛的监管范围——新的规定将同时适用于数据所有者和数据处理者。

图7-1 欧盟《通用数据保护条例》相关内容

笔记

2.《通用数据保护条例》对数据安全合规造成的影响

一是合规成本的增加。《通用数据保护条例》对数据提供者提出了严格的要求，明确数据收集、存储、传输等问题。该条例将对目前收集、存储和管理个人数据的技术平台和数据架构产生重大影响。由于该条例要求数据控制器和处理器记录所有的处理活动，因此各企业必须对其技术平台和数据架构进行彻底的内部评估，包括各种信息系统、网站、数据库、数据仓库和数据处理平台，以便更好地收集个人数据以及个人数据存在的位置等。为了满足该条例的要求，公司需要投入大量人力和资源来升级其技术平台、更新隐私政策、改变广告做法以及调整数据存储和管理流程等。这些问题的解决都需要投入大量的技术开发和高额的技术维护。这让企业的合规成本持续增长。此外，针对拥有高敏感数据和处理或存储大量欧盟个人数据的组织，需要聘用数据合规官。数据合规官保障数据安全、监督数据的存储和传输以及内部合规性审计等事务。但企业聘用数据合规官的费用相当昂贵，并且这项费用是企业的长期固定支出。

二是企业经营策略发生变化。企业合规成本的增加会使企业考虑生产利润和合规成本的得失，尤其是一些中小型企业，迫于高额运营成本的压力，会改变经营策略，选择退出欧盟市场。在《通用数据保护条例》生效后，美国 YouTube 公司开始在欧洲支持第三方预订广告服务。Facebook 以及谷歌因其“强制同意”而被起诉。这些案例反映了一个事实，即外国公司在欧盟的商业活动也已经受到《通用数据保护条例》的严重影响。

三是提升用户体验感，增加对企业的信任。《通用数据保护条例》要求企业为欧盟居民提供强大的隐私保护权，如数据访问权等。如果用户希望了解公司收集了自己哪些数据以及使用目的，该用户可以要求公司及时给予回应。例如，某公司会收到客户数以千计关于公司如何使用个人数据的请求，如果客户对公司处理其个人数据的方式不满意，可以要求公司删除个人数据。此外，员工居住在欧盟或来自欧盟的公司还需要处理其员工的个人数据，如照片、银行详细信息、税务和养老金详细信息、健康和安全报告、疾病记录以及工资信息等。

（二）美国数据隐私和保护法案

2022 年 6 月 3 日，美国众议院和参议院发布了《美国数据隐私和保护法案》（以下简称《法案》）讨论稿（见图 7-2），这是首个获得两党两院支持的全面的联邦隐私立法草案，内容涉及国会近 20 年来隐私辩论的方方面面。该法案离正式成为联邦法律还有一定的距离，但却反映出数字时代美国数据隐私保护的价值理念，在制度设计上既考虑了增强个人数据权利的国际趋势，又有很多有利于数据价值释放的内容，比如“选择退出”机制、有限的私人诉讼权、数据处理企业的忠诚义务等。

1. 美国推出《法案》的主要意图

一是从联邦层面推动分散的隐私立法走向统一，以更好地保护公民权利。美国没有统一的隐私保护立法，主要是通过行业立法和州立法来保护隐私。行业立法主要用来规范特定行业或特定类别数据的隐私保护，比如《健康保险便携性与问责法》《金

笔记

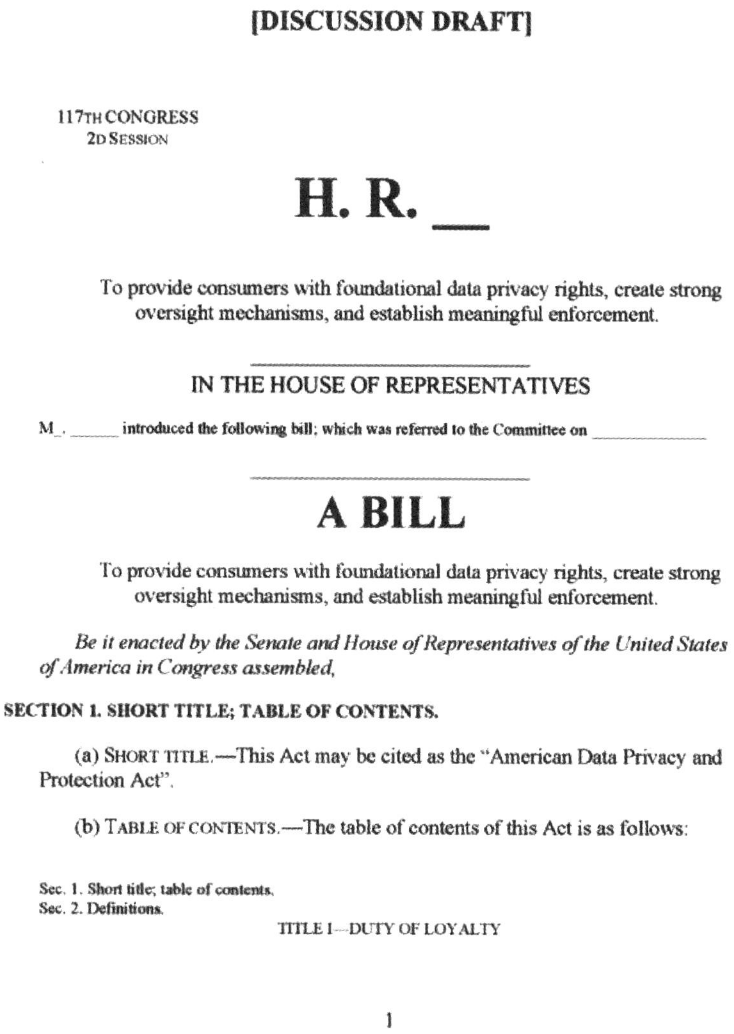

[DISCUSSION DRAFT]

117TH CONGRESS
2D SESSION

H. R. __

To provide consumers with foundational data privacy rights, create strong oversight mechanisms, and establish meaningful enforcement.

IN THE HOUSE OF REPRESENTATIVES

M_. ______ introduced the following bill; which was referred to the Committee on ______________

A BILL

To provide consumers with foundational data privacy rights, create strong oversight mechanisms, and establish meaningful enforcement.

Be it enacted by the Senate and House of Representatives of the United States of America in Congress assembled,

SECTION 1. SHORT TITLE; TABLE OF CONTENTS.

(a) SHORT TITLE.—This Act may be cited as the "American Data Privacy and Protection Act".

(b) TABLE OF CONTENTS.—The table of contents of this Act is as follows:

Sec. 1. Short title; table of contents.
Sec. 2. Definitions.
TITLE I—DUTY OF LOYALTY

1

图 7-2 《美国数据隐私和保护法案》讨论稿

融服务现代化法》《儿童在线隐私保护法》等。在州立法层面，除了针对生物特征数据等特定类别数据的隐私立法外，各州近年来纷纷启动了综合性立法工作，仅2022年各州立法机构就提出100多项法案，目前加利福尼亚等5个州已通过了全面的隐私法。随着数字时代数据共享利用与隐私权矛盾的日益突出以及州层面立法进程的加快，美国国内对制定联邦统一立法的呼声日益强烈。在第117届国会（2021—2022年）会议期间，国会议员提出了多项隐私法案，有些仅涉及一项单独的隐私权利或事项，比如《社交媒体隐私保护和消费者权利法案2021》等，有些则属于综合性隐私立法，比如《消费者数据隐私与安全法案2021》等，但后者一直未能获得众参两院共同支持。

二是制衡欧盟《通用数据保护条例》在全球隐私保护领域的影响，推广美国隐私保护理念。2018年施行的欧盟《通用数据保护条例》，对全球个人信息和隐私保护立法产生了深远影响，包括日本、韩国、南非、巴西、印度等在内的多个国家也采取类

笔记

似《通用数据保护条例》的规定，借鉴其个人数据可携权和遗忘权、对违法者予以高额罚款、个人信息保护影响评估等制度，使其在事实上已成为全球隐私立法的引领。这样的结果显然不利于美国科技巨头的市场扩张和数据汇集，尤其是在跨境数据传输上，《通用数据保护条例》明确要求他国应提供与欧盟同等水平的隐私保护，并通过“充分性认定”机制构建包含几千家企业在内的跨境流动圈。在这一背景下，美国亟须推动国内统一的隐私保护立法，将其隐私保护理念推向世界，构建更符合其利益的全球数据和隐私保护体系。

三是限制美国个人数据向中国等国家流动，在全球数据资源争夺中获取优势。数据作为基础性战略性资源，是各国战略争夺的重点。美国 2018 年修订了相关法案，将敏感的个人数据纳入国家安全审查范畴，并据此实施了多起对我国赴美投资企业的安全审查。例如，2020 年 8 月，美国政府禁止任何美国人与 TikTok 母公司字节跳动以及微信母公司腾讯进行交易，并在应用商店下架或停止更新这两个 App。2022 年 1 月，美国政府对阿里巴巴云存储业务实施审查，重点关注是否收集和存储美国用户数据，以及中国政府是否有可能获得这些数据。限制中国等国家获取美国公民数据是近年来美国国会立法的重点内容之一。比如，2021 年 11 月美国共和党参议员鲁比奥和民主党参议员沃尔纳克提出名为“2021 年敏感个人数据保护法”的两党法案，以“威胁国家安全”为由要求进一步限制中国获取美国人的个人数据。此次法案明确要求数据处理企业应向消费者说明“数据是否提供给中国、俄罗斯、伊朗或朝鲜”。

2.《法案》内容平衡了个人隐私保护和数据价值释放

一是《法案》并未禁止一般个人数据处理活动，而是为个人提供了“选择退出”方式，以促进对个人数据的合理利用。欧盟《通用数据保护条例》和我国《中华人民共和国个人信息保护法》都要求个人数据处理活动应具有合法基础，除相关法定事由外，在绝大多数情况下数据处理都要事先取得相关个人同意。但是，《法案》并未采取上述逻辑，仅要求特定的数据处理活动取得个人同意，比如处理敏感数据等，其他情况下则可未经个人事前同意而处理数据，但个人可以“选择退出”，拒绝企业对其数据的收集、传输和处理。这种“选择退出”模式在美国隐私保护实践中普遍采用，Facebook 和 Google 等一些互联网企业在告知用户有权“选择退出”的情况下，收集用户的网络行为数据并进行用户画像，从而实现精准投放广告。与欧盟《通用数据保护条例》采取的“选择同意”模式相比，“选择退出”更有利于企业对个人数据的收集和利用，从而促进数据价值释放。

二是《法案》增强了个人对其数据的控制，但为了避免个人滥用诉讼权利阻碍商业创新，对私人诉讼权作出了种种限制。《法案》采取了类似《通用数据保护条例》的思路，赋予个人对其数据的访问权、更正权、删除权和可携权，并授权联邦贸易委员会在必要时可以颁布法规，建立个人行使其数据权利的相关程序，以增强个人对其数据的控制。但同时，《法案》对私人诉讼权也设定了限制。一方面，该权利在《法案》施行后 4 年才可以行使；另一方面，个人需将提起诉讼的意图告知联邦贸易委员会或所在州的总检察长，由他们在 60 日内决定是否提起诉讼，若在此期间个人向相关实体索取赔偿，该行为则将被视为恶意。另外，赔偿限定为补偿性损害赔偿金、禁

笔记

令或声明性救济、合理的律师费和诉讼费。其实，这种有限的私人诉讼权正是对商业利益妥协的结果，因为广泛的诉讼权将可能导致对诉讼的滥用，使大型企业面临高额赔偿，并增加中小企业的合规成本，阻碍其数据创新。

三是《法案》为数据处理企业尤其是大型企业设定了多方面义务，但对“忠诚义务”的表述却不够清晰、完整。为保护个人隐私权益，《法案》为数据处理企业设定了多方面的义务。例如，第 101 节将“数据最小化”作为基线义务，第 202 节要求企业以易于获取和理解的方式向个人提供隐私政策，第 207 节明确企业不得以歧视或以其他不公平的方式收集、处理或传输数据，并在第 208 节要求采取数据安全措施以防止数据未经授权的使用和获取。《法案》还将大型数据处理者作为重点规制对象，要求其按年度开展算法影响评估、每两年开展隐私影响评估，且每年向联邦贸易委员会提供遵守本法案的证明。值得注意的是，《法案》将数据处理企业视为个人数据的受托人，为其设定了数据最小化、禁止或限制特定敏感数据处理、隐私设计、定价忠诚义务四个方面的“忠诚义务”。《法案》中的“忠诚义务”是美国学术界关于企业与个人数据处理关系的体现，此前，美国多部法律提案对此已有表述，但《法案》的规定与之有很大不同，仅列举了四个方面，并未清晰完整地表述企业怎样做才算忠诚履行受托义务。

（三）英国数据保护法

2018 年英国出台的《数据保护法》脱胎于 1998 年的《数据保护法案》。《数据保护法》旨在配合 2018 年欧盟实施的《通用数据保护条例》。《数据保护法》加强了对个人数据的保护，增加了数据可携带权和被遗忘权的规定，强化了机构对数据的保护责任，对数据实行严格的行政监管，并增进与刑事司法机构之间的合作。《通用数据保护条例》被称为欧盟有史以来最严格的数据保护法，而《通用数据保护条例》在英国的落地实践被认为存在流程烦琐等问题。

2020 年 1 月，英国正式“脱欧”，结束其 47 年的欧盟成员国身份，此后英国一直谋求修订数字法案。2022 年 7 月，英国《数据保护和数字信息法案》在下议院被提出。2023 年 3 月，《数据保护和数字信息法案》第一版被撤回，第二版被提出。《数据保护和数字信息法案》有别于《通用数据保护条例》，旨在减轻企业负担的同时，保持高数据保护标准。同时，《数据保护和数字信息法案》试图在与欧盟“脱离”和“稳定”之间保持平衡。一方面抓住基于脱欧的“去监管机会”，用“常识性”的英国替代规则取代欧盟的数据保护规则。另一方面，为了确保数据持续从欧盟流向英国企业，并避免英国失去欧盟“充分性认定”（又称白名单，指经过欧盟认定的对个人数据保护充分的国家、地区或国际组织，可以直接向其传输数据，不必采取进一步的保护措施）时可能遭受的重大经济打击，不得不维持当前数据监管框架的基本面。

1. 新修订的《数据保护和数字信息法案》包括六部分

第一部分是界定数据保护内容，具体包括：个体信息定义、资料保障原则、数据主体的权利、自动决策、控制者和处理者的义务、个人数据的国际传输、为研究等目的进行处理的保障措施、国家安全豁免、情报服务处理、信息专员的角色与执

笔记

法等。英国立法者希望企业、人工智能开发人员和个人更清楚地知道什么时候“必须适用于完全自动化决策的重要保障措施”，以提高计算机算法作出决策的透明度和问责制。

第二部分主要是明确数字验证服务，具体包括：数字视频服务器（DVS）信任框架、DVS寄存器、信息网关、信任标识等。

第三部分主要是客户和业务数据的处理权利与约束，具体包括：要求客户补充数据、执行数据法规、限制调查权、经济处罚等。未来技术研发的数据处理可能被视为“科学研究”。

第四部分主要是关于数字信息的隐私和电子通信规定、信托服务、信息共享、出生与死亡登记、健康和社会关怀的信息标准等。

第五部分是有关监督管理内容，包括信息委员会的职能、对生物识别数据的监督等。

第六部分是最后条款，包括财政拨款、过渡条款、附表等。

2.《数据保护和数字信息法案》中修改条目多

英国致力保持数据保护高标准，保护个人隐私继续是优先事项。《数据保护和数字信息法案》涵盖了许多数据保护问题，从个人数据的定义到国际数据转移、数据主体访问请求、Cookies和合法利益评估，这些改变是英国立法者基于《通用数据保护条例》和《数据保护法》的优化。英国和欧盟制度之间的基本等同性对于英国脱欧后的商业连续性至关重要，欧盟在2021年6月作出有利于英国的“充分性”认定，允许以对业务妨碍最少的方式将个人数据从欧盟合法转移到英国。英国允许有限扩大合法利益的理由以使用、处理个人数据，努力“减少”烦人的弹出窗口，以及对骚扰电话和短信的罚款更高，但这些修订还不足以危及其在欧盟的充分性认定。

3.《数据保护和数字信息法案》修订后的特色

一是加强信息专员办公室（ICO）职能。ICO是英国现有的数据监管机构。ICO履行对数字信息的监管和保护，以应对不断增长的数字化经济和数据安全风险，更好地保护公众的数据隐私和数字信息安全。ICO与英国数字市场部、通信管理局、金融市场行为监管局等重要监管机构协作分工，以全面保护消费者和企业。允许企业拒绝回应“无理取闹或过分”的数据主体访问请求，可能允许企业对此类请求收取费用。企业违反《隐私和电子通信条例》将面临更高的罚款。

二是减轻企业数据合规成本。贯彻数据最小化原则，数据收集和处理尽可能最小化，即只收集和处理必要的数据。明确个人数据的访问和控制权，鼓励企业更好地管理和保护数据，减少相关违规行为所带来的风险和成本。要求企业进行风险评估和合规检查，并记录其数据保护措施和实践。政府和监管机构将提供更多的支持和指导，帮助企业理解和遵守数据保护法规。降低对英国企业“保存数据处理记录”的要求。数据保护影响评估成为企业提前考虑风险的有用工具。为了减轻企业的负担，取消了数据保护影响评估的一般要求，取而代之的是对高风险处理的评估要求，这体现了更灵活的、基于风险的做法。

笔记

三是完善国际数据传输机制。确保企业在遵守现行英国数据法律的前提下，使用其现有的国际数据传输机制将个人数据传输到第三国，以保障海外共享个人信息。帮助企业在英国和国际上负责任地使用数据，减少不确定性与风险。

（四）日本个人信息保护法

2003 年 5 月，为回应经济合作与发展组织提出的《关于隐私保护和个人数据跨境流通的指南》，并应对当时日本国内频发的互联网、信用卡等个人信息泄露事件，日本颁布《个人信息保护法》，成为亚太地区较早制定个人信息保护相关法律的国家。日本《个人信息保护法》以个人信息的有效利用及其保护为对象，确立了个人信息保护的基本理念和原则，明确了国家和地方公共团体的职责以及处理个人信息的主体应履行的义务，目的在于协调个人信息的有效利用和个人权益保护之间的平衡，涵盖总则（目的和基本理念）、国家及地方公共团体的责任和义务、保护个人信息的措施、个人信息处理者的义务、个人信息保护委员会的职责、规则（适用范围）、罚则（违法责任）等内容。

自《个人信息保护法》颁布后，随着信息通信技术的不断发展，对个人信息利用的需求在不断增加，社会环境、国际环境也发生了变化，原有规则不足以应对诸多挑战。同时，该法在附则中规定，法律施行后，政府每三年就应当对个人信息保护相关的国际动向，及伴随信息通信技术的发展而出现、发展的，与个人信息使用相关的新产业进行考察，在此基础上结合法律的实施情况，在必要时，制定新的措施。这条规定被称为“三年一改”规定。基于该规定及社会现实需要，日本《个人信息保护法》历经数次修订，最近一次的修订案已于 2023 年 4 月正式实施，如图 7-3 所示。

图 7-3 日本《个人信息保护法》

修订后的亮点与特色如下。

一是吸收整合原多项个人信息保护规定，立法统一化更加明显。此次日本《个人信息保护法》修订，直观上表现为法律条文扩充，从 88 条增至 185 条。一部分原因

笔记

是吸收整合了原来的个人信息保护相关法律文件，包括原《个人信息保护法》《行政机关个人信息保护法》《独立行政法人信息保护法》，以及地方公共团体遵循的《个人信息保护条例》。法律文件的整合使多项有关个人信息的定义得以统一，如第一章对“个人信息”“个人识别符号”“敏感个人信息”“个人信息本人”“假名化信息”“匿名化信息”“个人相关信息”，以及“行政机关”“独立行政法人”“地方独立行政法人”等概念展开阐释，有助于个人信息保护工作讨论语境的一致性。

二是个人信息保护监管机构更为独立，单头管辖走向纵深。从各国的政府监管实践来看，独立监管机构已经成为众多领域中政府监管的组织形式，个人信息保护监管亦不例外。独立监管机构可以满足个人信息保护监管的独立性要求，还可以满足个人信息保护监管的权威性要求。日本个人信息保护法律文件的整合，同样带来个人信息保护监管机构的进一步独立。此前，日本个人信息保护监管机构呈现一定程度的分散化特征，总务省、个人信息保护委员会和地方公共团体均具备监管职责。修订后的《个人信息保护法》在第六章强化了个人信息保护委员会的独立性和权威性，进一步明确了个人信息保护委员会的设置、地位、组成、任期、身份保障、罢免、任命等规定。

三是规范政府个人信息处理行为，要求政府建立“个人信息档案簿”。修订后的《个人信息保护法》规定，行政机关负责人应当对其持有的个人信息档案编制并发布“个人信息档案簿”，需要说明机构名称、个人信息文件使用目的、记录在个人信息文件中的数据主体范围、个人信息文件中记录的个人信息收集方法、记录信息中包含敏感个人信息的相关事宜等内容。但若将个人信息文件记录于个人信息档案簿时，可能会影响公共事务执行的，只需记录部分事项或不予记录。

四是匿名加工信息制度更加完善，防止匿名化信息被复原。“匿名加工信息”是指通过对个人信息进行处理，使特定个人不仅无法通过自身识别，而且通过与其他信息进行比较亦无法识别特定个人的信息。修订后的《个人信息保护法》进一步要求个人信息处理者在制作匿名加工信息时，应严格按照“不可用于识别特定个人”及“不可复原”的标准进行加工。在个人信息匿名化后，应当采取措施防止匿名化过程中删除的记述或识别符号等泄露导致的风险。而个人信息处理者需要将匿名化信息提供给第三方的，应公布该匿名信息所含个人相关信息中的项目，并公布提供方式。此外，个人信息处理者不应将匿名加工信息与其他信息进行比照。

五是进一步细化医疗、学术研究等特殊领域个人信息处理规则。为统一医疗领域、学术领域的个人信息保护相关规定，修订后的《个人信息保护法》明确，公立医院及大学处理个人信息时，原则上也适用于民办医院、大学，不再分别规范。此外，修订后的《个人信息保护法》对于学术研究相关规定，不再一律进行排除式的制度设计，而是作为相关义务的例外情形逐个列举，规则更为精细化。例如，在第 20 条关于个人信息处理超出原有目的时须征得本人同意的规定中，明确学术研究机构以学术研究为目的处理个人信息，无须经过本人同意。又如，在第 27 条有关个人信息向第三方提供须经本人同意的规定中，明确若学术研究机构向第三方提供个人信息是为了学术研究成果的发表等目的，则无须经过本人同意。

笔记

六是区分不同主体设定罚则，处罚措施更为严格。根据主体类型的不同，《个人信息保护法》规定了相应的罚则。在行政机关层面，若行政机关负责处理个人信息的行政人员，存在违规行为的，可能被处以一年或两年以下有期徒刑或100万日元及以下罚款。在经营者层面，若个人信息处理者或其雇员将个人信息用于不正当利益目的，或者使其被盗用的，可能受到1年以下有期徒刑，或50万日元及以下罚款。若违规提供或盗用相关个人信息等，可能被处以1年以下拘禁，或50万日元及以下的罚款。值得注意的是，若个人信息处理者存在违规行为，个人信息保护委员会可先建议其停止违规行为或采取纠正措施，但若其仍违抗命令，将会面临最长1年的有期徒刑，或被处以100万元及以下的罚款。

（五）中国个人信息保护法

进入信息化社会，人们在体验各种便利的同时，面临的信息过度采集、非法买卖、擅自公开、盗取或泄露的风险也不断凸显。滥用人脸识别等信息技术、不合理应用自动化决策等新情况屡屡成为舆论焦点。在信息数据已经成为资本、技术以外的新型战略资源和竞争优势的背景下，数字经济活动急需系统的法律规则指引。随着信息产业应用全球化发展，个人信息跨境流动日益成为各国政府监管的重点。加强个人信息保护法治建设，既是尊重和保护人权，维护和实现人民群众个人信息权益的必然要求，也是明确信息处理边界和合规预期，实现数字经济健康长远发展的现实需要。

2021年8月，十三届全国人大常委会第三十次会议通过了《中华人民共和国个人信息保护法》，在《中华人民共和国网络安全法》《中华人民共和国数据安全法》等法律基础上，为个人信息保护提供了更具系统性、针对性和可操作性的法律遵循。作为信息化时代的标志性立法成果，《个人信息保护法》既注重保护个人信息权益，规范个人信息处理活动，又充分体现发展理念，促进个人信息合理利用，集中展示了个人信息保护法治的中国方案，必将对信息经济社会生活和国家治理产生深远影响。我国个人信息保护相关法律发展历程如图7-4所示。

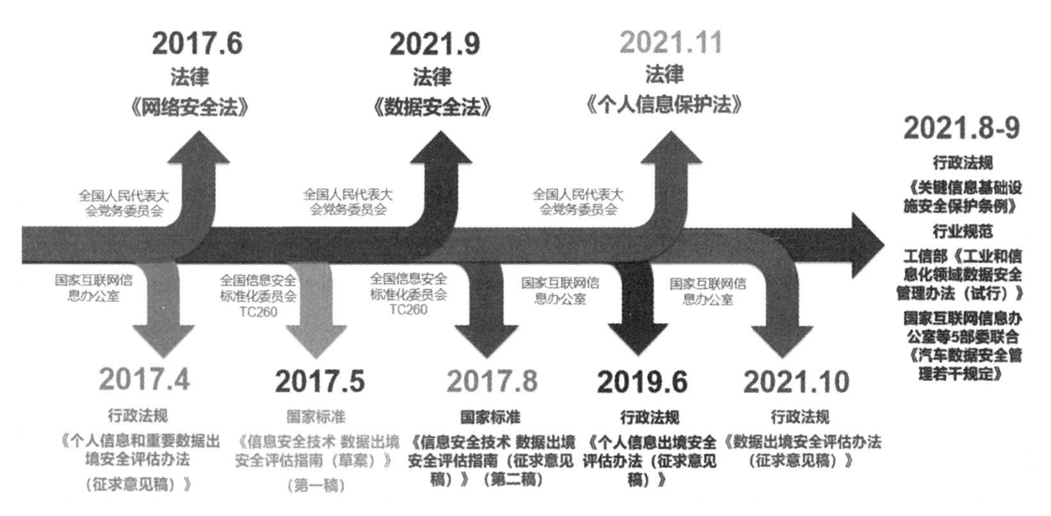

图7-4 我国个人信息保护相关法律发展历程

笔记

1. 网络安全法

近年来，我国信息泄露事件层出不穷，信息买卖日益猖獗，个人信息安全面临严峻挑战。2016 年 11 月 7 日，《中华人民共和国网络安全法》（以下简称《网络安全法》）正式出台，对于加强个人信息保护，完善我国个人信息保护的法律体系具有重要意义。

（1）个人信息安全面临严峻挑战。

一是信息泄露事件频频发生。近年来，我国信息泄露事件屡见报端。2015 年 2 月，桔子、锦江之星等 7 大酒店的数千万条开房信息被泄露，涉及住户的姓名、家庭地址、电话、邮箱乃至信用卡后四位数字等敏感信息。2015 年 4 月，30 多个省（自治区、直辖市）市的社保系统、户籍查询系统等被曝存在高危漏洞，包括个人身份证、参保信息、财务、薪酬、房屋等敏感信息在内的 5000 多万条社保用户信息可能被泄露。2015 年 8 月，线上票务网站大麦网被曝存在安全漏洞，600 余万用户账号密码遭到泄露并在黑产论坛公开售卖。据《2015 年第一季度网络诈骗犯罪数据研究报告》显示，中国公民已经泄露的个人信息多达 11.27 亿条。频繁发生的信息泄露事件严重威胁个人信息安全。

二是个人信息过度收集屡禁不止。在当前共享经济模式下，信息资源就是财富。网络运营商、平台服务商等相关企业为了掌握更大市场主动权，会通过各种渠道收集用户个人隐私数据。一方面，企业以各种理由要求用户提供手机号、姓名、生日、邮箱、地址等可能与服务不相关的隐私信息；另一方面，某些企业甚至会在用户不知情的情况下，利用后台权限读取用户通讯录、通话记录、GPS 位置信息等。2016 年 8 月，央视财经汇总了 102 款涉及私自采集个人隐私数据的恶意 App 名单，阿里、百度、腾讯三大互联网巨头旗下的 App 赫然在列。在大数据、云计算等信息技术的支持下，企业收集、保存、处理数据的成本大大降低，这意味着数据在当下和日后都可能被进一步使用，个人隐私泄露的威胁持续存在。

三是个人信息非法买卖日益猖獗。在利益驱使下，一些不法分子大肆贩卖个人信息，从传统的工商、银行、电信、医疗等部门向教育、快递、电商等各行各业迅速蔓延，涉及社会公众工作、生活的方方面面，甚至形成了庞大的“灰色”产业链，社会危害严重。2014 年 12 月，130 万条考研报名数据被曝在网上打包销售。2016 年 4 月，济南 20 万名儿童信息被打包出售，信息精确到家庭门牌号。愈演愈烈的个人信息非法买卖行为令广大群众在经济、精神和名誉等方面遭受巨大损失。

四是个人信息滥用助长恶意违法行为。大规模的信息泄露和信息非法买卖助长了短信骚扰、电话诈骗等恶意违法行为，我国的个人信息滥用已经成为一种社会公害。据中国互联网协会发布的《中国网民权益保护调查报告 2016》显示，84%的网民曾亲身感受过由于个人信息泄露带来的不良影响，37%的网民因网络诈骗而遭受经济损失，从 2015 年下半年到 2016 年上半年的一年间，我国网民因垃圾信息、诈骗信息、个人信息泄露等遭受的经济损失高达 915 亿元，人均损失 133 元。个人信息的滥用已严重侵犯和损害了用户的个人隐私和财产安全。

（2）《网络安全法》重点解决个人信息保护的痛点问题。

笔记

一是规范了相关网络安全监管部门的责权范围。《网络安全法》第八条规定，国家网信部门负责统筹协调网络安全工作和相关监督管理工作。国务院电信主管部门、公安部门和其他有关机关依照本法和有关法律、行政法规的规定，在各自职责范围内负责网络安全保护和监督管理工作。这项规定有利于理顺网络安全管理体制，建立权责分明、运转高效的网络安全管理体制。根据该规定，中共中央网络安全和信息化委员会办公室（以下简称中央网信办）为国家层面上的网络安全协调机构，公安部、工业和信息化部等涉网部门职责分明，有助于推动相关部门共同保障个人信息安全。

二是明确了个人信息保护相关主体的法律责任。《网络安全法》规定，网络运营商应当建立健全用户信息保护制度，收集、使用个人信息必须符合合法、正当、必要的原则，目的明确的原则，知情同意的原则等；同时还规定了网络运营商应遵守对收集信息的安全保密原则、公民信息境内存放原则、泄露报告制度等。对于关键信息基础设施运营者，要求其遵守公民信息境内存放原则，确需向境外提供的信息，应进行相应的安全评估。对于网络产品或服务的提供者，要求其收集个人信息时应向用户明示并取得同意，还要遵守相关公民个人信息保护的规定。通过以上规定，进一步规范了网络运营商、关键信息基础设施运营者、网络产品或服务的提供者等相关信息采集主体必须履行的法律责任，明确了个人信息的使用权边界，有助于从源头上遏制非法使用个人信息的行为。

三是提高了个人对隐私信息的管控程度。《网络安全法》规定，公民发现网络运营者违反法律、行政法规的规定或者双方的约定收集、使用其个人信息的，有权要求网络运营者删除其个人信息；发现网络运营者收集、存储的公民个人信息有错误的，有权要求网络运营者予以更正。通过引入删除权和更正制度，进一步提高了个人对隐私信息的管控程度。

四是增强了针对侵犯个人信息权益行为的威慑。一方面，《网络安全法》明确了对侵害公民个人信息行为的惩处措施。网络运营者、网络产品或服务提供者以及关键信息基础设施运营者如未能依法保护公民个人信息，最高可被处以 50 万元罚款，甚至面临停业整顿、关闭网站、撤销相关业务许可或吊销营业执照的处罚，直接负责的主管人员和其他直接责任人员也会被处以最高 10 万元的罚款；另一方面，《网络安全法》客观上增加了相关运营单位发生信息安全事件的成本。相关运营单位在发生或者可能发生信息泄露、毁损、丢失的情况时，应当立即采取补救措施，告知可能受到影响的用户，并按照规定向有关主管部门报告。由于通知会产生很高的成本，发生泄露问题也会对企业声誉产生极大影响，这就倒逼企业必须提高信息保护能力，确保不会出现用户个人信息的泄露。

2. 数据安全法

随着信息技术和人类生产生活交汇融合，各类数据迅猛增长、海量聚集，对经济发展、人民群众生活产生了重大而深刻的影响。数据安全已成为事关国家安全与经济社会发展的重大问题。党中央高度重视，就加强数据安全工作和促进数字化发展作出一系列重要部署。按照党中央决策部署，贯彻总体国家安全观的要求，全国人大常委会积极推动数据安全立法工作。经过三次审议，2021 年 6 月 10 日，《中华人民共和国数据安全法》（以下简称《数据安全法》）经十三届全国人大常委会第二十九次会议通过并正式发布，于 2021 年 9 月 1 日起施行。

笔记

作为我国数据安全领域的基础性法律，《数据安全法》主要有以下三个特点。

一是坚持安全与发展并重。设专章对支持促进数据安全与发展的措施作了规定，保护个人、组织与数据有关的权益，提升数据安全治理和数据开发利用水平，促进以数据为关键生产要素的数字经济发展。

二是加强具体制度与整体治理框架的衔接。从基础定义、数据安全管理、数据分类分级、重要数据出境等方面，进一步加强与《网络安全法》等法律的衔接，完善我国数据治理法律制度建设。

三是回应社会关切。加大数据处理违法行为处罚力度，建设重要数据管理、行业自律管理、数据交易管理等制度，回应实践问题及社会关切。

《数据安全法》完善了国家数据安全工作体制机制，规定中央国家安全领导机构负责国家数据安全工作的决策和议事协调等职责，并提出建立国家数据安全工作协调机制。在网络数据安全工作方面，专门明确国家网信部门依照本法和有关法律、行政法规的规定，负责统筹协调网络数据安全和相关监管工作。

《数据安全法》重点确立了数据安全保护的各项基本制度，完善了数据分类分级、重要数据保护、跨境数据流动和数据交易管理等多项重要制度，形成了我国数据安全的顶层设计。

（1）《数据安全法》对数据分类分级制度进行了探索。

《数据安全法》第二十一条规定，根据数据在经济社会发展中的重要程度，以及一旦遭到篡改、破坏、泄露或者非法获取、非法利用，对国家安全、公共利益或者个人、组织合法权益造成的危害程度，对数据实行分类分级保护，并明确加强对重要数据的保护，对关系国家安全、国民经济命脉、重要民生、重大公共利益等内容的国家核心数据，实行更加严格的管理制度。

（2）《数据安全法》针对重要数据在管理形式和保护要求上提出了严格和明确的保护制度。

在管理形式上，《数据安全法》采用目录管理的方式，明确将“确定重要数据目录”纳入国家层面管理事项，国家数据安全工作协调机制统筹协调有关部门制定重要数据目录。而各地区、各部门制定本地区、本部门及相关行业、领域的重要数据具体目录，有利于形成国家与各地方、各部门管理权限之间的合理协调机制，推动重要数据统一认定标准的建立。在保护要求上，《数据安全法》在一般保护之外，强化了重要数据、核心数据的保护要求。

一是规定数据处理者开展数据处理活动应当依照法律法规的规定，建立健全全流程数据安全管理制度，组织开展数据安全教育培训，采取相应的技术措施和其他必要措施，保障数据安全。

二是规定了重要数据处理者“明确数据安全负责人和管理机构”的义务，要求重要数据处理者在内部作出明确的责任划分，落实数据安全保护责任。

三是规定了重要数据处理者进行风险评估的要求，重要数据处理者应当按照规定对其数据处理活动定期开展风险评估，并向有关主管部门报送风险评估报告。风险评估报告应当包括处理的重要数据的种类、数量，开展数据处理活动的情况，面临的数据安全风险及其应对措施等。

笔记

《数据安全法》建立数据安全风险评估、报告、信息共享、监测预警和应急处置机制，通过对数据安全风险信息的获取、分析、研判、预警以及数据安全事件发生后的应急处置，实现数据安全事前、事中和事后的全流程保障。《数据安全法》第二十二条规定："国家建立集中统一、高效权威的数据安全风险评估、报告、信息共享、监测预警机制。国家数据安全工作协调机制统筹协调有关部门加强数据安全风险信息的获取、分析、研判、预警工作。"第二十九条规定："开展数据处理活动应当加强风险监测，发现数据安全缺陷、漏洞等风险时，应当立即采取补救措施。"从制度衔接上看，数据安全风险评估、报告、信息共享、监测预警机制是国家安全制度的组成部分。《中华人民共和国国家安全法》第四章第三节建立了风险预防、评估和预警的相关制度，规定国家制定完善应对各领域国家安全风险预案。数据安全风险评估、报告、信息共享、监测预警机制是《中华人民共和国国家安全法》规定的风险预防、评估和预警相关制度在数据安全领域的具体落实。从保护阶段上看，数据安全风险评估、报告和信息共享构成了数据安全保护的事前保护义务，监测预警机制构成了数据安全保护的事中保护义务，数据安全事件的应急处置机制形成了对数据安全的事后保护。

(3)《数据安全法》对数据的出境管理进行了补充和完善。

一是针对重要数据完善了跨境数据流动制度。《数据安全法》在《网络安全法》第三十七条的基础之上，规定"其他数据处理者在中华人民共和国境内运营中收集和产生的重要数据的出境安全管理办法，由国家网信部门会同国务院有关部门制定。"既与《网络安全法》相衔接，也实现了对所有重要数据出境的安全保障。

二是通过出口管制的形式限制了管制物项数据的出口。《数据安全法》第二十五条规定"国家对与维护国家安全和利益、履行国际义务相关的属于管制物项的数据依法实施出口管制"，明确将数据出口管制纳入数据安全管理工作，实现了与《中华人民共和国出口管制法》的衔接，有利于从维护国家安全的角度限制相关数据的出境，对整体跨境数据流动制度进行补充。

三是对外国司法、执法机构调取我国数据的情况进行了规定。《数据安全法》第三十六条首先明确："中华人民共和国主管机关根据有关法律和中华人民共和国缔结或者参加的国际条约、协定，或者按照平等互惠原则，处理外国司法或者执法机构关于提供数据的请求。"同时规定"非经中华人民共和国主管机关批准"不得向境外执法或司法机构提供境内数据，并对违法违规提供数据的行为，明确了包括警告、罚款等在内的行政处罚措施。这一制度的设置体现了对于合法合规向外国司法或者执法机构提供数据的重视，明确了我国处理外国司法或者执法机构关于提供数据请求的一般原则，同时也是依法应对少数国家肆意滥用长臂管辖，防范我国境内数据被外国司法或执法机构不当获取。

(4) 数据交易制度的确立使得数据依法有序流动成为现实。

数据是数字经济时代的重要生产要素，而数据交易则是满足数据供给和需要的最主要方式，明确数据交易的法律地位，是满足现实需求、助力数字经济发展的重要表现，是当前数据交易制度发展的制度基础。《数据安全法》第十九条规定国家建立健全数据交易管理制度，规范数据交易行为，培育数据交易市场。此外，《数据安全法》还在第三十三条规定了数据交易中介服务机构的主要义务，规定从事数据交易中介服

笔记

务的机构在提供交易中介服务时，应当要求数据提供方说明数据来源，审核交易双方的身份，并留存审核、交易记录。《数据安全法》为数据交易制度提供了兼顾安全和发展的原则性规定，有利于在保障安全基础上，促进数据有序流动，激励相关主体参与到数据交易活动中来，充分释放数据红利。

3. 个人信息保护法

《中华人民共和国个人信息保护法》（以下简称《个人信息保护法》）对个人信息保护问题作出了全面性、基础性的规定，能够有效实现个人信息保护法治环境。具体来看，主要包括六个方面内容。

（1）明确了个人信息保护的调整范围。《个人信息保护法》第四条第一款规定，个人信息是以电子或者其他方式记录的与已识别或者可识别的自然人有关的各种信息，不包括匿名化处理后的信息。《网络安全法》《民法典》等对“个人信息”均有界定，基本以“识别说”为基础，采取的都是概括与列举的表述方式。《个人信息保护法》作为我国专门的个人信息保护法律，在定义方式上有明显的不同，兼具了“识别说”和“关联说”，很大限度上反映了个人信息保护的专业性、动态性，结合个人信息处理主体多样、处理活动复杂、个人信息类型易变的现实发展情况，通过内涵和外延较为宽泛的定义方式，最大限度地保证了个人信息保护法能够广泛适用和稳定适用。与此同时，第四条第二款规定，个人信息的处理包括个人信息的收集、存储、使用、加工、传输、提供、公开、删除等。数据作为新型生产要素，价值化释放是数据活动的主要目的之一。个人信息在当前发展阶段是价值极为丰富的数据类型，其价值化释放需求十分强烈，而可能伴随的个人信息权益侵害也贯穿于数据处理活动的全生命周期。《个人信息保护法》通过立法技巧，将有关个人信息活动统一为“处理”活动，以保证全法条文的有效覆盖。相比于欧盟的《通用数据保护条例》所规定的数据控制者（data controller）和数据处理者（data processor），个人信息保护法仅用“个人信息处理者”一个概念表述，从比较法角度存在差异理解问题，但《个人信息保护法》通过委托处理（第二十一条）和转移处理（第二十三条）两种方式的规定，实际上充分考虑了以“数据控制者”和“数据处理者”为理解背景的场景适用。从周延性的角度来说，并无实质不同。对于类型多样的个人信息处理者而言，这是理解个人信息保护法适用的关键问题之一。

（2）明确了个人信息处理的基本规则。首先，《个人信息保护法》首次在国内法中规定了个人信息处理的合法性基础（第十三条），包括用户同意、订立合同所必需、人力资源管理所必需、履行法定职责和义务、紧急保护、新闻报道或者舆论监督、合理处理公开信息等多项合法性基础。对于个人信息处理者而言，在以往仅有用户同意这种唯一的合法性基础之上，丰富了可以合法处理个人信息的途径，既考虑了个人信息处理活动的合理实践，也借鉴了成熟的国外立法经验。同时，《个人信息保护法》也妥当地处理了同法条文的衔接，根据第十三条第二款规定，依照本法其他有关规定，处理个人信息应当取得个人同意，但有前款第二项至第七项规定情形的，不需取得个人同意。这充分体现了个人信息处理活动的复杂性、多场景性，明确了除“用户同意”以外合法处理个人信息的情形遵守其他条款的规则，保证了立法的科学性和严密性。

笔记

其次，《个人信息保护法》对通过自动化决策方式处理个人信息作出了规定，回应了广为关注的信息茧房和大数据杀熟问题。个人信息保护法要求“利用个人信息进行自动化决策，应当保证决策的透明度和结果公平、公正”（第二十四条第一款）。针对信息茧房问题，《个人信息保护法》赋予了用户拒绝的权利，规定“通过自动化决策方式向个人进行信息推送、商业营销，应当同时提供不针对其个人特征的选项，或者向个人提供便捷的拒绝方式”（第二十四条第二款）。针对大数据杀熟问题，规定“不得对个人在交易价格等交易条件上实行不合理的差别待遇”（第二十四条第一款）。实际上，在反垄断法框架下，大数据杀熟是一种滥用市场支配地位的行为，反垄断法已有类似的规定。《个人信息保护法》对此作出规定，既能在反垄断规制以外提供新的保护路径，也能从个人信息收集、使用的底层逻辑上应对大数据杀熟问题。无论是信息茧房问题还是大数据杀熟，个人信息处理活动发挥着最基础的支撑作用，离开个人信息数据处理，信息茧房和大数据杀熟都很难实现。通过对个人信息处理活动的有效规制，能够对解决类似问题起到釜底抽薪的根本性作用。

再次，明确了对公共场所视频监控活动的规则。《个人信息保护法》第二十六条要求：“在公共场所安装图像采集、个人身份识别设备，应当为维护公共安全所必需，遵守国家有关规定，并设置显著的提示标识。所收集的个人图像、身份识别信息只能用于维护公共安全的目的，不得用于其他目的；取得个人单独同意的除外。”出于保护公共安全的必要，公共场所设置摄像等设备越来越普及，也发挥了实际的效果。然而，有些摄像等设备的设置超出了维护公共安全的目的，甚至是为了私益。《个人信息保护法》通过该条作出了原则性规定，为后续规范相关活动提供了法律依据。

最后，明确了处理已公开个人信息的规则。根据《个人信息保护法》第十三条的规定，“依照本法规定在合理的范围内处理个人自行公开或者其他已经合法公开的个人信息”属于合法性基础之一。第二十七条对已公开的个人信息处理进行规定，明确可以在合理的范围内处理个人自行公开或者其他已经合法公开的个人信息，但是个人明确拒绝的除外。同时，处理已公开的个人信息对个人权益有重大影响的，还应当依照本法规定取得个人同意。

（3）对个人在个人信息处理活动中的权利进行了充分规定。个人对其个人信息所享有的权利是个人参与个人信息保护的重要手段之一，体现了个人信息多元治理思路。参考以《通用数据保护条例》为代表的国外个人信息保护立法，赋予个人的权利种类基本一致。《个人信息保护法》进行了科学、充分的立法借鉴。通过原则性条款明确了个人对其个人信息的处理享有知情权、决定权，有权限制或者拒绝他人对其个人信息进行处理（第四十四条）。具体规定了查阅、复制权，可携带权（第四十五条），更正权（第四十六条），删除权（第四十七条），请求解释权（第四十八条）。对于自然人死亡的，也明确了其近亲属行使相关权利的规定（第四十九条）。比较而言，《个人信息保护法》对个人在个人信息处理活动中享有的权利作了比较充分的规定，除了对国际国内普遍存在争议的“被遗忘权”未作明确规定以外，基本和国外立法相一致。

（4）规定了个人信息处理者的义务。个人信息处理者的义务可以理解为个人信息

笔记

处理的操作规范和手册。对于个人信息处理者而言，是需要非常熟悉并逐一对照遵守的部分。个人信息保护是一种合规性状态，而非一种目标性结果，需要个人信息处理者持续投入成本、资源以维持合法、合理的个人信息保护水平。《个人信息保护法》第五十一条对个人信息处理者的义务进行了概括性规定，包括：① 制定内部管理制度和操作规程；② 对个人信息实行分类管理；③ 采取相应的加密、去标识化等安全技术措施；④ 合理确定个人信息处理的操作权限，并定期对从业人员进行安全教育和培训；⑤ 制定并组织实施个人信息安全事件应急预案；⑥ 法律、行政法规规定的其他措施。总体而言，个人信息处理者按照这几项持续推进内部个人信息保护工作就能符合合规要求，具体可以根据企业规模大小、服务性质、技术水平等选择更为符合自身情况的相应措施。除了第五十一条规定，个人信息保护法还规定了合规审计（第五十四条）、泄露通知（第五十七条）等要求。在一般性要求的基础上，《个人信息保护法》还作了一些特殊规定。一是对于处理个人信息达到国家网信部门规定数量的个人信息处理者，要求指定个人信息保护负责人（第五十二条）。二是对于境外个人信息处理者，要求在中国境内设立专门机构或者指定代表（第五十三条）。三是特定情形下应当进行个人信息保护影响评估，主要是一些高风险情形，包括处理敏感个人信息、自动化决策、委托处理、向他人和境外提供、公开个人信息等（第五十五条）。四是规定了“守门人”义务，对于提供重要互联网平台服务、用户数量巨大、业务类型复杂的个人信息处理者还应当履行更高水平的义务，要求成立外部独立监督机构、制定平台规则、阻断违法活动、定期发布履责报告等（第五十八条）。

（5）确定了履行个人信息保护职责的部门及其职责。《个人信息保护法》对个人信息保护体制进行了明确安排（第六十条）。从横向来看，由国家网信部门负责统筹协调个人信息保护工作和相关监督管理工作，国务院有关部门依照本法和有关法律、行政法规的规定，在各自职责范围内负责个人信息保护和监督管理工作。从纵向来看，县级以上地方人民政府有关部门按照国家有关规定确定个人信息保护和监督管理职责。根据第六十条规定，个人信息保护将按照“统筹协调＋协抓共管”的思路，构建跨部门、跨行业、跨领域协同监管体制机制，能够很好地适应个人信息保护工作的特点。管理层级上，可以结合情况构建国家、省（区、市）、地级市、县四级管理体系。同时，个人信息保护法对履行个人信息保护职责的部门的职责，国家网信部门的统筹协调职能进行了列举式规定（第六十一条、第六十二条）。

（6）规定了较为严厉的法律责任。个人信息处理活动涉及面广、情况复杂、主体多样、隐蔽性强，一旦发生侵害个人信息权益的行为，往往会对社会层面造成较为严重的后果，甚至有些损害结果难以显性化察觉，监管成本比较高，行政资源消耗比较大。根据国外经验以及个人信息保护本身的特点，规定较为严厉的法律责任符合法理逻辑。行政责任方面，《个人信息保护法》设置了全面的行政处罚手段，包括警告、没收违法所得、罚款（包括对单位和责任人员）、责令暂停相关业务或者停业整顿、吊销许可证或者营业执照。其中，对于违法处理个人信息的应用程序，可以责令暂停或者终止提供服务。罚款的最高数额可达5000万元人民币或者上一年度营业额的5%。此外还规定了信用惩戒以及对担任企业董事、监事、高级管理人员和个人信息保护负责人的从业禁止等。民事责任方面，规定了过错推定原则，处理个人信息侵害

笔记

个人信息权益造成损害，个人信息处理者不能证明自己没有过错的，应当承担损害赔偿等侵权责任（第六十九条）。

（六）国内外立法现状比较

个人信息保护的立法可追溯至德国黑森州1970年《资料保护法》。此后，瑞士（1973）、法国（1978）、挪威（1978）、芬兰（1978）、冰岛（1978）、奥地利（1978）、爱尔兰（1988）、葡萄牙（1991）、比利时（1992）等国的个人信息保护法亦景从云集。在大西洋彼岸，1973年美国发布《公平信息实践准则》报告，确立了处理个人信息的五项原则：① 禁止所有秘密的个人信息档案保存系统；② 确保个人了解其被收集的档案信息是什么，以及信息如何被使用；③ 确保个人能够阻止未经同意而将其信息用于个人授权使用之外的目的，或者将其信息提供给他人，用作个人授权之外的目的；④ 确保个人能够改正或修改关于个人可识别信息的档案；⑤ 确保任何组织在计划使用信息档案中的个人信息都必须是可靠的，并且必须采取预防措施防止滥用。在《公平信息实践准则》所奠定的个人信息保护基本框架之上，美国《消费者网上隐私法》、《儿童网上隐私保护法》、《电子通信隐私法案》、《金融服务现代化法》（GLB）、《健康保险流通与责任法》（HIPAA）、《公平信用报告法》相继出台。

进入21世纪，在数字化浪潮的推动下，个人信息保护的立法陡然加速。2000—2009年，共有40个国家颁布了个人信息保护法，是前10年的两倍；而2010—2019年，又新增了62部个人信息保护法，比以往任何10年都要多。延续这一趋势，截至2029年将会有超过200个国家或地区拥有个人信息保护法。

我国个人信息保护法正是此历史进程中的重要一环。回顾过往，世界个人信息保护法迄今已经历经了三代。第一代以经合组织1980年《关于隐私保护与个人数据跨境流通指引》和1981年欧洲理事会《有关个人数据自动化处理之个人保护公约》为起点。第二代以欧盟1995年《个人数据保护指令》为代表，其在第一代原则的基础上加入了包括“数据最少够用”“删除”“敏感信息”“独立的个人信息保护机构”等要素。第三代即为2018年生效的欧盟《通用数据保护条例》（GDPR）。与第二代相比，GDPR大大拓展了信息主体权利，并确立了一系列新的保护制度。我国个人信息保护法采取“拿来主义、兼容并包”的方法，会通各国立法，借鉴世界第三代个人信息保护法的先进制度，铸就熨帖我国国情的规则设计。这主要体现在以下几个方面。

其一，在体例结构上，将私营部门处理个人信息和国家机关处理个人信息一体规制，除明确例外规则外，确保遵循个人信息保护的统一标准。基于此，个人信息保护法两线作战，既直面企业超采、滥用用户个人信息的痼疾，又防范行政部门违法违规处理个人信息的问题，最大限度地保护个人信息权益。

其二，在管辖范围上，个人信息保护法统筹境内和境外，赋予必要的域外适用效力，以充分保护我国境内个人的权益。

其三，在“个人信息”认定上，采取“关联说”，将“与已识别或者可识别的自然人有关的各种信息”均囊括在内。

其四，在个人信息权益上，不仅赋予个人查询权、更正权、删除权、自动化决策的解释权和拒绝权以及有条件的可携带权等“具体权利”，而且从中升华为“个人对

笔记

其个人信息处理的知情权、决定权，限制或者拒绝他人对其个人信息进行处理”的“抽象权利”，由此形成法定性和开放性兼备的个人信息权益体系。

其五，在个人信息跨境上，采取安全评估、保护认证、标准合同等多元化的出境条件。

其六，在大型平台监管上，对“重要互联网平台服务、用户数量巨大、业务类型复杂的个人信息处理者”规定“看门人”义务，完善个人信息治理。

我国个人信息保护法绝不只是回应世界潮流之举，事实上，它也是我国法律体系自我完善、自我发展的必然结果。从2018年9月个人信息保护法被纳入“十三届全国人大常委会立法规划”，位列“条件比较成熟、任期内拟提请审议”的69部法律草案之中，到2021年《个人信息保护法》正式颁布，看起来不过历时三载，但追根溯源，距离2012年《全国人大常委会关于加强网络信息保护的决定》已有9年，距离2003年国务院信息化办公室部署个人信息保护法立法研究工作已有18年。在近20年的进程中，我国个人信息保护规范日渐丰茂，《网络安全法》、新修订的《消费者权益保护法》《电子商务法》《刑法修正案九》《民法典》等对个人信息保护均作出了相应规定，及时回应了国家、社会、个人对个人信息保护的关切。然而，这种分散式的立法，也面临着体系性和操作性欠缺、权利救济和监管措施不足的困境，正因如此，一部统一的个人信息保护法正当其时。

任何法律都是特定时空下社会生活和国家秩序的规则，个人信息保护法概莫能外。我国个人信息保护法以现实问题为导向，以法律体系为根基，统筹既有法律法规，体察民众诉求和时代需求，将之挖掘、提炼、表达为具体可感、周密翔实的法律规则，以维护网络良好生态，促进数字经济发展。我国个人信息保护法的中国智慧和中国方案包括但不限于以下几个方面。

其一，在法律渊源上，将个人信息保护上溯至宪法，经由宪法第三十三条第三款“国家尊重和保障人权”、第三十八条“中华人民共和国公民的人格尊严不受侵犯”、第四十条“中华人民共和国公民的通信自由和通信秘密受法律的保护”，宣誓、夯实、提升了个人信息权益的法律位阶。

其二，在立法目的上，将“保护个人信息权益”和“促进个人信息合理利用”作为并行的规范目标，秉持“执其两端，用其中于民”的理念，满足人们对美好生活的向往。为此，个人信息保护法拓展了民法典“知情同意＋免责事由”的规则设计，采取了包括个人同意、订立和履行合同、履行法定职责和法定义务、人力资源管理、突发公共卫生事件应对、公开信息处理、新闻报道、舆论监督等多元正当性基础。

其三，在规范主体上，将“个人信息处理者”作为主要义务人，将“接受委托处理个人信息的受托人”作为辅助人，承担一定范围内的个人信息安全保障义务。

其四，在保护程度上，对于未成年人的个人信息、特定身份、行踪轨迹、生物识别等信息予以更大力度的保护。

其五，在适用场景上，对于“差别化定价”“个性化推送”“公共场所图像采集识别”等社会反映强烈的问题，予以专门规制；开展公开或向第三方提供个人信息、处理敏感个人信息、个人信息出境等高风险处理活动的，应当取得个人的“单独同意”。

笔记

其六，在监管体制上，个人信息保护法采取了“规则制定权相对集中，执法权相对分散”的架构，由国家网信部门统筹协调有关部门制定个人信息保护具体规则、标准，国务院有关部门在各自职责范围内负责个人信息保护和监督管理工作。

二、分类分级现状

个人数据信息作为大数据应用场景的重要组成部分，在个人数据信息处理和应用过程中面临极大的数据安全风险。如何在个人数据信息利用与安全保护之间达到平衡，充分挖掘个人数据信息作为重要生产要素的价值，成为当下个人信息保护的难点。通过对个人数据信息的微数据进行分类分级，并根据分类分级结果在应用场景中采取不同的安全保护措施（如授权、脱敏、加密等），实现对个人数据信息的精细化管理和保护，对推动个人数据信息价值化发展意义重大。

随着数字治理、数字经济、数据社会等数字化产业的不断发展，个人数据信息的收集和利用变得越来越普遍。同时，个人敏感信息泄露、滥用等事件频发，对数字化发展产生极大的负面影响。在数字化时代下，个人数据信息保护正遭受前所未有的新挑战，体现在以下几个方面。

（1）应用广，暴露面大。个人数据信息在大数据时代应用越来越广泛，包括疫情防控、个人广告推广、便民服务、信用评级等，使得个人隐私信息暴露风险大大增加。

（2）流程长，接触者多。个人数据信息从采集、汇聚、治理、分析、共享、应用直至销毁等过程，涉及的每一个业务流程，都需要对相应人员开放必要数据权限，以满足基本的数据处理需求，任何一个接触数据的人员都有可能成为数据泄露源。

（3）价值高，威胁更大。个人数据信息已经成为各行各业的战略资源和隐形资产，数据量越大则价值越高，是不法分子窃取和勒索的重要对象。

（4）强保护，价值难体现。个人数据信息价值高，但过度保护将不利于数据价值的体现。因此，在数据作为新的生产要素的数字化时代中，仍采用传统方式对所有数据采取一致的安全防护措施已无法满足新的安全需求，基于分类分级的安全防护成为解决数据安全精细化管理的有效途径。个人数据信息作为数据的重要组成部分，尤其在面向个人的大数据应用场景下，如何有效利用个人数据信息作为新的生产要素发挥价值，同时又避免个人隐私数据的泄露成为当下亟待解决的问题。

我国“十三五”规划明确指出，加强数据资源安全保护，建立大数据安全管理制度，实行数据资源分类分级管理，保障安全高效可信应用。《网络安全法》第二十一条明确指出，采取数据分类、重要数据备份和加密等措施，保障网络免受干扰、破坏或者未经授权的访问，防止网络数据泄露或者被窃取、篡改。《数据安全法》第二十一条明确指出，国家建立数据分类分级保护制度，根据数据在经济社会发展中的重要程度，以及一旦遭到篡改、破坏、泄露或者非法获取、非法利用，对国家安全、公共利益或者个人、组织合法权益造成的危害程度，对数据实行分类分级保护。《个人信息保护法》第五章个人信息处理者的义务明确指出，对个人信息实行分类管理，采取相应的加密、去标识化等安全技术措施。

以上是与数据分类分级相关的法规和政策要求，缺乏具体操作层面的指导，对此

笔记

也出台了一些与数据分类分级相关的地方性或行业规范指南，对数据分类分级有一定的借鉴作用，但总体来说仍存在一些不足。

（1）缺乏针对性标准和规范指导。分类分级往往只把个人数据信息归为一类进行统一保护，在实际应用场景中，无法再进行细化管理。《个人信息保护法》、《信息安全技术 个人信息安全规范》（GB/T 35273-2020）、《信息安全技术 个人信息去标识化指南》（GB/T 37964-2019）等法规及相关安全要求和指导，但在实际落地过程中还存在较大的差异，缺乏针对性的指导。

（2）分类分级与安全保护区分考虑，达不到真正效果。分类分级的目的是更好地实现数据保护，而现今可参考的标准和规范往往将分类分级与安全保护区分考虑，在大数据应用场景下，无法实现个人数据信息作为新的生产要素发挥价值的同时又满足个人信息保护的闭环管理。

（3）缺乏有效的工具支撑。分类分级安全保护在技术实现方面需要考虑众多因素。如需要支持不同的数据源、海量数据、频繁更新数据、数据加工流转等场景，在数字化时代，这些场景非常普遍，然而目前市面上很少有能满足这些复杂应用场景的分类分级保护工具。

在个人数据信息广泛应用于数字化业务发展的今天，迫切需要有关基于分类分级的个人信息安全保护方法，在确保充分发挥个人信息数据价值的同时，有效避免或降低个人数据信息面临泄露、滥用等安全风险。

个人数据信息的分类分级包括分类和分级两个层面，分类是指对个人信息的微数据基于不同属性或特征，按照一定的原则和方法进行区分和归类，以便更好地实现数据的分级。分级是指在分类的基础上，对个人信息微数据的敏感程度以及遭受泄露、滥用等可能对国家、社会及个人等造成的影响进行分级。因此，需要进一步明确个人信息分类分级的原则和方法。

个人数据信息分类可遵循以下原则。

（1）易管理。数据分类的主要目的是便于管理，提高管理效率。

（2）抓重点。重点对个人标识信息进行归类，对个人数据信息中的通用属性可合并归类。

（3）防交叉。在数据分类时应防止出现分类重复或交叉的情况。

（4）可扩展。对个人数据信息分类应尽可能满足多种场景的应用需求，如数据治理、数据开发、数据共享、数据开放等。

个人数据信息分类主要从微数据的两个维度进行。

一是按照微数据是否属于标识信息进行分类，主要包括直接标识符和准标识符。

二是微数据是否属于个人敏感信息。

其他的微数据可归为通用信息。这几类数据分别举例说明如下。

（1）直接标识符。微数据中的属性，在特定环境下可以单独识别个人信息主体。例如，姓名、地址、电子邮件地址、电话号码、传真号码、信用卡号码、车牌号码、车辆识别号码、社会保险号码、健康卡号码、病历号码、设备标识符、生物识别码、互联网协议地址号和网络通用资源定位符等。

笔记

（2）准标识符。微数据中的属性，结合其他属性可唯一识别个人信息主体。比如，性别、出生日期或年龄、事件日期（例如入院、手术、出院、访问）、地点（例如邮政编码、建筑名称、地区）、族裔血统、出生国、语言、原住民身份、可见的少数民族地位、职业、婚姻状况、受教育水平、上学年限、犯罪历史、总收入和宗教信仰等。

（3）个人敏感信息。指一旦泄露、非法提供或滥用可能危害人身和财产安全，极易导致个人名誉、身心健康受到损害或歧视性待遇等的个人信息。个人敏感信息包括身份证件号码、个人生物识别信息、银行账号、通信记录和内容、财产信息、征信信息、行踪轨迹、住宿信息、健康生理记录、交易信息、14 岁以下（含）儿童个人信息等。

（4）通用信息。指有一定通用性的个人微数据信息，如民族、国籍、政治面貌、证件类型、证件名称等。

个人数据信息分级可遵循以下原则。

（1）可执行性。保证个人数据信息分级使用和执行的可行性。

（2）合理性。数据级别具有合理性，不能将所有数据集中划分在一两个等级中，而另外一些等级没有数据。级别划定过低可能导致数据不能得到有效保护，级别划定过高可能导致不必要的业务开支。

分级方法主要从分级要素和分级定义两个方面进行说明。

（1）分级要素。识别个人信息主体的难易程度。数据受到泄露或篡改后对个人信息主体造成影响程度。

（2）分级定义。根据可识别个人信息主体难易程度和数据敏感程度，将个人数据信息由低到高划分为 S1～S5 级，如表 7-1 所示。除以上基于字段分级外，还有一些特殊场景的分级需求，包括：① 行分级。满足特殊行信息数据的重点保护要求，如特殊岗位人员信息、14 岁以下（含）儿童个人信息，可根据提供的特定人员安全要求情况进行分级，一般不低于 S4 级。② 表分级。针对一个完整隐私事件的记录，在独立字段没有意义的情况下，适合用整张表定级，如酒店住宿信息中包括入住日期、离店日期、酒店名称、入住房间号等。

个人信息分类、分级目录示例如表 7-2、表 7-3 所示。

表 7-1 个人数据信息分级

敏感度分级	级别标识	级别说明
S5	极敏感	涉及个人隐私，一旦泄露可直接导致个人财产、个人名誉、身心健康受到损害或歧视性待遇等个人信息
S4	敏感	可单独识别个人信息主体的字段信息；儿童信息
S3	较敏感	在特定环境下可单独识别个人信息主体，以及结合其他较少的属性可唯一识别个人信息主体的字段
S2	低敏感	可定位特定群体，但群体数量相对较大，结合其他同级别及以下属性较难识别个人信息主体的字段

笔记

续表

敏感度分级	级别标识	级别说明
S1	非敏感	可完全公开，字段泄露对个人基本无影响，与其他 S1 级的信息组合几乎不可能定位到个人信息主体

表 7-2　分类目录示例

一级分类	二级分类	三级分类	数据元
个人信息	私密信息	—	宗教信仰、住宿信息、婚史等
	涉事涉法	—	犯罪记录、重点管控信息等
	健康生理信息	生理状态	家族病史、色盲、残疾证号、残疾类型、残疾等级、健康状况、出生健康状况、健康码等
		医疗卫生	病症或病情描述、住院诊断结果、检查报告主观意见、检查报告客观意见、检查报告及检验项目结果、计生信息等
	财产信息	资金数量	存款总金额、贷款总金额、市场价值（证券）等
		实物资产	房产信息、山林信息、矿业信息等
		知识产权	专利名称、专利号、商标名称、商标注册号等
		银行卡号	银行账户、信用卡号码、低保救助银行账号等
	姓名	—	姓名、曾用名、名、英文名、姓名中文拼音等
	地点信息	详细地址	居民身份证住址、户籍地详址、迁往地详址、门楼详址等
		地点	建筑名称、所属居委会名称、所属居委会代码、所属街路巷名称、户籍地街路巷代码、单位名称、单位代码、所属社区等
		地区	邮政编码、乡镇、地区等
	电话号码	—	电话号码、移动电话、固定电话、传真号码等
	证件号码	身份证号码	身份证号码、证件号码、出生医学证明父亲身份证号码、出生医学证明母亲身份证号码、监护人身份证号码、纳税人识别号、社会保障号码、住房公积金账号等
个人信息	证件号码	普通证件号码	出生医学证明编号、学号、考生号、计生证件号码、健康卡号码、病历号、就业创业证编号、救助证编号、重残家庭编号等
	特殊职位	—	党政职务等
	通用信息	—	民族、性别、国籍、政治面貌、证件类型、证件名称等

笔记

表 7-3 分级目录示例

敏感度分级	级别标识	数据子类
S5	极敏感	私密信息、涉事涉法、资金数量、生理状态、实物资产等
S4	敏感	姓名、详细地址、身份证号码、电话号码、银行卡号等
S3	较敏感	特殊职位、地点、知识产权、医疗卫生、普通证件号等
S2	低敏感	地区等
S1	非敏感	通用信息等

三、跨境流通现状

2023 年 2 月 24 日，国家互联网信息办公室公布《个人信息出境标准合同办法》（以下简称《办法》）。《办法》对通过订立标准合同的方式开展个人信息出境的活动作出具体制度安排，细化落实了《个人信息保护法》第三十八条第一款第三项的规定。《个人信息保护法》对我国个人信息出境管理作出顶层设计，规定了国际条约或协定、安全评估、个人信息保护认证、标准合同四种个人信息出境方式。继《数据出境安全评估办法》《关于实施个人信息保护认证的公告》对安全评估、个人信息保护认证进行规范后，《办法》成为我国个人信息出境管理制度的重要组成部分。对于规范个人信息跨境流动、完善数据跨境管理制度和促进数据领域国际合作具有重大意义。

1. 出台《办法》是我国推动个人信息跨境流动、积极融入全球数字经济发展大势的重要举措

第一，落实《个人信息保护法》的要求，保护个人信息权益。出台《办法》是为了保护个人信息权益，规范个人信息出境活动。当前，数字经济蓬勃发展，数据跨境日益频繁，各国个人信息跨境流动需求也快速增长。但由于不同国家和地区的个人信息保护水平存在差异，个人信息出境的风险日渐凸显。《个人信息保护法》提供了高水平的个人信息保护标准，标准合同的适用有利于保障境外接收方处理个人信息的活动达到我国《个人信息保护法》规定的个人信息保护标准，确保个人信息出境后个人信息主体权益依然受到保护。

第二，促进数字经济发展，回应中小企业个人信息跨境需求。2022 年《中共中央 国务院关于构建数据基础制度更好发挥数据要素作用的意见》提出“构建数据安全合规有序跨境流通机制”“坚持开放发展，推动数据跨境双向有序流动，鼓励国内外企业及组织依法依规开展数据跨境流动业务合作”。作为一种个人信息出境方式，标准合同具有便捷化、成本低的特征。《办法》的出台积极回应了社会关切，在为中小企业个人信息跨境业务合作提供法治保障的同时，也减轻了中小企业负担，有利于进一步促进数据自由流通和数字经济发展。

第三，紧跟数字时代潮流，顺应国际通行做法。国际上，以欧盟针对四种不同个人数据传输场景的“标准合同条款”为典型代表，东盟国家、英国等国家以及我国香

笔记

港地区分别出台了“标准合同条款”范本。在借鉴境外经验和立足我国实际的基础上，《办法》提出具备完整合同结构的“标准合同范本”。国家网信部门可以根据实际情况对附件标准合同范本进行调整，使其保持灵活性、实践性和国际性。《办法》的出台既符合国际通行做法又具有中国法治特色，对于促进数据领域国际合作意义重大。

2.《办法》是继《数据出境安全评估办法》之后，第二部落实《个人信息保护法》个人信息出境管理规定的专门性部门规章，具有承前启后推动个人信息出境管理制度体系化的重要作用

第一，完善个人信息出境管理的重要配套规章。《办法》的出台，细化了《个人信息保护法》中“按照国家网信部门制定的标准合同与境外接收方订立合同，约定双方的权利义务”的要求，是对个人信息出境管理制度的重要补充。《个人信息保护法》第三十八条规定了“两类四种”个人信息出境方式：一类是个人信息处理者因业务等需要，确需向境外提供个人信息的，应该具备“安全评估”“个人信息保护认证”“标准合同”三种条件之一，并设置兜底条款“法律、行政法规或者国家网信部门规定的其他条件”；另一类是我国缔结或者参加的国际条约、协定对向境外提供个人信息的条件等有规定的，可以按照其规定执行。《数据出境安全评估办法》明确了数据出境管理中的“安全评估”，《办法》与其共同作为《个人信息保护法》的配套规章，进一步落实了有关个人信息出境管理制度的顶层设计。

第二，丰富个人信息出境方式。《办法》通过划定个人信息出境标准合同的适用范围和情形，有效实现了标准合同和安全评估、个人信息保护认证的制度衔接，也为后续出台有关认证等其他个人信息出境方式的规则预留了制度接口。当个人信息处理者选择通过订立标准合同的方式向境外提供个人信息时，必须同时符合下列四种情形：

（1）非关键信息基础设施运营者。

（2）处理个人信息不满100万人的。

（3）自上年1月1日起累计向境外提供个人信息不满10万人的。

（4）自上年1月1日起累计向境外提供敏感个人信息不满1万人的。

实际上，《办法》给予个人信息处理者选择权，除必须申报安全评估的情形之外，个人信息处理者可以结合具体情况选择订立标准合同或者其他个人信息出境方式出境。

第三，结合政府监管手段与市场自主行为的新型管理规则。《办法》的正文和附件标准合同范本前后衔接，既明确了个人信息出境标准合同的监管要求，又保障了合同双方的意思自治和合同磋商空间。正文为行政监管意义上的部门规章，规定了个人信息出境标准合同的监管要求。附件实质上为民商事活动领域中的格式合同，相较于传统民事合同，其承载着意思自治、个人信息保护、国家安全和公共利益等多元价值。标准合同范本中的部分内容已被预先设定，当个人信息处理者自愿选择通过订立标准合同的方式向境外提供个人信息时，该部分内容不可更改。但合同双方可在附录二中约定附件标准合同范本未明确的事项。总之，将标准合同作为个人信息出境的方式，是我国网络立法上的创新举措，有利于积极应对互联网新业态新模式带来的风险挑战，为促进个人信息跨境流动提供法治保障。

笔记

3.《办法》立足我国立法现状和实践，对个人信息保护影响评估、标准合同备案管理、举报监督制度与法律责任等作出明确规定

第一，个人信息保护影响自评估制度。《办法》第五条规定个人信息处理者向境外提供个人信息前，应当开展个人信息保护影响评估，其重点评估内容与《数据出境安全评估办法》中“数据出境风险自评估”的重点评估事项基本一致。但是，个人信息保护影响评估内容中增加了“境外接收方所在国家或者地区的个人信息保护政策和法规对标准合同履行的影响”。这一点具体体现在附件标准合同范本的第二条第八项和第四条，合同双方应结合个人信息出境的具体情况、境外政策法规、境外接收方的安全管理制度和技术手段保障能力等进行评估。

第二，个人信息出境标准合同备案管理制度。个人信息处理者应当在标准合同生效之日起10个工作日内向所在地省级网信部门备案。从性质上看，《办法》设立的备案制度为事后监管，并不会产生功能性的效果。从内容上看，须备案的材料包括以下内容。

（1）合同双方根据附件标准合同范本订立的个人信息出境标准合同，与之相关的独立商业合同并不需要备案。

（2）个人信息保护影响评估报告。个人信息处理者应当对所备案材料的真实性负责。从结果上看，对于未履行备案程序或者提交虚假材料进行备案的违法行为，若由此导致个人信息出境活动存在较大风险或者发生个人信息安全事件，省级以上网信部门可以进行约谈，要求整改。

第三，保护个人信息主体权利的涉他合同。从主体上看，附件标准合同范本涉及三方主体，包括个人信息处理者、境外接收方和个人信息主体，在为个人信息处理者、境外接收方设立合同义务的同时，亦为第三人“个人信息主体”设立合同权利。从内容上看，个人信息处理者应履行告知、提供副本、答复询问、个人信息保护影响评估等义务。境外接收方应履行提供合同副本、采取技术和管理措施、接受监督管理等义务；若进行“再传输”“转委托”“自动化决策”等处理行为需符合相关条件。个人信息主体对其个人信息的处理享有知情权、决定权等权利，并有权请求合同一方或双方履行标准合同项下与个人信息主体权利相关的条款。此外，个人信息处理者通过与境外接收方订立标准合同的方式向境外提供个人信息的，除遵守《办法》规定外，合同的成立、效力、履行、解释以及因本合同引起的双方争议还应适用《民法典》等中华人民共和国相关法律法规。

第四，举报监督制度与法律责任。一方面，任何组织和个人发现个人信息处理者违反《办法》规定向境外提供个人信息的，可以向省级以上网信部门举报；另一方面，当省级以上网信部门发现个人信息出境活动存在较大风险或者发生个人信息安全事件的，可以依法对个人信息处理者进行约谈。个人信息处理者应当按照要求整改，消除隐患。此外，还规定了违反《办法》规定的应当依据《个人信息保护法》等法律法规处理，构成犯罪的依法追究刑事责任。

4.“标准合同”的适用主体、保护目的、效力范围与生效条件

一是适用“标准合同”的主体限定。《办法》对于能够采取“标准合同”实施个人信息跨境的主体范围进行了非常明确的界定，包括：非关键信息基础设施运营者；

笔记

处理个人信息不满 100 万人的；自上年 1 月 1 日起累计向境外提供个人信息不满 10 万人的；自上年 1 月 1 日起累计向境外提供敏感个人信息不满 1 万人的。个人信息处理者必须同时满足上述四项条件，才能够适用“标准合同”。

二是基于合同出境的个人信息保护最低约束条件。“标准合同”明确其制定的直接目的在于“为了确保境外接收方处理个人信息的活动达到中华人民共和国相关法律法规规定的个人信息保护标准”“明确个人信息处理者和境外接收方个人信息保护的权利和义务”。基于此目的设置了个人信息出境活动中，作为境外接收方的外国企业、组织等实体的最低合同义务要求，并通过合同对各方权利义务的合理分配、法律适用与违约责任等予以规定，保障了对个人信息出境活动的各方管理制度、安全技术措施的验证与追责，使得个人、境内外企业组织等实体完全可以通过民事诉讼等方式维护自身合法权益，而无须动辄启动公权力。

三是民事合同层面的优先适用与效力。根据“标准合同”第九条，个人信息处理者与境外接收方签订的、与个人信息出境活动相关的其他合同如与“标准合同”相冲突，“标准合同”条款优先适用，且个人信息处理者和境外接收方不能对“标准合同”的内容进行调整或删减，否则将视为未签订《个人信息保护法》第三十八条规定的标准合同。而如果未签订“标准合同”，则可能导致对《个人信息保护法》出境条件的不符合而承担不利法律后果。若各方确需对个人信息的出境情况进行补充，补充条款不应对“标准合同”条款进行任何效力修订、否定或排除，不得与“标准合同”相冲突，并不得规定低于“标准合同”设置的义务和责任，特别是不得对个人信息主体的权利及其行使设定任何障碍或限制。还需要注意，签订和履行“标准合同”仅是从民事合同层面约定的各方权利义务，以及违反合同约定的民事责任，并不能当然减轻或免除个人信息处理者因违反《个人信息保护法》而导致的其他法律责任。

四是“标准合同”的生效条件与备案性质。《办法》第七条要求个人信息处理者应当在“标准合同”生效之日起 10 个工作日内，向所在地省级网信部门备案。该条明确了“标准合同”的生效不依赖于备案或任何前置条件，备案“标准合同”不属于行政许可，即使未备案，也不影响合同本身的有效性，充分尊重各方当事人的意思自治，但同样这不影响因违反《个人信息保护法》而产生的相关行政责任。如果在合同有效期内发生重大的约定事项变化，个人信息处理者需要补充或者重新签订“标准合同”并备案。

5. 《办法》的四大亮点

（1）平衡了安全与发展。个人信息跨境流动对于引领数字经济全球化发展具有重要作用，有利于做大、做强、做优我国数字经济。《办法》坚持自主缔约与备案管理相结合，防范个人信息出境后因泄露、损毁、篡改、滥用等可能对个人信息权益带来的风险，落实多元化个人信息出境模式，丰富个人信息保护监管方式和手段，保障个人信息跨境安全、自由流动，有利于充分发挥数据要素对于高质量发展的重要推动作用，引领数字经济全球化发展。

（2）织密了数据出境制度。一方面，《办法》与《数据出境安全评估办法》互为补集、互相衔接，为“非关键、小规模”的个人信息出境提供了详细规范，进一步织密了个人信息出境管理制度；另一方面，《办法》附件的标准合同范本在合同双方之外，还

笔记

对向境外的第三方提供个人信息提出了约束性要求，并对受个人信息处理者委托处理个人信息，转委托第三方处理的情形作出规定，进一步筑牢了个人信息权益保护“防火墙”。

（3）创新了个人信息保护监管机制。《办法》充分体现了依法治理、综合治理的理念，一方面创造性地将合同这一意思自治形式吸收为新的监管手段，在对个人信息处理者提出管理要求的同时，也留出了充足的创新空间；另一方面充分地把合规要求融入个人信息保护要求，除了将采取的技术措施列为个人信息评估的重点内容，还在附件的合同范本中，为个人信息处理者采取加密、匿名化、去标识化、访问控制等技术和管理措施作出引导。

（4）突出了个人信息主体权益实现。《办法》除了将《个人信息保护法》确立的个人信息主体权益列入合同范本正文，还重视境外接收方所在国家或者地区的个人信息保护政策和法规对我国个人信息主体权益的影响，把相关政策法规发生变化等可能影响个人信息权益的情形，作为触发重新开展个人信息保护影响评估、补充或者重新订立标准合同的重要条件。此外，《办法》也充分体现了对“无救济就无权利”原则的重视，把“救济”作为合同范本的一条，要求境外接收方确定接受询问或投诉的联系人，并载明联系方式；明确境外接收方接受个人信息主体通过向监管机构投诉和提起诉讼等方式维护权利；申明合同双方同意个人信息主体所作的维权选择，不会减损个人信息主体根据其他法律法规寻求救济的权利。

第三节 个人数据流通交易的实践与应用

一、全国首笔个人数据合规流转交易

2023年4月，全国首笔个人数据合规流转交易在贵阳大数据交易所场内完成，此笔交易各环节全程接受监督管理，是贵阳大数据交易所促进个人数据合规使用、规范交易、合法收益的创新实践，探索B2B2C数据交易全新商业模式。

“数据二十条”指出，“依法依规维护数据资源资产权益，探索个人、企业、公共数据分享价值收益的方式”。贵阳大数据交易所联合好活（贵州）网络科技有限公司（以下简称好活），针对灵活用工就业服务场景，探索个人简历数据流通交易全新商业模式，实现在个人数据授权、采集加工、安全合规、场景应用、收益分配等方面完成交易闭环。

此次交易是在个人用户知情且明确授权的情况下，委托“好活”利用数字化、隐私计算等技术采集求职者的个人简历数据，加工处理成数据产品，确保用户数据可用不可见，保障个人隐私，并通过贵阳大数据交易所“数据产品交易价格计算器”结合“好活”的简历价格计算模型和应用场景，对个人简历数据提供交易估价参考。项目中，个人用户授权“好活”经营其个人简历，开发出数据产品，数据中介机构贵州吾道律师事务所针对该款数据产品出具法律意见书，“好活”在贵阳大数据交易所上架该个人数据产品，在就业服务场景下，用工单位在贵阳大数据交易所平台购买个人简

笔记

历数据。最终，个人用户通过平台获得其个人简历数据产品交易的收益分成，让个人数据实现可持有、可使用、可流通、可交易、可收益，让求职者边找工作边挣钱，如图 7-5 所示。

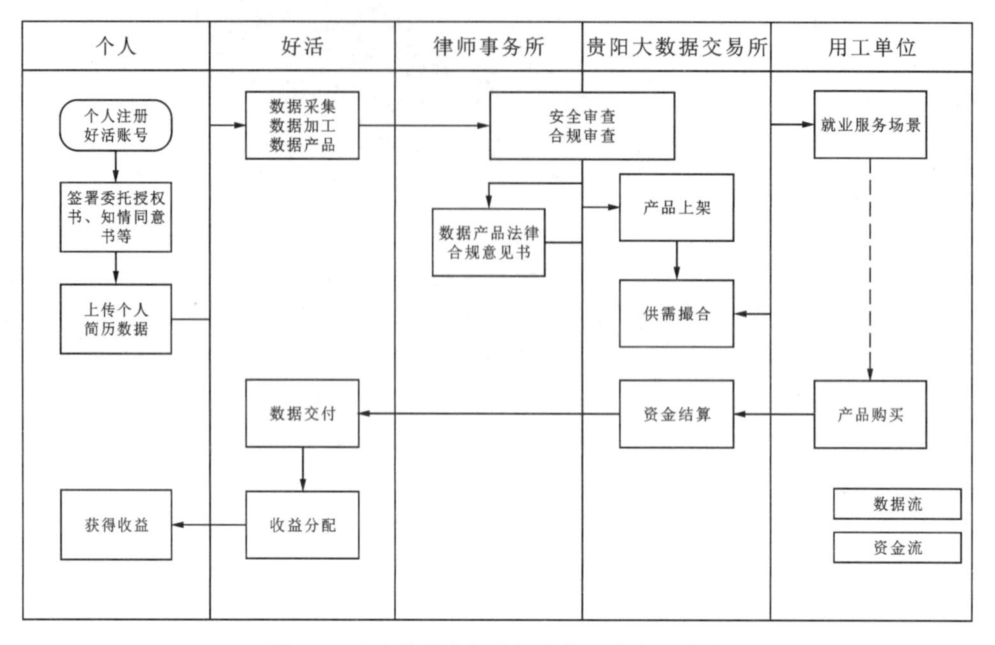

图 7-5　个人简历数据合规流转场内交易流程

贵州“好活”总裁蔡俊认为，此项目旨在创新个人简历数据产品合规流通交易，将为数字经济高质量发展和人力资源市场注入新活力，也体现“好活”公司的技术实力和创新精神。通过 B2B2C 全新商业模式，好活将帮助求职者实现个人数据的合规流转和价值分享，同时为用工单位提供高效便捷的招聘渠道，从而推动整个就业服务市场的繁荣发展；继续全力推动项目的研发和运营推广，提供优质的服务。“好活”将与贵阳大数据交易所通力合作，以本项目的成功实施为契机，为构建数字经济新时代和人力资源领域的发展贡献新的力量，为社会创造更多价值。

个人数据是数据要素的重要组成部分，甚至可能是最重要、最具有应用价值和流通价值的数据要素之一。当前，随着《个人信息保护法》《数据安全法》等基础法律制度的健全完善，个人数据的应用流通将成为行业趋势。

深圳市北鹏前沿科技法律研究院 CTO 吴子铎表示，此次全国首例场内个人数据试点流通交易，是首次实现个人作为数据要素市场直接参与方，且能实现个人用户在该场景下获得收益，不仅是业务创新尝试，也为国家在个人数据合规流转、流通交易方面提供了经验样板。

贵州吾道律师事务所主任刘兵认为，此次项目在合规性、安全性以及个人隐私保护方面，遵循了国家有关法律法规，我们在充分论证后，出具该数据产品合规审查法律意见书，数据来源合法，具备可交易性及流通性，不违反现行法律和行政法规的强制性规定。该项目的成功实施，为我们的法律事务工作带来新的思路和实务经验，我们将努力开拓新的业务领域，提供更高品质的法律服务，为推进全社会数字经济的发展贡献法治力量。

笔记

作为个人用户的靳先生感慨道："没想到在平台上不光能找到合适的工作，还可以通过我的简历去赚钱。平台根据我的技能和经验智能匹配合适的岗位，提高求职效率，为我找到理想工作的同时，切实保护我的个人隐私。"

贵阳大数据交易所总经理叶玉婷表示，该案例中贵阳大数据交易所、好活、交易双方、律所等，各司其职、高效协作，探索出了一个既能满足个人信息保护的法律合规要求、数据安全要求，又能够促进个人数据流通、实现个人信息主体分享交易收益的新模式，形成一套行之有效的个人数据合规化交易方案。

此次个人简历数据交易项目以解决市场主体遇到的实际问题为导向，聚焦个人数据合规流通交易，是贵阳大数据交易所贯彻落实"数据二十条"有关数据资源持有权、数据加工使用权和数据产品经营权"三权分置"数据产权制度的创新实践，让市场参与的各方都能获益，探索 B2B2C 数据交易全新商业模式。

二、全国首个获批数据出境安全评估

2023 年 1 月，北京市互联网信息办公室公布了数据出境安全评估申报受理工作情况及重要突破。首都医科大学附属北京友谊医院普外中心和阿姆斯特丹大学医学中心普通外科作为全球牵头中心发起的国际多中心临床研究项目成为全国首个数据合规出境案例（编号：20220001）。

2022 年 9 月 1 日《数据出境安全评估办法》正式实施。为贯彻落实国家数据出境安全评估制度，促进北京市数据跨境安全、自由流动，北京市网信办率先开通全国首个地方申报受理咨询专线，积极开展数据出境安全评估申报受理工作。北京友谊医院成为首批申报单位。

2018 年 7 月，北京友谊医院普外中心受邀参与国际高水平结直肠领域研究第三阶段项目"中低位直肠癌经肛全直肠系膜切除与腹腔镜全直肠系膜切除术多中心随机临床对照研究（COLOR Ⅲ）"（见图 7-6）。该项目旨在为全球直肠癌患者提供更加精准微创的保肛手术方式。2022 年 4 月，北京友谊医院成为 COLOR Ⅲ研究中全球首个突破百例入组病例的研究中心，是 COLOR Ⅲ研究全球入组数最多的研究中心。

同时，普外中心积极筹备与荷兰阿姆斯特丹医学中心共同牵头发起高质量全球结直肠领域研究的第四个研究项目"腹腔镜右半结肠癌切除术后腹腔内吻合对比腹腔外吻合前瞻性、多中心、随机对照临床研究（COLOR IV）"，项目组在中国北京与荷兰阿姆斯特丹开展了多轮次的研究方案讨论会。COLOR IV 研究预计将有全球 30～50 家合作单位参与，将持续至 2030 年。北京友谊医院副院长、普外中心张忠涛教授与荷兰阿姆斯特丹大学医学中心普通外科的 Jaap Bonjer 教授，成为该项目的联合发起人（首要研究者，PI）。此次合作将极大推动中国在该疾病领域的研究进程，在高质量科研成果产出、临床数据库建设和队列建设、为临床诊疗和指南提供重要依据等方面具有重要的科学价值和意义。

项目筹备阶段，北京友谊医院启动了该项目的数据出境审批申报工作。医院科技处对该临床研究项目的前期执行情况、科学意义和产出价值、人类遗传资源等方面的情况进行了深入评估，尤其对数据出境与项目实施和产出之间的关系进行了分析，确

笔记

CERTIFICATE

The COLOR III government proudly presents this certificate to

BEIJING FRIENDSHIP HOSPITAL

CAPITAL MEDICAL UNIVERSITY, BEIJING, CHINA

PROF. ZHONGTAO ZHANG & PROF. HONGWEI YAO

for the ***100th inclusion*** *in the COLOR III trial*

PROFESSOR J. BONJER
Principal investigator

DR. J. TUYNMAN
Trial director

April 6th 2022

图 7-6　北京友谊医院普外中心受邀参与研究

认数据出境的必要性和科学意义。医院信息中心对网络安全、数据安全进行了重新评估，确保医院网络安全制度完善、落实有力，安全防范技术能力符合等级保护等标准规范。为规范医院数据出境活动，保护患者个人信息权益，北京友谊医院还出台了《数据出境安全管理办法》，建立重要数据出境的审核、评估和监督机制，数据出境安全管理坚持事前审核、安全评估和持续监督相结合，防范数据出境安全风险，保障数据依法有序自由流动。

该项目的审批通过，体现了北京友谊医院在网络安全、数据管理和临床研究项目管理方面的领先优势，标志着国家数据出境安全评估制度在北京率先落地，为强化医疗健康数据出境安全管理、促进国际医疗研究合作提供了实践指引。

思考题

1. 欧盟《通用数据保护条例》、美国《数据隐私和保护法案》、英国《数据保护法》、日本《个人信息保护法》有何区别与联系？

2. 我国《网络安全法》《数据安全法》《个人信息保护法》主要内容有哪些？有何联系与互动？接下来，该如何发展？

3. 对个人数据信息的分类分级管理还存在哪些问题？接下来，该如何解决？

4. 个人数据信息跨境流通有怎样的趋势和前景？能否找出一些探索实践案例？

笔记

参考资料

[1] Abis S, Veldkamp L. The Changing Economics of Knowledge Production [J]. The Review of Financial Studies, 2024, 37 (1): 89-118.

[2] Abowd J M, Schmutte I M. An Economic Analysis of Privacy Protection and Statistical Accuracy as Social Choices [J]. American Economic Review, 2019, 109 (1): 171-202.

[3] Acemoglu D, Makhdoumi A, Malekian A, et al. Too Much Data: Prices and Inefficiencies in Data Markets [J]. American Economic Journal: Microeconomics, 2022, 14 (4): 218-256.

[4] Acquisti A, Taylor C, Wagman L. The economics of privacy [J]. Journal of Economic Literature, 2016, 54 (2): 442-492.

[5] Begenau J, Farboodi M, Veldkamp L. Big Data in Finance and the Growth of Large Firms [J]. Journal of Monetary Economics, 2018, 97: 71-87.

[6] Bergemann D, Bonatti A, Gan T. The Economics of Social Data [J]. The Rand Journal of Economics, 2022, 53 (2): 263-296.

[7] Bounie D, Dubus A, Waelbroeck P. Selling Strategic Information in Digital Competitive Markets [J]. The Rand Journal of Economics, 2021, 52 (2): 283-313.

[8] Brynjolfsson E, Hitt L. Beyond Computation: Information Technology, Organizational Transformation and Business Performance [J]. Journal of Economic Perspectives, 2000, 14 (4): 23-48.

[9] Carrière-Swallow Y, Haksar V. The Economics and Implications of Data: An Integrated Perspective [M]. Washington: International Monetary Fund, 2019.

[10] Chen Y, Hua X, Maskus K E. International Protection of Consumer Data [J]. Journal of International Economics, 2021, 132: 103517.

[11] Chen Z, Choe C, Cong J, et al. Data-driven Mergers and Personalization [J]. The Rand Journal of Economics, 2022, 53 (1): 3-31.

笔记

[12] Cheng M, Qu Y. The False Prosperity and Promising Future: Effects of Data Resources on Bank Efficiency [J]. International Review of Financial Analysis, 2023, 89: 102749.

[13] Choi J P, Jeon D S, Kim B C. Privacy and Personal Data Collection with Information Externalities [J]. Journal of Public Economics, 2019, 173: 113-124.

[14] Condorelli D, Padilla J. Data-driven Envelopment with Privacy-policy Tying [J]. The Economic Journal, 2024, 134 (658): 515-537.

[15] Cong L W, Xie D, Zhang L. Knowledge Accumulation, Privacy, and Growth in a Data Economy [J]. Management Science, 2021, 67 (10): 6480-6492.

[16] Conyon M J. Big Technology and Aata Privacy [J]. Cambridge Journal of Economics, 2022, 46 (6): 1369-1385.

[17] Garratt R, Oordt M V. Privacy as a Public Good: A Case for Electronic Cash [J]. Journal of Political Economy, 2021, 129 (7): 2157-2180.

[18] Goldfarb A, Que V F. The Economics of Digital Privacy [J]. Annual Review of Economics, 2023, 15.

[19] Goldstein I, Spatt C S, Ye M. Big Data in Finance [J]. The Review of Financial Studies, 2021, 34 (7): 3213-3225.

[20] Goncalves C, Pinson P, Bessa R J. Towards Data Markets in Renewable Energy Forecasting [J]. IEEE Transactions on Sustainable Energy, 2020, 12 (1): 533-542.

[21] Gondhi N. Rational Inattention, Misallocation, and the Aggregate Economy [J]. Journal of Monetary Economics, 2023, 136: 50-75.

[22] Greenstein S, Goldfarb A, Tucker C. The Economics of Digitization [M]. London: Edward Elgar Publishing, 2013.

[23] Gutmann M P, Merchant E K, Roberts E. "Big Data" in Economic History [J]. The Journal of Economic History, 2018, 78 (1): 268-299.

[24] Hagiu A, Wright J. Data-enabled Learning, Network Effects, and Competitive Advantage [J]. The Rand Journal of Economics, 2023, 54 (4): 638-667.

[25] He Z, Huang J, Zhou J. Open Banking: Credit Market Competition When Borrowers Own the Data [J]. Journal of Financial Economics, 2023, 147 (2): 449-474.

[26] Ichihashi S. Competing Data Intermediaries [J]. The Rand Journal of Economics, 2021, 52 (3): 515-537.

[27] Ichihashi S. Online Privacy and Information Disclosure by Consumers [J]. American Economic Review, 2020, 110 (2): 569-595.

[28] Ichihashi S. The Economics of Data Externalities [J]. Journal of Economic Theory, 2021, 196: 105316.

笔记

[29] Johnson J P, Jungbauer T, Preuss M. Online Advertising, Data Sharing, and Consumer Control [J]. Management Science, 2024.

[30] Jones C I, Tonetti C. Nonrivalry and the Economics of Data [J]. American Economic Review, 2020, 110 (9): 2819-2858.

[31] Jullien B, Pavan A. Information Management and Pricing in Platform Markets [J]. The Review of Economic Studies, 2019, 86 (4): 1666-1703.

[32] Kang J K. Gone with the Big Data: Institutional Lender Demand for Private Information [J]. Journal of Accounting and Economics, 2023: 101663.

[33] Krähmer D, Strausz R. Optimal Nonlinear Pricing with Data-Sensitive Consumers [J]. American Economic Journal: Microeconomics, 2023, 15 (2): 80-108.

[34] Li B, Venkatachalam M. Leveraging Big Data to Study Information Dissemination of Material Firm Events [J]. Journal of Accounting Research, 2022, 60 (2): 565-606.

[35] Lindebaum D, Moser C, Islam G. Big Data, Proxies, Algorithmic Decision-making and the Future of Management Theory [J]. Journal of Management Studies, 2023.

[36] Michler J D , Josephson A, Kilic T , et al. Privacy Protection, Measurement Error, and the Integration of Remote Sensing and Socioeconomic Survey Data [J]. Journal of Development Economics, 2022, 158: 102927.

[37] Montes R, Sand-Zantman W, Valletti T. The Value of Personal Information in Online Markets with Endogenous Privacy [J]. Management Science, 2019, 65 (3): 1342-1362.

[38] Mukherjee A, Panayotov G, Shon J. Eye in the Sky: Private Satellites and Government Macro Data [J]. Journal of Financial Economics, 2021, 141 (1): 234-254.

[39] Naudé W, Vinuesa R. Data Deprivations, Data Gaps and Digital Divides: Lessons from the COVID-19 Pandemic [J]. Big Data & Society, 2021, 8 (2).

[40] Pei J. A Survey on Data Pricing: from Economics to Data Science [J]. IEEE Transactions on Knowledge and Data Engineering, 2020, 34 (10): 4586-4608.

[41] Prat A, Valletti T. Attention Oligopoly [J]. American Economic Journal: Microeconomics, 2022, 14 (3): 530-557.

[42] Prüfer J, Schottmüller C. Competing with Big Data [J]. The Journal of Industrial Economics, 2021, 69 (4): 967-1008.

[43] Saura J R, Palacios-Marqués D, Ribeiro-Soriano D. Digital Marketing in SMEs Via data-driven Strategies: Reviewing the Current State of Research [J]. Journal of Small Business Management, 2023, 61 (3): 1278-1313.

[44] Schudy S, Utikal V. 'You Must Not Know about Me' —On the Willingness to Share Personal Data [J]. Journal of Economic Behavior & Organization, 2017, 141: 1-13.

笔记

[45] Simsek Z, Vaara E, Paruchuri S , et al. New Ways of Seeing Big Data [J]. Academy of Management Journal, 2019, 62 (4): 971-978.

[46] Spiekermann S, Korunovska J. Towards a Value Theory for Personal Data [J]. Journal of Information Technology, 2017, 32: 62-84.

[47] Stiroh K J. Information Technology and the US Productivity Revival: What Do the Industry Data Say? [J]. American Economic Review, 2002, 92 (5): 1559-1576.

[48] Sun T , Yuan Z , Li C , et al. The Value of Personal Data in Internet Commerce: A High-Stakes Field Experiment on Data Regulation Policy [J]. Management Science, 2023.

[49] Taylor L, Schroeder R, Meyer E. Emerging Practices and Perspectives on Big Data Analysis in Economics: Bigger and Better or More of the Same? [J]. Big Data & Society, 2014, 1 (2).

[50] Tirole J. Competition and the Industrial Challenge for the Digital Age [J]. Annual Review of Economics, 2023, 15: 573-605.

[51] Varian H. Artificial Intelligence, Economics, and Industrial Organization [M] //The Economics of Artificial Intelligence: An Agenda. Chicago: The University of Chicago Press, 2018: 399-419.

[52] Veldkamp L. Data and the Aggregate Economy [C]. Society for Economic Dynamics, 2019.

[53] Veldkamp L. Valuing Data as an Asset [J]. Review of Finance, 2023, 27 (5): 1545-1562.

[54] Wang R Y, Strong D M. Beyond Accuracy: What Data Quality Means to Data Consumers [J]. Journal of Management Information Systems, 1996, 12 (4): 5-33.

[55] Yang K. H. Selling Consumer Data for Profit: Optimal Market-segmentation Design and Its Consequences [J]. American Economic Review, 2022, 112 (4): 1364-1393.

[56] Zhang Y C, Zhang M, Li J, et al . A Bibliometric Review of a Decade of Research: Big Data in Business Research - setting a Research Agenda [J]. Journal of Business Research, 2021, 131: 374-390.

[57] Zheng S, Pan L, Hu D , et al. A Blockchain-based Trading System for Big Data [C]. IEEE INFOCOM 2020-IEEE Conference on Computer Communications Workshops (INFOCOM WKSHPS), 2020: 991-996.

[58] Zhou Z, Li Z. Corporate Digital Transformation and Trade Credit Financing [J]. Journal of Business Research, 2023, 160: 113793.

[59] Zhu C. Big Data as a Governance Mechanism [J]. The Review of Financial Studies, 2019, 32 (5): 2021-2061.

笔记

［60］白永秀，李嘉雯，王泽润．数据要素：特征、作用机理与高质量发展［J］．电子政务，2022（6）：23-36.

［61］北京市经济和信息化局．北京市公共数据专区授权运营管理办法（试行）［R］．北京：北京市经济和信息化局，2023.

［62］财政部．关于加强数据资产管理的指导意见［R］．北京：财政部，2023.

［63］重庆市人民政府办公厅．重庆市数据要素市场化配置改革行动方案［R］．重庆：重庆市人民政府办公厅，2023.

［64］蔡继明，曹越洋，刘乐易．论数据要素按贡献参与分配的价值基础——基于广义价值论的视角［J］．数量经济技术经济研究，2023（8）：5-24.

［65］蔡跃洲，付一夫．全要素生产率增长中的技术效应与结构效应——基于中国宏观和产业数据的测算及分解［J］．经济研究，2017（1）：72-88.

［66］蔡跃洲．中国共产党领导的科技创新治理及其数字化转型——数据驱动的新型举国体制构建完善视角［J］．管理世界，2021（8）：30-46.

［67］陈蕾，李梦泽，薛钦源．数据要素市场建设的现实约束与路径选择［J］．改革，2023（1）：83-94.

［68］陈芳，余谦．数据资产价值评估模型构建——基于多期超额收益法［J］．财会月刊，2021（23）：21-27.

［69］陈雨露．数字经济与实体经济融合发展的理论探索［J］．经济研究，2023（9）：22-30.

［70］陈舟，郑强，吴智崧．我国数据交易平台建设的现实困境与破解之道［J］．改革，2022（2）：76-87.

［71］程华，武玙璠，李三希．数据交易与数据垄断：基于个性化定价视角［J］．世界经济，2023（3）：154-178.

［72］东方证券．数据要素行业专题报告：建立三权分置、分级分类的数据产权制度［R］．上海：东方证券，2023.

［73］刁云芸．涉数据不正当竞争行为的法律规制［J］．知识产权，2019（12）：36-44.

［74］丁述磊，刘翠花，李建奇．数实融合的理论机制、模式选择与推进方略［J］．改革，2024（1）：51-68.

［75］［法］布阿吉尔贝尔．谷物论：论财富、货币和赋税的性质［M］．伍纯武，译．北京：商务印书馆，1979.

［76］［法］萨伊．政治经济学概论［M］．陈福生，陈振骅，译．北京：商务印书馆，1963.

［77］方锦程，刘颖，高昊宇，等．公共数据开放能否促进区域协调发展？——来自政府数据平台上线的准自然实验［J］．管理世界，2023（9）：124-142.

［78］冯俏彬．数字经济时代税收制度框架的前瞻性研究——基于生产要素决定税收制度的理论视角［J］．财政研究，2021（6）：31-44.

［79］福建省数字福建建设领导小组办公室．福建省加快推进数据要素市场化改革实施方案［R］．福州：福建省数字福建建设领导小组办公室，2023.

笔记

［80］高帆．我国区域农业全要素生产率的演变趋势与影响因素——基于省际面板数据的实证分析［J］．数量经济技术经济研究，2015（5）：3-19，53.

［81］高富平，冉高苒．数据要素市场形成论：一种数据要素治理的机制框架［J］．上海经济研究，2022（9）：70-86.

［82］龚强，班铭媛，刘冲．数据交易之悖论与突破：不完全契约视角［J］．经济研究，2022（7）：172-188.

［83］广东省人民政府．广东省公共数据管理办法［R］．广州：广东省人民政府，2021.

［84］广东省人民政府．广东省数据要素市场化配置改革行动方案［R］．广州：广东省人民政府，2021.

［85］广西壮族自治区人民政府办公厅．广西构建数据基础制度更好发挥数据要素作用总体工作方案［R］．南宁：广西壮族自治区人民政府办公厅，2023.

［86］贵州省大数据局．贵州省数据流通交易管理办法（试行）［R］．贵阳：贵州省大数据局，2022.

［87］郭同济．政策因素对投资者情绪的影响分析［D］．兰州：兰州财经大学，2017.

［88］郭王玥蕊．企业数字资产的形成与构建逻辑研究——基于马克思主义政治经济学的视角［J］．经济学家，2021（8）：5-12.

［89］国家工业信息安全发展研究中心，北京大学光华管理学院，苏州工业园区管理委员会，等．中国数据要素市场发展报告（2021—2022）［R］．北京：国家工业信息安全发展研究中心，北京：北京大学光华管理学院，苏州：苏州工业园区管理委员会，2022

［90］国家互联网信息办公室．数字中国发展报告（2022年）［R］．北京：国家互联网信息办公室，2022.

［91］国家数据局．“数据要素×”三年行动计划（2024—2026年）［R］．北京：国家数据局，2023.

［92］海南省人民政府办公厅．海南省培育数据要素市场三年行动计划（2024—2026）［R］．海口：海南省人民政府办公厅，2023.

［93］杭州市政府办公厅．杭州市数字贸易促进条例（草案）［R］．杭州：杭州市政府办公厅，2023.

［94］杭州市政府办公厅．杭州市公共数据授权运营实施方案（试行）［R］．杭州：杭州市政府办公厅，2023.

［95］洪银兴，任保平．数字经济与实体经济深度融合的内涵和途径［J］．中国工业经济，2023（2）：5-16.

［96］洪永淼，汪寿阳．大数据如何改变经济学研究范式？［J］．管理世界，2021（10）：40-55，72.

［97］湖北省发展和改革委员会．湖北省数据要素市场建设实施方案［R］．武汉：湖北省发展和改革委员会，2023.

笔记

［98］黄丽华，杜万里，吴蔽余．基于数据要素流通价值链的数据产权结构性分置［J］．大数据，2023（2）：5-15.

［99］黄先海，党博远，宋安安，等．新发展格局下数字化驱动中国战略性新兴产业高质量发展研究［J］．经济学家，2023（1）：77-86.

［100］黄宗远，王凤阳，阳太林．数字化赋能传统制造业发展的机制与效应分析［J］．改革，2023（6）：40-53.

［101］江东，袁野，张小伟，等．数据定价与交易研究综述［J］．软件学报，2023（3）：1396-1424.

［102］江西省人民政府．江西省公共数据管理办法［R］．南昌：江西省人民政府，2022.

［103］金骋路，陈荣达．数据要素价值化及其衍生的金融属性：形成逻辑与未来挑战［J］．数量经济技术经济研究，2022（7）：69-89.

［104］康瑾，陈凯华．数字创新发展经济体系：框架、演化与增值效应［J］．科研管理，2021（4）：1-10.

［105］孔艳芳，刘建旭，赵忠秀．数据要素市场化配置研究：内涵解构、运行机理与实践路径［J］．经济学家，2021（11）：24-32.

［106］李标，孙琨，孙根紧．数据要素参与收入分配：理论分析、事实依据与实践路径［J］．改革，2022（3）：66-76.

［107］李冬，杨万平．面向经济高质量发展的中国全要素生产率演变：要素投入集约还是产出结构优化［J］．数量经济技术经济研究，2023（8）：46-68.

［108］李海舰，李真真．数字经济促进共同富裕：理论机理与策略选择［J］．改革，2023（12）：12-27.

［109］李海舰，赵丽．数据价值理论研究［J］．财贸经济，2023（6）：5-20.

［110］李健，盘宇章．金融发展、实体部门与全要素生产率增长——基于中国省级面板数据分析［J］．经济科学，2017（5）：16-30.

［111］李三希，武玙璠，李嘉琦．数字经济与中国式现代化：时代意义、机遇挑战与路径探索［J］．经济评论，2023（2）：3-14.

［112］李珊，张文德，郑伟鑫．中国数据要素市场产权配置改革评价机制构建与实证研究［J］．中国软科学，2024（1）：151-163.

［113］李天宇，王晓娟．数字经济赋能中国“双循环”战略：内在逻辑与实现路径［J］．经济学家，2021（5）：102-109.

［114］李扬，李晓宇．大数据时代企业数据权益的性质界定及其保护模式建构［J］．学海，2019（4）：180-186.

［115］李勇坚．数据要素的经济学含义及相关政策建议［J］．江西社会科学，2022（3）：50-63.

［116］李治国，王杰．数字经济发展、数据要素配置与制造业生产率提升［J］．经济学家，2021（10）：41-50.

［117］辽宁省发展和改革委员会．辽宁省完善机制发挥数据要素作用的实施意见［R］．沈阳：辽宁省发展和改革委员会，2023.

笔记

［118］廖成中，翟坤周，毛磊．数字乡村建设的“数据治理”驱动：功能、场景及路径［J］．改革，2023（12）：113-127.

［119］瞭望智库，中国光大银行．商业银行数据资产估值白皮书［R］．北京：瞭望智库，中国光大银行，2021.

［120］林娟娟，黄志刚，唐勇．数据质量、数量与数据资产定价：基于消费者异质性视角［J］．中国管理科学，2023（6）：1-12.

［121］蔺鹏，孟娜娜．新型数字基础设施建设对中国工业绿色发展效率增长的影响研究［J］．科研管理，2023（12）：50-60.

［122］刘诚．线上市场的数据机制及其基础制度体系［J］．经济学家，2022（12）：96-105.

［123］刘东霞，陈红．产品服务供应链定价决策：数据资源挖掘与共享策略的影响分析［J］．中国管理科学，2024（2）：1-15.

［124］刘航，杨丹辉．市场要素、组织要素与中国制造业的出口优势——基于地区—行业交叉数据的实证分析［J］．财贸经济，2013（6）：75-84，74.

［125］刘胜，顾乃华，陈秀英．全球价值链嵌入、要素禀赋结构与劳动收入占比——基于跨国数据的实证研究［J］．经济学家，2016（3）：96-104.

［126］刘涛雄，李若菲，戎珂．基于生成场景的数据确权理论与分级授权［J］．管理世界，2023（2）：22-37.

［127］刘涛雄，戎珂，张亚迪．数据资本估算及对中国经济增长的贡献——基于数据价值链的视角［J］．中国社会科学，2023（10）：44-64，205.

［128］刘新宇．数据保护：合规指引与规则解析［M］．北京：中国法制出版社，2020.

［129］刘雅君，张雅俊．数据要素市场培育的制约因素及其突破路径［J］．改革，2023（9）：21-33.

［130］刘征驰，陈文武，魏思超．数据要素利用、智能技术进步与内生增长［J］．管理评论，2023（10）：10-21.

［131］刘宗明，吴正倩．中间产品市场扭曲会阻碍能源产业全要素生产率提升吗——基于微观企业数据的理论与实证［J］．中国工业经济，2019（8）：42-60.

［132］聂洪涛，韩欣悦．企业数据财产保护的模式探索与制度建构［J］．价格理论与实践，2021（9）：45-50.

［133］欧阳日辉，杜青青．数据要素定价机制研究进展［J］．经济学动态，2022（2）：124-141.

［134］欧阳日辉，荆文君．数字经济发展的“中国路径”：典型事实、内在逻辑与策略选择［J］．改革，2023（8）：26-41.

［135］彭辉．数据权属的逻辑结构与赋权边界——基于“公地悲剧”和“反公地悲剧”的视角［J］．比较法研究，2022（1）：101-115.

［136］彭远怀．政府数据开放的价值创造作用：企业全要素生产率视角［J］．数量经济技术经济研究，2023（9）：50-70.

笔记

［137］青岛市大数据发展管理局．青岛市公共数据运营试点管理暂行办法［R］．青岛：青岛市大数据发展管理局，2023.

［138］任保平．以产业数字化和数字产业化协同发展推进新型工业化［J］．改革，2023（11）：28-37.

［139］戎珂，刘涛雄，周迪，等．数据要素市场的分级授权机制研究［J］．管理工程学报，2022（6）：15-29.

［140］山东省人民政府．山东省公共数据开放办法［R］．济南：山东省人民政府，2022.

［141］上海市人大常委会办公厅．上海市促进浦东新区数据流通交易若干规定（草案）［R］．上海：上海市人大常委会办公厅，2023.

［142］上海市数商协会，上海数据交易所有限公司．全国数商产业发展报告［R］．上海：上海市数商协会，上海数据交易所有限公司，2022.

［143］上海数据交易所研究院．金融业数据流通交易市场研究报告［R］．上海：上海数据交易所研究院，2022.

［144］沈艳，陈赟，黄卓．文本大数据分析在经济学和金融学中的应用：一个文献综述［J］．经济学（季刊），2019（4）：1153-1186.

［145］盛晓白，韩耀，徐迪，等．网络经济学［M］．北京：电子工业出版社，2009.

［146］史丹．数字经济条件下产业发展趋势的演变［J］．中国工业经济，2022（11）：26-42.

［147］史宇鹏，曹爱家．数字经济与实体经济深度融合：趋势、挑战及对策［J］．经济学家，2023（6）：45-53.

［148］四川省大数据中心．关于推进数据要素市场化配置综合改革的实施方案［R］．成都：四川省大数据中心，2024.

［149］四川省人民政府．四川省数据条例［R］．成都：四川省人民政府，2023.

［150］石丹．企业数据财产权利的法律保护与制度构建［J］．电子知识产权，2019（6）：59-68.

［151］宋冬林，孙尚斌，范欣．数据成为现代生产要素的政治经济学分析［J］．经济学家，2021（7）：35-44.

［152］宋炜，曹文静，周勇．数据要素赋能、研发决策与创新绩效——来自中国工业的经验证据［J］．管理评论，2023（7）：112-121.

［153］苏州市人民政府．苏州市公共数据开放三年行动计划（2023—2025年）［R］．苏州：苏州市人民政府，2023.

［154］唐隆基，潘永刚．数字化供应链转型升级路线与价值再造实践［M］．北京：人民邮电出版社，2021.

［155］唐为．要素市场一体化与城市群经济的发展——基于微观企业数据的分析［J］．经济学（季刊），2021（1）：1-22.

［156］唐要家，唐春晖．数字产业化的理论逻辑、国际经验与中国政策［J］．经济学家，2023（10）：88-97.

笔记

[157] 唐要家，王钰，唐春晖．数字经济、市场结构与创新绩效 [J]. 中国工业经济，2022 (10)：62-80.

[158] 田杰棠，刘露瑶．交易模式、权利界定与数据要素市场培育 [J]. 改革，2020 (7)：17-26.

[159] 田友春，卢盛荣，靳来群．方法、数据与全要素生产率测算差异 [J]. 数量经济技术经济研究，2017 (12)：22-40.

[160] 吴蔽余，黄丽华．数据定价的双重维度：从产品价格到资产价值 [J]. 价格理论与实践，2023 (7)：70-75.

[161] 王青兰，王喆．数据交易动态合规：理论框架、范式创新与实践探索 [J]. 改革，2023 (8)：42-53.

[162] 王志刚，金徽辅，龚六堂．数据要素市场建设中的财税政策理论初探 [J]. 数量经济技术经济研究，2023 (11)：5-27.

[163] 魏薇，王向楠，纪洋，等．突发公共卫生事件、普惠型保障与保险科技——基于城市月度医疗互助数据的实证分析 [J]. 金融研究，2023 (8)：112-130.

[164] 吴志刚．厘清数据要素内涵特征 提升数据要素治理硬核能力 [J]. 数字经济，2021 (11)：12-18.

[165] 武汉市人民政府办公厅．武汉市数据要素市场化配置改革三年行动计划 (2023—2025 年) [R]. 武汉：武汉市人民政府办公厅，2023.

[166] 谢波峰，朱扬勇．数据财政框架和实现路径探索 [J]. 财政研究，2020 (7)：14-23.

[167] 谢丹夏，魏文石，李尧，等．数据要素配置、信贷市场竞争与福利分析 [J]. 中国工业经济，2022 (8)：25-43.

[168] 谢康，胡杨颂，刘意，等．数据要素驱动企业高质量数字化转型——索菲亚智能制造纵向案例研究 [J]. 管理评论，2023 (2)：328-339.

[169] 谢康，夏正豪，肖静华．大数据成为现实生产要素的企业实现机制：产品创新视角 [J]. 中国工业经济，2020 (5)：42-60.

[170] 谢康，肖静华．面向国家需求的数字经济新问题、新特征与新规律 [J]. 改革，2022 (1)：85-100.

[171] 谢康，张祎，吴瑶．数据要素如何产生即时价值：企业与用户互动视角 [J]. 中国工业经济，2023 (11)：137-154.

[172] 新疆维吾尔自治区人民政府办公厅．新疆维吾尔自治区公共数据管理办法 (试行) [R]. 乌鲁木齐：新疆维吾尔自治区人民政府办公厅，2023.

[173] 熊巧琴，汤珂．数据要素的界权、交易和定价研究进展 [J]. 经济学动态，2021 (2)：143-158.

[174] 徐翔，赵墨非，李涛，等．数据要素与企业创新：基于研发竞争的视角 [J]. 经济研究，2023 (2)：39-56.

[175] 徐实．企业数据保护的知识产权路径及其突破 [J]. 东方法学，2018 (5)：55-62.

笔记

［176］续继，王于鹤．数据治理体系的框架构建与全球市场展望——基于“数据二十条”的数据治理路径探索［J］．经济学家，2024（1）：25-35．

［177］烟台市人民政府办公室．烟台市激活数据要素潜能发挥数据要素作用行动方案（2023—2025年）［R］．烟台：烟台市人民政府办公室，2023．

［178］［英］马歇尔．经济学原理［M］．朱志泰，陈良壁，译．北京：商务印书馆，2019．

［179］［英］威廉·配第．赋税论［M］．薛东阳，译．武汉：武汉大学出版社，2011．

［180］云南省人民政府办公厅．云南省公共数据管理办法（试行）［R］．昆明：云南省人民政府办公厅，2023．

［181］张继红．个人数据保护法国别研究［M］．北京：北京大学出版社，2023．

［182］张亚豪，李晓华，刘尚文．数据要素赋能服务型制造发展：场景应用、作用机制与政策建议［J］．改革，2024（1）：69-81．

［183］浙江省人民政府办公厅．浙江省公共数据授权运营管理办法（试行）［R］．杭州：浙江省人民政府办公厅，2023．

［184］郑猛，杨先明．要素替代增长模式下的收入分配效应研究——基于中国省际面板数据的经验分析［J］．南开经济研究，2017（2）：55-75．

［185］中共北京市委．关于更好发挥数据要素作用进一步加快发展数字经济的实施意见［R］．北京：中共北京市委，2023．

［186］中共甘肃省委．关于促进数据要素市场发展的实施意见［R］．兰州：中共甘肃省委，2023．

［187］中共江苏省委．关于推进数据基础制度建设更好发挥数据要素作用的实施意见［R］．南京：中共江苏省委，2023．

［188］中共中央，国务院．关于构建数据基础制度更好发挥数据要素作用的意见［R］．北京：中共中央，国务院，2022．

［189］中共中央马克思恩格斯列宁斯大林著作编译局．马克思恩格斯全集：第二十二卷［M］．北京：人民出版社，1965．

［190］中共中央马克思恩格斯列宁斯大林著作编译局．马克思恩格斯全集：第四十七卷［M］．北京：人民出版社，1979．

［191］中国物流与采购联合会，商务部国际贸易经济合作研究院．全国供应链创新与应用（2022年）［R］．北京：中国物流与采购联合会，商务部国际贸易经济合作研究院，2022．

［192］中国信息通信研究院．全球数字经济白皮书［R］．北京：中国信息通信研究院，2023．

［193］中国信息通信研究院．全球数字经贸规则年度观察报告［R］．北京：中国信息通信研究院，2022．

［194］中国信息通信研究院．数据要素白皮书［R］．北京：中国信息通信研究院，2023．

笔记

［195］中国信息通信研究院．数据要素交易指数研究报告［R］．北京：中国信息通信研究院，2023.

［196］中国信息通信研究院产业与规划研究所，中国信息通信研究院政务服务中心．数字政府典型案例汇编（2022年）［R］．北京：中国信息通信研究院产业与规划研究所，中国信息通信研究院政务服务中心，2023.

［197］中华人民共和国国家发展和改革委员会．构建数据分类分级确权授权机制［R］．北京：中华人民共和国国家发展和改革委员会，2022.

［198］中华人民共和国国家发展和改革委员会．全国统一数据大市场下创新数据价格形成机制的政策思考［R］．北京：中华人民共和国国家发展和改革委员会，2023.

［199］朱小能，李雄一．数据要素资产价格、交易收益与效用研究［J］．经济学动态，2023（9）：33-52.

［200］张小伟，江东，袁野．基于博弈论和拍卖的数据定价综述［J］．大数据，2021（4）：61-79.

［201］朱晓武，魏文石，王靖雯．数据要素、新型基础设施与产业结构调整路径［J］．南方经济，2024（1）：107-123.

［202］郑璇玉，杨博雅．新兴权利视域下商业数据分类与保护研究［J］．科技与法律（中英文），2021（3）：8-16.

笔记

与本书配套的二维码资源使用说明

本书部分课程及与纸质教材配套数字资源以二维码链接的形式呈现。利用手机微信扫码成功后提示微信登录，授权后进入注册页面，填写注册信息。按照提示输入手机号码，点击获取手机验证码，稍等片刻收到4位数的验证码短信，在提示位置输入验证码成功，再设置密码，选择相应专业，点击“立即注册”，注册成功。（若手机已经注册，则在“注册”页面底部选择“已有账号，立即登录”，进入“账号绑定”页面，直接输入手机号和密码登录。）接着提示输入学习码，需刮开教材封底防伪涂层，输入13位学习码（正版图书拥有的一次性使用学习码），输入正确后提示绑定成功，即可查看二维码数字资源。手机第一次登录查看资源成功以后，再次使用二维码资源时，在微信端扫码即可登录进入查看。（如申请二维码资源遇到问题，可联系宋焱：15827068411）